Rainar Nitzsche: Spinnen

Der Autor

Dr. Rainar Nitzsche, geboren 1955 in Berlin, Schulzeit im Saarland, wohnt mit seinen Vogelspinnen in Kaiserslautern, wo er Biologie studierte und seine Diplom- und Doktorarbeit über das Paarungsverhalten der bei uns heimischen Brautgeschenkspinne *Pisaura mirabilis* verfasste. Er schreibt seit 1975 Gedichte, Kurzprosa, fantastische Romane sowie Sachbücher über Spinnen und hielt in den letzten Jahren Vorträge über Spinnen bei der DeArGe und der Pollichia. Als »Spiderman« besuchte er mit Vogelspinne und Exuvien im Gepäck Grundschulen und Hauptschulen und war bei Straßenfesten mit einem Stand dabei. Sein Unterricht begann stets mit der Frage aller Fragen: »Wer hat Angst vor Spinnen?« Und Erstaunliches geschah: Fast so viele Jungs wie Mädchen meldeten sich. Und wie erwartet war die Angst sehr unterschiedlich ausgeprägt, meist jedoch gar nicht so groß.

Zum Buch

Spinnen richtet sich an spinnenbegeisterte LeserInnen, aber auch an Arachnologen, die mehr über Mensch-Spinne-Beziehungen wissen wollen, die in Fachbüchern nicht beschrieben werden. Schwerpunkte des Titels sind die Angst vor Spinnen und ihre Gefährlichkeit für den Menschen, Sexualverhalten, Tarnung und Feinde, Beutespezialisten wie Ameisen- und Spinnenfresser sowie soziale Spinnen. Ergänzend werden die Rolle von Spinnen in der Bionik sowie das DNA-Barcoding zur Artidentifizierung dargestellt. Ein umfangreiches Verzeichnis von Fachbegriffen rundet das Buch ab.

Dank

Herzlichen Dank allen ArachnologInnen und Spinnenfreunden für ihre Beobachtungen und Forschungsergebnisse in diesem und den letzten Jahrhunderten.

Rainar Nitzsche

Spinnen

Biologie - Mensch und Spinne -

Angst und Giftigkeit

Mit 67 Abbildungen und einem Fachwortverzeichnis mit 378 Begriffen

Die Deutsche Nationalbibliothek verzeichnet diese Publikation in der Deutschen Nationalbibliografie; detaillierte bibliografische Daten sind im Internet über dnb.d-nb.de abrufbar.

Impressum

Rainar Nitzsche: Spinnen

Biologie - Mensch und Spinne, Angst und Giftigkeit

Computersatz: Dr. Rainar Nitzsche.

Fotos: Frontcover: Tarantel (*Lycosa tarantula* oder Verwandte), Titel: Krabbenspinne (*Thomisus onustus*).

Alle Fotos und Abbildungen sind von Rainar Nitzsche mit Ausnahme von: Otto von Helversen (S. 209-211), Anton M. Kolnberger (S. 13), Susanne Leidenroth (geb. Fiechtner) (S. 31, 73-74, 85, 91, 93, 96-97, 190-191, 299), Maria Sybilla Merian (S. 123), Brigitte Schlegelmilch (S. 263-64), *Spinnenanatomie* aus Wikipedia: Webspinnen, entnommen John Henry Comstock 1920 (S. 79), *Tarantula*-Filmplakat US-Original 1955 von Reynold Brown entnommen Wikipedia, © 1955, Universal Pictures Co., Inc. (S. 329), Jörg Wunderlich (S. 69), Michael Zink (S. 229).

© 2018 Herstellung und Verlag:

BoD – Books on Demand, Norderstedt

ISBN 9783837036695

Inhalt

Die gute und die böse Spinne

Die Spinne in den Weltkulturen

In Europa ist die Spinne in Literatur und Film sowie für viele Menschen ein Ekeltier und ein giftiges Wesen, das Angst auslöst, was zu einer Phobie führen kann. In außereuropäischen Kulturen hingegen kann die Spinne uns wohlgesonnen, ja sogar unser Schöpfer sein, jedoch auch ein Menschenfeind, gar ein Menschenfresser, wie folgende Beispiele zeigen:

Weltenschöpfer: In Mikronesien wird erzählt, wie die *Alte Spinne (Old Spider)* die Welt aus einer Muschel erschafft, doch erst die *Junge Spinne (Young Spider)* Himmel und Erde trennt. Gemeinsam erschaffen sie Sonne, Mond und Sterne sowie den Großen Baum, von dem alle Menschen abstammen.

Herkunft aus dem Himmelsland: In einer Erzählung der Inuit in Alaska schaut ein ins Himmelsland gewandertes Mädchen sehnsüchtig auf die Erde hinab. Ihre Gastgeberin hat Mitleid und flicht ein Seil, an dem sie sich mit geschlossenen Augen hinablässt. Bei Erdkontakt öffnet sie diese jedoch nicht sofort, wie ihr geraten wurde, und wird zur Spinne, von der alle irdischen Spinnen abstammen.

Feuergeschenk: In einer Erzählung der Cherokee stiehlt Großmutter Spinne für sie die Sonne und gibt ihnen das Feuer: Sie formt einen Tontopf, spinnt ein Netz bis zur anderen Seite der Welt, krabbelt daran hinüber, steckt die Sonne in den Topf und klettert wieder zurück.

Der Spinnenclan: In einer Erzählung der Hopi wird von der Entstehung des Spinnenclans berichtet und der Hilfe durch die Spinnenfrau:

Vor langer Zeit entdeckten die in der Unterwelt zunächst paradiesisch lebenden und dann gierig und feindselig untereinander gewordenen Menschen die Oberwelt. Eine Gruppe findet ein Spinnennetz über einem Bärenskelett und nennt sich fortan *Spinnenclan*. Eines Tages treffen sie auf eine Spinnenfrau, die sie als Kinder und Enkelkinder anspricht, also ihre mythischer Ahnin ist, und ihnen hilft schneller voranzukommen: Sie erschafft aus ihrem beim Baden abgespülten Schmutz ein Maultier und zusätzlich einen Menschen, der sich um dieses kümmert. Doch der stiehlt es ihnen. Eine andere Spinnenfrau verrät ihnen später, dass dieser ein Spanier ist, also einer von denen, die das Pferd nach Amerika brachten, jedoch die Indianer versklavten.

Spinnenseide für die Menschen: In vielen außereuropäischen Kulturen, die ihre eigenen Traditionen noch nicht verloren haben, steht die Spinne aufgrund ihres Spinnvermögens in hohem Ansehen, denn sie hat uns Menschen die Kunst des Webens beigebracht. So wird in einer indischen Erzählung vom Schöpfer zunächst der Fischer erschaffen, dem jedoch erst die nach ihm erschaffene Spinne zeigt, wie man Netze zum Fischfang verwendet. Auch lernen die Menschen von der Spinne, wie man Kleidung herstellt. Bei den Pima in Arizona ist sie sogar ein göttliches Wesen, das Himmel und Erde an den Rändern mit ihrem Gewebe verbindet und so die zuvor hin- und herschaukelnde Erde stabilisiert, was ihre Besiedlung erst möglich macht.

Gut gegen Böse: Die Spinne steht in vielen Erzählungen Helden gegen böse Mächte bei.

Trixter: In Afrika tritt der Spinnenmann Anansi (Ananse) als Trickster auf, der in seinem Handeln ganz Mensch ist, denn es geht um Lüge und Betrug.

Blutspinne und die Menstruation: In Indien sitzt die Spinne Makramal Kshattri so in ihrem zwischen Himmel und Erde gespannten Netz, dass vier Beine zum Himmel und die anderen vier zur Erde reichen. Sie wickelt die sieben Töchter des mythischen Königs Raja Indal einzeln in Seide ein und lässt sie zur Erde hinab. Doch sie spinnt noch einen weiteren Faden, durch den Blut in die Münder der Mädchen tropft und durch deren

Körper fließt. Von dieser Zeit an haben Frauen ihre Monatsblutung.

Spinnenungeheuer: Bei den Zuni, Nachbarn der Hopi in Nordamerika, erzählt man sich von einem hässlichen in einer Höhle wohnenden Unhold namens *Tarantel* (wohl schon wegen seiner Größe eine Vogelspinne):

Tarantel wird von läutenden Glocken am Gürtel eines festlich gekleideten Häuptlingssohn alarmiert, erblickt die schöne Kleidung und will sie auch schon für sich haben. Also lauert er ihm am nächsten Tag auf und überredet ihn zum Kleidertausch, mit der Argumentation, dass der so erst sehen kann, wie gut er darin aussieht. Kaum getauscht, zieht sich Tarantel auch schon in seine Höhle zurück, und der Jüngling muss in schmutzigen Kleidern ins Dorf zurückkehren. Der von den Dorfbewohnern geschickte Greifvogel kann nichts ausrichten, doch die angerufenen Kriegsgötter geben dem Häuptlingssohn mit Magie versehene steinerne Reh- und Antilopen (?)-Miniaturen. Der Häuptlingssohn lockt den gefräßigen Tarantel mit den lebendig gewordenen Beutetieren aus der Höhle, die kaum gefangen wieder versteinern. Die Dorfbewohner versperren währenddessen den Höhleneingang und überwältigen ihn mit vereinten Kräften. Aus Furcht vor seiner Magie werfen sie ihn ins Feuer, der mit einem lauten Knall in zahllose Stücke zerbirst, die sich über die ganze Erde verteilen und zu kleinen Taranteln mit krummen Beinen werden, die zudem rückwärts gehen können. Bei dieser gewaltigen Tarantel handelt es sich also um ein mächtiges, verschlagenes und männliches Wesen, das heimtückisch in einem Hinterhalt lauert. Es wird sowohl durch Luftvibrationen als auch optisch auf Beute aufmerksam.

Männermordende Spinnenfrau: In den Mythen und Märchen der »Naturvölker« tauchen auch männermordende Spinnen auf. So erzählen die Pawnee in Nordamerika:

Eine Spinnenfrau lebte einst nordöstlich ihrer Dörfer, die jeden vorbeikommenden Jäger mit vergifteten Speisen tötete. Dann schnitt sie ihm den Kopf ab, entfernte das Gehirn und ließ es, wie auch die auf eine Schnur gezogenen Ohren, in der Sonne trocknen. Die verbliebenen Jäger mieden nun diesen Ort. Doch die Spinnenfrau holte sich jetzt ihre Opfer aus dem Dorf. Das höchste göttliche Wesen *Tiramahatj*, das alles sah, schickte aus Mitleid mit den Menschen die Söhne von Sonne und Mond zu Hilfe gegen die Spinnenfrau, die Kornsamen von Gott erhalten hatte und den Überfluss den Menschen geben sollte, diese aber als Vorrat für sich behielt. Nach Überwindung der von ihr geschickten Bären, Berglöwen und Klapperschlangen gelangen die beiden schließlich zu ihrem Haus in einem Tal jenseits eines dichten Waldes. Sie erbrechen die vergifteten Speisen - Menschenhirn und ein Kürbisgericht. Dann werden sie von ihr aufgefordert, mit ihr an einer steilen Böschung zu tanzen, und sie ruft mit ihrem Gesang einen Schneesturm herbei. Doch die beiden verwandeln sich in Schneevögel (eine Finkenart?). Jetzt fordern die beiden Knaben *sie* zum Tanz auf und lassen die Sonne auf sie niederbrennen, die keine Hitze verträgt. Die herbeigezauberten Heuschrecken tragen die Spinnenfrau auf den Mond, wo man sie bei Vollmond heute noch sehen kann. Die Brüder befreien nun die gefangengehaltenen Mädchen und nehmen die Samen (von Kürbissen!?) mit und verteilen sie unter den vier Stämmen der Pawnee.

Bernd Rieken meint hierzu u. a. in seinem Buch *Arachne und ihre Schwestern*, dem ich die Erzählungen entnommen habe, dass die Spinnenfrau eine Tochter des Mondes ist, die den Menschen Gutes tut, hier jedoch mit einer bösartigen Hexe verschmolzen ist und so den negativen Anteil des Mutter-Archetypus, den die Männer fürchten, darstellt.

Die Spinne in europäischen Sagen und Märchen

Sagen und Märchen mit Spinnen finden sich in europäischen und außereuropäischen Kulturen. Am bekanntesten ist die Sage von der Verwandlung der lydischen Weberin *Arachne* durch *Athene* in eine Spinne (weitere Sagen finden sich bei Rieken und in meinen *Spinnen-Spiegelungen in Menschen-Augen*). Ein modernes Märchen, das Kinderbuch *Die Biene Maja* mit der bösen Kreuzspinne Thekla dürfte vielen bekannt sein.

Maja im Netz der Spinne Thekla (Illustration von Anton M. Kolnberger in Bonsels 1953, Abdruck mit freundlicher Genehmigung der dva, Stuttgart).

Arachne

Der römische Schriftsteller Ovid (Publius Ovidius Naso) erzählt in seinen *Metamorphosen* um das Jahr 0, wie die ruhmreiche Weberin *Arachne* die Göttin Pallas Athene herausfordert:

>»Sie soll mit mir wetteifern! Werde ich besiegt, werde ich mir alles gefallen lassen.« Pallas erscheint als alte Frau und rät ihr, den höchsten Ruhm nur unter den Sterblichen zu suchen und die Göttin um Verzeihung zu bitten. Arachne beharrt auf einem Wettkampf. Also gibt sich Pallas zu erkennen, und beide treten an zwei gegenüberstehenden Webstühlen gegeneinander an. Pallas

stellt die um den Göttervater thronenden Götter dar, also auch sich selbst, und fügt in jede Ecke das Schicksal von Menschen hinzu, die sich mit Göttern anlegten. Zwei von ihnen wurden in Vögel, Kranich und weißer Storch, verwandelt. Arachne hingegen bildet die Schandtaten vom Göttervater und anderer männlicher Götter ab, die meist in Tiergestalt - als Delfin, Hengst, Satyr, Stier, Widder, als Adler, Schwan, Taube und als Schlange - Frauen verführten und schwängerten. Beide Gewebe sind perfekt. Doch Pallas entbrennt in Wut, weil eine Sterbliche ihr ebenbürtig ist, zerreißt Arachnes Gewebe und schlägt ihr mehrmals mit dem Weberschiffchen an die Stirn. Das erträgt Arachne nicht und hängt sich an einer Schlinge auf. Jetzt aber empfindet die Göttin Mitleid, stützt sie ab und spricht: »Bleib zwar am Leben, aber hänge, Vermessene!«, und fügt hinzu, dass dieser Fluch auch für ihre Nachfahren gelten soll. Im Weggehen besprengt sie Arachne mit Säften von Hekates Kraut, und deren Verwandlung beginnt: Ihr Haar verschwindet, Kopf und Körper schrumpfen, der Bauch schwillt gewaltig an, aus dem ein Faden tritt. Ab jetzt übt sie ihre Webkunst als Spinne aus. Die Metamorphose, Gestaltumwandlung von Mensch in Spinne ist erfolgt (ausführlicher in *Die Spinne*, herausgegeben von Hanne Kulessa).

Thekla und die Biene Maja

Im Buch *Die Biene Maja* von Waldemar Bonsels gerät Maja ins Radnetz der Kreuzspinne *Thekla* und wird von ihr in Seide eingewickelt. Doch ihr Freund, der Mistkäfer Kurt, befreit sie. In Folge 19 *Maja und die Spinne Thekla* der Zeichentrickserie begibt sich Maja als Geisel für einen Rüsselkäfer freiwillig ins Netz der Spinne *Thekla*. Die freut sich, denn eine Biene isst sie ohnehin lieber (an ihr ist ja auch mehr dran). Die Spinne willigt zunächst in den Tausch »Biene gegen Käfer ein«, hält aber ihr Wort nicht. Doch Heuschreckenfreund Flip springt durchs Radnetz, zerstört es so, schleudert die Spinne heraus und befreit Maja und den Rüsselkäfermann.

Moderne Sagen und Mythen

Immer wieder einmal hören wir von Erlebnissen, die fantastisch und kaum glaubhaft klingen und die dennoch absolut wahr sein sollen, weil sie die Freundin von einer Bekannten gehört hat, nein, die es nicht selbst erlebte, sondern wiederum von ihrer Nachbarin erfuhr, ja, deren Kusine es tatsächlich passiert ist (oder so ähnlich). Diese Geschichten nennt man »moderne Sagen«, da sie in der Gegenwart spielen und - nicht wahr sind.

Die Spinne in der Yucca-Palme: Eine solche Erzählung handelt davon, dass eine geschenkte Yucca-Palme beim Gießen quietschende Geräusche von sich gibt. Die Besitzerin ist beunruhigt und ruft Mitarbeiter einer Behörde zu Hilfe. Diese kommen in Schutzanzügen vorbei und nehmen die Pflanze mit. Abends teilen sie ihr telefonisch mit, dass eine ganze Tarantelfamilie in der Pflanze hauste und sie noch einmal Glück gehabt hätte. Es gibt mehrere Versionen dieser Geschichte, von denen Rolf Wilhelm Brednich im 70. Kapitel seines Buches *Die Spinne in der Yucca-Palme* berichtet. So kommen die Spinnen auch aus der Blumentopferde und beißen zu, bricht die Yucca-Palme knallend entzwei oder läuft der ganze Topf auf Spinnenbeinen los. Dem nicht so Leichtgläubigem stellt sich beim Anhören all dieser Stories natürlich sofort die berechtigte Frage, wie die Spinnen überhaupt in die Pflanze hineingekommen sind und wo sie denn da Platz gefunden haben. Beim Überprüfen dieser Pflanzen durch Firmenmitarbeiter wurden übrigens niemals Spinnen gefunden.

Spinnen krabbeln aus der Haut: Auch wird immer wieder erzählt, dass Spinnen ihre Eier in unsere Haut legen würden. Doch das können sie gar nicht, denn sie besitzen im Gegensatz zu Schlupfwespen keinen Legestachel und umspinnen ihre Eier mit Seide zu einem Kokon.

In Jeremias Gotthelfs *Die schwarze Spinne* ist es kein Stachel, sondern der Kuss des Teufels, der eine Spinne in der Wange einer Frau wachsen lässt. Hier geht es um einen mit einem Wangenkuss besiegelten Teufelspakt: Hilfe gegen die Seele eines ungeborenen Kindes. Dieses wird getauft, der Teufel ist betrogen - und schwarze Spinnen brechen heraus und vergiften das Land.

Ein entsprechendes Ereignis präsentiert Rolf Brednich in seinem Buch unter dem Titel »Der Insektenstich«: Beim Urlaub in Afrika wird eine Frau von einem Insekt gestochen. Es entwickelt sich aus der Wunde ein Furunkel, das beim Drücken vor dem Spiegel aufplatzt. Eklige kleine schwarze Spinnen kriechen hervor.

Verschluckte Spinnen: Eine andere moderne Sage lautet: Jeder Mensch verschluckt im Laufe seines Lebens bis zu 10 Spinnen im Schlaf. Auch andere Zahlen werden genannt: 4 im Leben oder gar 8 bis 50 im Jahr.

Wer etwas nachdenkt, fragt sich da mit Recht, wer das wohl wie gemessen haben will, denn dazu müssten Testpersonen in ihren Schlafzimmern monate-, jahrelang oder gar ein ganzes Leben lang mit Kameras oder Spinnensensoren beobachtet werden, was technisch heutzutage natürlich möglich ist. Und warum sollten Spinnen, besonders die an trockene Umgebung angepassten bei uns im Haus vorkommenden Spinnen, die sich auf dem Boden oder an Fäden unter der Decke fortbewegen, überhaupt in unseren feuchten warmen Mund kriechen? Über die Bettdecke, unsere Arme, auch über unser Gesicht könnte natürlich einmal eine Spinne in der Nacht krabbeln, was wir vermutlich gar nicht bemerken würden.

Doch auf diese Argumentation hin hat der / die Ängstliche sofort eine Antwort parat: Die Spinnen müssen doch gar nicht auf uns herumlaufen. Die seilen sich einfach am Faden von der Decke ab und landen direkt in unseren Mund. Und schon haben wir sie verschluckt.

Tatsächlich können z. B. bei auf Weibchensuche befindlichen Zitterspinnenmännchen sich abseilen und könnten auf uns landen. So erzählte mir eine Biologiestudentin, dass dieses Erlebnis in ihrer Kindheit die Ursache für ihre Spinnenangst war.

Nehmen wir also einmal an, eine Spinne seilt sich ab und landet im offenen Mund des Schläfers, der dazu auf dem Rücken liegen muss und nicht schnarchen sollte, denn vor solch kräftigen Vibrationen und Luftschwingungen fliehen Spinnen. Was geschieht dann? Wohl dasselbe wie es tagsüber draußen geschehen mag und gelegentlich auch passiert. Hier können nicht nur fliegenden Insekten, sondern auch am Faden schwebende Spinnen (*Altweibersommer*) beim Laufen, Radfahren, Motorradfahren, Autofahren im Cabriolet durchaus in den Mund geraten. Sie werden dann in der Regel durch einen Reflex sofort ausgespuckt, könnten aber, wenn sie tiefer im Mund landen, auch verschluckt werden. Dann gelangen sie in den Magen und werden verdaut. Das dürfte keine schädlichen Auswirkungen haben.

Geraten Spinnen jedoch in die Luftröhre, tritt sofort der gar nicht angenehme Hustenreflex ein. Jedem von uns ist das sicherlich schon beim Essen passiert. Meist wird der Atemweg wieder frei, und wir schlucken den Übeltäter einfach herunter. Wenn nicht, muss sie entfernt werden. Auf jeden Fall dürften wir an einer winzigen Spinne nicht ersticken.

Spinne im Ohr: Auch im Ohr sollen sich schon Spinnen aufgehalten haben - und das nicht nur kurzfristig. So soll eine Frau davon Kopfschmerzen davon bekommen haben, dass ihr bei einer Motorradfahrt eine winzige Spinne ins Ohr geflogen wäre und dort ihr Netz gebaut hätte. Natürlich könnte eine kleine Spinne bei ihrem Fadenflug auch einmal in ein Menschenohr gelangen, wenn es doch sehr unwahrscheinlich ist. Wenn sie winzig genug ist und es ihr dort gefällt, könnte sie auch ein Netz bauen. Auch bei einer Chinesin soll eine Spinne einige Tage im Ohr gelebt haben. Der Spinnenforscher Peter Jäger nahm hierzu bei *yahoo* Stellung: »Wenn die Spinne einmal den Weg dahin gefunden hat, könnten theoretisch Milben im Ohr und vielleicht Ohrenschmalz als Futter dienen. Das ist nicht auszuschließen, mit solchen Geschichten sollte man jedoch vorsichtig sein.« Ich halte solch eine Ernährungsweise für sehr unwahrscheinlich (Nahrungsspektrum s. Kapitel *Beutefang und Beutespektrum*). Und warum sollte diese Spinne überhaupt etwas gefangen und gefressen haben. Denn wie jeder weiß, können Spinnen lange hungern. Und bekäme man überhaupt von so einem winzigen Ohrbewohner Kopfschmerzen?

Tödlich giftige Zitterspinnen: Auch unter Spinnenfachleuten kursieren Mythen, werden nicht nachgewiesene Eigenschaften für bare Münze genommen und weitererzählt. Im folgenden Fall bekenne auch ich mich schuldig. So sollen Zitterspinnen, im Englischen »daddy-longlegs spiders« genannt (auch Weberknechte werden als »daddy-longlegs« bezeichnet!), zu den giftigsten Spinnen gehören, jedoch mit ihren kleinen Cheliceren die menschliche Haut nicht durchdringen können, also für uns ungefährlich sein. Tatsache ist, dass sie sehr wohl mit ihren nur 0,25 mm großen Cheliceren durch unsere 0,1 mm dicke Haut beißen können, wie inzwischen getestet wurde. Das Resultat: ein mildes Brennen, das nur einige Sekunden lang anhielt (s. a. Kapitel *Giftspinnen*).

Weitere Informationen zur Rolle von Spinnen in unserer Kultur und bei Naturvölkern befinden sich in den Büchern von Lindemann und Zons (Hrsg. 1990), Droege und Petz (Hrsg, 2002), Rieken (2003), Nitzsche (2005) und Renner (2018). Neben Horrormeldungen gibt es auch Infos zu modernen Sagen im Internet.

Arachnophobie - Angst vor Spinnen

Eine Spinne
grün und klein
krabbelt dir ins Ohr hinein.
Und wieder raus - aus!

Rainar Nitzsche

Phobien

Eine *Phobie* ist eine krankhafte, übersteigerte Angst bzw. Furcht, eine Angstneurose. Furcht bezieht sich im Unterschied zur Angst auf ein bestimmtes Objekt oder Subjekt. Im Alltag erfolgt diese Unterscheidung nicht, meist spricht man von Ängsten.

Viele Menschen haben Angst vor Spinnen. Sie leiden an einer *Arachnophobie*, sind *arachnophob*. Die noch heute weit verbreitete Ansicht ist, dass besonders Mädchen und Frauen so ängstlich sind, während Jungen und Männer natürlich kein Problem damit hat, auf die Schreckensrufe seiner Frau »Tu die Spinne weg!« zur Tat zu schreiten und die Spinne zu zertreten, zu erschlagen oder aber als Tierfreund sie einzufangen und nach draußen zu bringen. Doch auf meine erste Frage beim Spinnenunterricht in der Grundschule hin »Wer hat Angst vor Spinnen?« melden sich nicht nur Mädchen, sondern auch Jungs, die sich mehr oder weniger weit an eine lebende Vogelspinne heranwagen und Vogelspinnenhäute (*Exuvien*) zu berühren trauen. Und im Film *Arachnophobia* ist es nicht etwa eine Frau, sondern der Arzt, der seine Spinnenangst überwinden muss (s. Kapitel *Filmspinnen*).

Doch Spinnen sind nicht die einzigen Tiere, vor denen sich Menschen fürchten. Ängste vor Tieren werden *Zoophobien* genannt. Nicht verwunderlich erscheinen die Angst vor Bandwürmern (Taeniophobie, Teniophobie), vor Termiten (Isopterophobie), Läusen (Pediculophobie, Phtiriophobie), Motten (Mottephobie) und der Infektion durch Milben und Zecken (Acarophobie). Nachvollziehbar ist auch die Furcht vor Insektenstichen bzw. stechenden Insekten, besonders, wenn man schon einmal gestochen wurde. Hierzu zählt die Angst vor Wespen, die im Sommer an süßen Getränken und am Eis naschen wollen: Viele Erwachsene schlagen um sich, Kinder krümmen sich und laufen zur Mutti, die sie beschützen soll (Spheksophobie). Doch auch eine Angst vor Bienen (Apiphobie, Melissophobie) ist bekannt, deren Gift besonders bei Vorhandensein einer Allergie viel gefährlicher als das der Wespen ist. Auch vor Ameisen fürchten sich manche Menschen (Myrmecophobie). Einige Menschen ängstigen sich generell vor Insekten (Entomophobie, Insectophobie).

Übrigens kommen auch Phobien vor zahlreichen Wirbeltieren vor, wobei auch hier einige, wie die Angst vor Haien (Selachophobie), vor Schlangen (Ophidiophobie, Snakephobie), vor Hunden bzw. Tollwut (Canophobie, Cynophobie), verständlich sind. Manche Menschen fürchten sich jedoch auch vor Katzen (Ailurophobie, Aelurophobie, Elurophobie, Felinophobie, Galeophobie, Gatophobie), Pferden (Equinophobie, Hippophobie), Mäusen (Suriphobie) oder Vögeln (Ornithophobie). Lustig erscheinen dem Nichtbetroffenen hingegen die Angst »von Enten beobachtet zu werden« (Anatidaephobie) und die Angst vor Nacktmullen (Zemmiphobia).

Weitere Phobien vor bestimmten Tieren sind bekannt, doch kehren wir nun wieder zum Thema übersteigerte Angst vor Spinnen zurück, die eigentlich *Araneophobie* heißen müsste, denn *Araneae* heißt die Ordnung der Spinnen, *Arachnida* sind die Spinnentiere, zu denen allerdings auch die Spinnen gehören, s. Kapitel *Verwandte und Ahnen*).

Wer hat hier Angst vor wem?

Meistens laufen Spinnen vor uns weg und verstecken sich. Denn wir sind bedeutend größer als sie und somit potentielle Feinde. Wir könnten sie umbringen, und das geschieht oft genug durch Mitmenschen, die Angst vor den winzigen Krabblern haben (s. o.). Doch gibt es leider auch Menschen, die es einfach so aus Spaß machen, weil sie entweder Tierquäler sind oder einen Spinnenfreund bewusst ärgern wollen.

Nun ja, so ist unsere Welt. Vielleicht wird sie mit der Zeit ein wenig besser, denken die Optimisten unter uns. Ob sich dabei die Einstellung zu Spinnen ändern wird?

Spinnenangst - genetisch bedingt?

Psychologen bringen hier oft für den Zoologen sehr lustige Erklärungen. Folgt man ihnen, so müssten alle Menschen hier bei uns und im Rest der Welt Angst vor Spinnen haben. So meinte kürzlich ein Professor von der Universität Göttingen im Fernsehen (Spiegel TV) folgendes: Unsere nichtängstlichen Vorfahren wären von giftigen Spinnen und Schlangen gebissen worden und deshalb ausgestorben, die ängstlichen hätten sich fortgepflanzt, ihre Nachfahren wären wir. Und das würde bedeuten: Alle Menschen haben genetisch bedingt Angst vor Schlangen und Spinnen. Tödliche Schlangenbegegnungen in unserer Urheimat Afrika kommen vor. Doch tödliche Giftspinnen gibt es dort nicht und gab es wohl auch nicht. Zudem kommen Bisse durch Spinnen so selten vor, dass dadurch wohl kaum ganze Menschenfamilien und Sippen ausgestorben sind.

Bei Mäusen wurde an der Universität München jetzt herausgefunden, dass ihre Angst zu 50% genetisch bedingt ist. Nach Entfernung eines Gens läuft die Maus zur Katze hin statt weg. Falls bei Menschen auch Gene eine Rolle bei Ängsten spielen, würde das bedeuten, dass manche von uns schon von Geburt an ängstlicher als andere sind. Doch unterscheiden sich Geschwister wirklich so voneinander, wenn einer von ihnen phobisch reagiert, der / die anderen aber nicht? Unterschiedliches Verhalten resultiert bei uns Menschen zum größten Teil aus Lernen.

Ekel und Angst - erlernt

Viele Menschen, nicht nur Kinder und Jugendliche, sondern auch Erwachsene, empfinden Ekel vor Spinnen und haben Angst vor ihnen. Einer dieser Spinnenangsthasen ist übrigens der Schriftsteller Stephen King, wie er selbst zugibt.

Die Angst kann unterschiedlich stark ausgeprägt sein, wobei sie oft vor kleinen Spinnen mit dünnen Beinen und dem schnellen Krabbeln größer ist als vor den großen. Wie wir bereits gehört haben, wird die krankhafte Form der Spinnenangst *Arachnophobie* genannt. Menschen, die sie haben, sind *arachnophob*.

Ganz kleine Kinder haben übrigens noch keine Angst vor Spinnen. Sie ist also nicht angeboren. Wir erlernen sie mit dem Älterwerden, zunächst von Eltern und Geschwistern, dann von anderen Kindern im Kindergarten und in der Schule. Und so wird einem die Angst vor Spinnen *anerzogen*. Es gibt jedoch noch weitere Gründe für die sehr unterschiedlich starke Ausprägung der Angst vor Spinnen.

Ursachen der Spinnenangst

1) Eine unerwartete **Begegnung**, wenn z. B. einem Kind plötzlich im Wald eine Spinne auf die Schulter fällt oder sich im Zimmer beim Lesen oder der Handybenutzung im Bett abends von der Decke abseilt.

2) Ein **Lerneffekt**, wenn Eltern oder ältere Geschwister beim Anblick einer Spinne ihren Ekel aussprechen, davor warnen oder panisch reagieren und schreien.

3) Bücher und Filme mit **Spinnenmonstern** tragen sicherlich zur Verstärkung der Spinnenangst bei. Man

denke nur an die Riesenspinnen im *Herrn der Ringe* und bei *Harry Potter,* wo Ron ein Spinnenangsthase ist.

Ist ein Mensch seit Kindheit oder Jugend erst einmal arachnophob, dann hat er auch noch als Erwachsener Angst, wenn er nichts dagegen unternimmt.

Die tiefere Ursache für das Problem Spinne ist jedoch die **Angst vor Kontrollverlust**, die Überwindung des Fehlens der Privatsphäre in der Kindheit, wie wir bei Andreas Winter lesen können. Diese tiefverwurzelte Angst wird auf ein Objekt übertragen, z. B. die Spinne. Wir fühlen uns von Spinnen beobachtet, entdecken sie oft erst in der Wohnung, wenn sie schon längere Zeit dagewesen sind. Hinzu kommt die Erziehung. Unser Eltern haben uns vor abscheulichen Spinnen gewarnt, die nun plötzlich unerwartet bei uns zuhause, also in unserer unmittelbaren Umgebung, in unserer Wohnung, wo wir uns sicher fühlen, auftauchen. Und das geschieht dann auch noch nachts im Schlafzimmer, wo wir doch Tagwesen sind und schon deshalb die Dunkelheit fürchten. Hinzu mag bei Frauen ein schlechtes Gewissen kommen, weil sie die Wohnung nicht ordentlich geputzt haben, so dass sich Spinnen ansiedeln konnten: Da sind überall Spinnweben unter der Decke und in den Ecken.

Überwindung der Angst durch Psychotherapie

In Deutschland sollen 8,5% der Bevölkerung so große Angst haben, dass eine Therapie nötig ist, um sie wieder zu verlieren. Bewährt hat sich die Psychotherapie, die auf unterschiedliche Weise in verschiedenen Schritten auf den Patienten abgestimmt erfolgen kann.

In der 2011 in Deutschland ausgestrahlten Fernsehsendung *NaturNah: Im Netz der Spinne - Achtbeiner erobern die Großstadt* musste die Reporterin anhand einer lebenden Vogelspinne ihre Angst überwinden. Sie schaffte es. Die Vogelspinne saß schließlich auf ihrer Hand und – tat ihr nichts. Und doch hatte sie noch immer Angst, dass ihr die Spinne den Arm hochklettert.

Ein weiteres Beispiel für die stufenweise Behandlung brachte die Sendung *Welt der Wunder* am 25.5.16. In wöchentlichem Abstand wurde eine seit ihrer Kindheit von Spinnenangst befallene Frau vom Therapeuten immer näher an die Spinnen herangebracht und geheilt. Sie hatte ihn aufgesucht, um sich ihren Herzenswunsch - eine Reise nach Brasilien - zu erfüllen. Bei der ersten Sitzung wurde nur geredet: Es ging um die Klärung ihrer Ängste und die körperlichen (ein Kloß im Hals, Lähmung) und psychischen Symptome bei der Konfrontation. Sie zeichnete sie auch auf. Man erfuhr, dass sie sich schon in der Kindheit nur mit größter Überwindung und viel Licht in den Keller getraut hatte. Eine Woche später ging es um das Betrachten von Spinnenfotos an der Wand mit vorsichtiger Annäherung. Zugleich erhielt sie Informationen über die kunstvoll gesponnenen Netze und die Nützlichkeit der Spinnen durch die Erbeutung von Insekten. Als nächstes musste sie eine Kunststoffspinne auf die Hand nehmen. In der folgenden Sitzung wurde sie mit einer lebenden Zitterspinne (fälschlicherweise als Weberknecht bezeichnet) konfrontiert und es ging in den Keller, wo Gespinste an der Decke hingen. Eine Woche später musste sie sich vier Vogelspinnen in ihren Terrarien aus der Ferne anschauen und eine Spinnenhaut (Exuvie) auf die Hand nehmen. 6 Wochen später war sie in der Lage, eine Zitterspinne zuhause mit einem Glas einzufangen und außen auf das Fensterbrett zu befördern. Dann löste sie ihr Urlaubsticket.

Bei der Psychotherapie spielt auch die Tageszeit eine Rolle. Psychologinnen aus Saarbrücken stellten fest, dass Frauen in einem dreistündigen Seminar zwischen 8 und 11 Uhr besser therapiert werden können als zwischen 18-21 Uhr, was auf den höheren Cortisolspiegel morgens zurückgeführt wird, der Lernprozesse fördert. Sie überprüften die Erfolge nach einer Woche und nach drei Monaten, wobei die Testperson einen Raum mit einer Hauswinkelspinne in einer Plastikdose am anderen Ende betreten, den Deckel öffnen, die Spinne herausnehmen und auf die Hand nehmen musste.

Ein besserer Umgang mit der Angst wird durch eine Behandlung erreicht, in der der Arachnophobiker gar nicht merkt, dass ihm Spinnenbilder gezeigt werden, da dies jeweils nur einige Millisekunden lang geschieht. Er nimmt die Spinnen jedoch unterbewusst wahr. Dies ist der erste Schritt vor der bewussten Konfrontation mit Spinnenfilmen, Kunstspinnen und echten Spinnen.

Konfrontationstherapie

Die einfachste, kürzeste und brutalste Therapie ist die direkte Konfrontation mit dem Angstauslöser, seien es enge Räume oder Spinnen. Die Erfolgsquote ist hoch. Doch die Frage ist natürlich, wie viele Angsthasen da freiwillig mitmachen?

Virtual Reality contra Spinnenangst

Bei dieser Behandlungsform sind ein am Kopf befestigtes Display (HMD), ein internes Verfolgungssystem sowie Kopfhörer und Mikrofon zur Kommunikation nötig. Der Phobiker taucht mit diesem Headset in eine künstliche Welt ein und wird dabei auf verschiedenen Levels mit Spinnen konfrontiert. Ziel des Programms ist es, die *Arachnophobie* zu reduzieren. Schritt für Schritt bewegt er sich durch unterschiedliche Szenarien mit einer oder mehreren Spinnen und lernt mit seiner Angst umzugehen. Mit jeder Konfrontation gewöhnt er sich immer mehr an Spinnen, und so verringert sich seine Angst. Mit der Zeit löst sich die Verbindung von Reiz und Reaktion und die Phobie verschwindet. Kommt es zu einem Rückfall, kann der Phobiker jederzeit zu einem leichteren Level zurückkehren und so lange darauf bleiben, bis er seine Angst kontrolliert und sich für eine höhere Anforderung gewappnet fühlt.

Die virtuelle Therapie lässt sich mit der herkömmlichen Verhaltenstherapie kombinieren, in der der Proband sich immer mehr einer echten Vogelspinne nähert, sie schließlich berührt und sogar auf die Hand nimmt.

1997 führte Carlin mit seinen Mitarbeitern erfolgreich die Heilung der Spinnenphobie bei einem Patienten durch, der 20 Jahre daran litt. Sie kombinierten Virtual Reality mit taktilen Reizen: Erst sah der Proband Vogelspinnen und Schwarze Witwen in der Kunstwelt, dann betastete er zugleich eine Spielzeugspinne mit den Händen, wodurch die Wahrnehmung verstärkt wurde. Nach 12 einstündigen Sitzungen war er geheilt: Er konnte im Wald campen und Spinnen im Haus ohne Angst begegnen, und so blieb es auch nach einem Jahr.

Betablocker gegen die Angst

In der *Pharmazeutischen Umschau online* und der *Apotheken Umschau* 3/16 findet sich ein Artikel über eine im Fachmagazin *Biological Psychiatry* veröffentlichte Untersuchung an der Universität Amsterdam mit dem Einsatz des Betablockers *Propanolol* als neue schnelle Therapie zur Überwindung der Arachnophobie. Der Wirkstoff schwächt die Erinnerung an die Furcht im Gehirn. Und so lief der Versuch ab: Jedem der 30 Probanden wurde zwei Minuten lang eine Spinne gezeigt. Anschließend erhielten 15 der Testpersonen den Betablocker, die anderen 15 ein Placebo, also ein Scheinmedikament ohne Wirkstoffe. Weitere 15 Patienten erhielten den Betablocker, ohne mit der Spinne konfrontiert worden zu sein. Das Ergebnis war, dass sich diejenigen, die die Spinne gesehen und das Medikament bekommen hatten, Spinnen nähern konnten, ein Effekt, der ein Jahr und länger anhielt. Es war, als ob den Patienten die Angst herausoperiert worden wäre. Wenn sich die Wirksamkeit des Betablockers in größeren Studien bestätigt, ließe sich hiermit die Behandlung von Phobien gegenüber den üblichen lang dauernden Verhaltenstherapien drastisch verkürzen.

Supermarkt-Spinnenhorror

In den Medien sieht, hört und liest man immer wieder von tödlich giftigen Bananenspinnen aus Südamerika, die mit Obst in unsere Supermärkte gelangen. Das kam früher durchaus öfter vor. So wurden im Hamburger Hafen Spinnen am Obst gefunden. Hier führe ich nun einige Beispiele aus der heutigen Zeit an:

2011 wurde ein großer Markt im Saarland für einige Tage geschlossen, denn niemand sollte von der Spinne im Obst gebissen werden. Kammerjäger rückten an. Sie fanden keine Spinne. So konnte nicht festgestellt werden, ob es eine für uns gefährlich giftige Art war.

Im Oktober 2013 wurde in einem Supermarkt in Kornwestheim ein Azubi beim Auspacken der Bananen von einer zwischen ihnen sitzenden Spinne in die Hand gebissen. Die Wunde schwoll an, und der junge Mann wurde ins Krankenhaus gebracht, was nicht heißen muss, dass für ihn Lebensgefahr bestand. Die Spinne wurde von der in Schutzkleidung anrückenden Feuerwehr mit einer Wärmebildkamera gesucht und nicht gefunden, was bei einem wechselwarmem Tier nicht verwunderlich ist. Schädlingsbekämpfer fingen sie schließlich ein und gaben sie zur Bestimmung weiter. Versteht sich, dass in den Medien über die tödlich giftige »Bananenspinne« berichtet wurde, bevor die Spinne bestimmt worden war. Schließlich befand sie sich zwischen Bananen und biss zu. Wie sich dann herausstellte, handelte es sich nicht um eine für uns Menschen gefährliche Art der Gattung *Phoneutria*, sondern um eine »Erdwolfspinne«, also eine für uns harmlose Wolfspinnenart. Die gleichnamige heimische Art *Trochosa terricola* kommt in Südamerika allerdings nicht vor, jedoch verwandte Arten.

Mutprobe Spinne im Mund

Gelegentlich wollen **Heranwachsende** ihren Kumpels und natürlich ihren Freundinnen imponieren, ihnen zeigen, was für Kerle sie doch sind, so nach dem Motto: »Schaut mal alle her, die große (Spinne) nehm' ich auf die Hand und die kleine in den Mund.« Dann ist der Angeber still, einen Augenblick lang, muss er ja auch, denn er hat eine Spinne im Mund, mit der es sich schlecht sprechen lässt. Und schon schreit er auf, spuckt die Spinne aus, die ihm in die Zunge gebissen hat. Und ab geht's ins Krankenhaus, denn die Zunge schwillt an und Erstickungsgefahr droht. Und das ist wirklich schon passiert und sollte keinesfalls nachgemacht werden.

Ebenfalls als Mutprobe, jedoch mit Belohnung, gab es diese Aufgabe für **Erwachsene**, Kandidaten bei der Sendung von RTL: *Ich bin ein Star – Holt mich hier raus!* Am 17.01.14 bekamen sie auf einer Couch liegend eine »Wasserspinne« in den Mund gesetzt. Hierbei handelte es sich nicht um unsere europäische *unter* Wasser lebende Art, sondern um eine australische *am* Wasser lebende Fishing spider aus der Familie der Pisauridae. Wer sie 30 Sekunden im Mund behielt, bekam einen Stern. In der 2. Prüfung musste der Mund geschlossen sein, die Spinne also komplett in den Mund genommen werden. 20 Sekunden genügten. Am 24.01.14 gab es wieder Spinnenhorror: Aufgabe der Spiderwoman Larissa, die im Spinnenkostüm am Hebekran hing, war es, in Kooperation mit Kranführer Mola Punkte mit einem Ring am Radspinnennetz zu erzielen. Das Netz war künstlich, horizontal auf der Erde ausgespannt und bestand aus Stricken und Kupferdrähten mit Sternchen am Ende. Beim Anstoßen bekam nicht sie, sondern er einen Stromschlag sowie von Zeit zu Zeit Melasse und Mehlwürmer plus Schaben übergeschüttet. Nach diversen Stromschlägen hatte Spiderman die Schnauze voll und gab auf. Also gab es keine Punkte und somit kein

Essen für die Gruppe. Übrigens trug die Spinnenfrau ein schwarzes Spinnenkostüm mit schwarzer Mütze, sechs Stoffbeinen plus zwei pelzigen Menschenarmen. Denn wie jeder weiß, haben Spinnen acht Beine. Vergessen wurden am Anzug die beiden Pedipalpen. *Da* hätten die Menschenarme hineingehört, weil Spinnen diese wie Hände gebrauchen. Auch auf *youtube* findet man Spinne-im-Mund-Szenen. Meist sind es jedoch Scherze mit Gummispinnen.

Arachnophile – Spinnenfreunde

Ja, es gibt Menschen, die finden Spinnen hübsch und lieben sie vielleicht schon deshalb, weil sie abgesehen von klopfend balzenden Vogelspinnenmännchen so still und als Haustiere in Terrarien äußerst pflegeleicht sind. Sie leben mit ihren Hausspinnen in ihrer Wohnung zusammen, halten sie in Terrarien oder lassen vielleicht sogar eine große Seidenspinne (*Nephila*-Art) ihr Netz frei in der Küche spinnen. Einige von ihnen nehmen ihre Spinne sogar auf die Hand und sind fest davon überzeugt: »Meine Spinne kennt und – liebt mich.« Andere lassen einheimische Spinnen über ihre Hand laufen. Und wundert sich jemand oder schaut gar entsetzt, dann sagen sie immer wieder nur den einen Satz, den wir alle von Hundehaltern kennen und der da lautet: »Die tut doch nichts!«

Die neutrale Mehrheit

Die meisten Menschen haben keine übertriebene Angst vor Spinnen, lieben sie aber auch nicht, sind also weder *arachnophob* noch *arachnophil*. So wurde eine Kandidatin bei *Wer wird Millionär?* am 3.2.18 vorgestellt, denn Spinnen ziehen immer. Erstaunlicherweise hat sie nach eigener Aussage Angst vor Tieren - so sind Katzen ihrer Meinung nach bösartig -, jedoch nicht vor Spinnen. Die findet sie allerdings auch nicht süß.

Giftspinnen und Spinnengift

Spinnen beißen

In einer Reihe von Büchern und Filmen der Sparten Abenteuer, Fantasy und Horror töten oder betäuben Spinnen ihre Beute mit einem Stachel. Ein Beispiel dafür ist die riesige Kankra im »Herrn der Ringe« von Tolkien, die allerdings keine echte Spinne, sondern ein spinnenartiges Wesen ist.

Die Realität sieht anders aus: Im Gegensatz zu Bienen, Hummeln, Wespen, Schlupfwespen besitzen Spinnen *keinen* Stachel. Am Ende des Hinterleibs befinden sich ihre Spinnwarzen, mit denen sie ihre Seide abgeben. Bei den Gliederspinnen der Familie Liphistiidae liegen die Spinnwarzen weiter vorne, sie besitzen jedoch ebenfalls keinen Stachel am Hinterleibsende. Auch haben Spinnen keinen Stechapparat vorne im Mundbereich, wie wir ihn von Mücken und Bremsen kennen. Spinnen *beißen* mit ihren Giftklauen vorne am Körper. Beim Biss einer großen Vogelspinne in unsere Haut sind deutlich zwei Einstichstellen zu erkennen, wie wir es von Schlangenbissen und von Dracula und den Vampiren in Romanen und Filmen her kennen.

Womit beißen Spinnen?

Spinnen besitzen als erstes Gliedmaßenpaar ein Paar *Kieferklauen*, *Cheliceren* genannt. Jede Chelicere besteht aus einem Grundglied und einer Klaue. Das Grundglied sitzt am Körper an. Die Klaue wird in Ruhe in eine Rinne eingeklappt, die bei den meisten Spinnenarten mit Zähnchen besetzt ist. Jede Klaue besitzt kurz vor dem Ende eine seitliche Öffnung, aus der Gift in die Wunde fließt. Vor dem Zubeißen werden die Klauen ausgeklappt. Um beim Biss zappelnde noch nicht vom Gift betäubte Beute festhalten zu können, sind die Beugemuskeln äußerst kräftig entwickelt.

Bei Vogelspinnen und ihren Verwandten sind die Cheliceren mächtig groß, stehen nach vorne, und die Klauen werden von oben nach unten bewegt. Das nennt man *orthognath*. Bei den meisten heute lebenden Spinnenarten sind die Cheliceren viel kleiner und werden von beiden Seiten zangenartig aufeinander zu eingeschlagen. Sie sind *labidognath*. Da Vogelspinnen als primitiv galten, war es naheliegend anzunehmen, dass die orthognathe Chelicerenstellung die ursprüngliche und weniger effektive ist. Dagegen spricht, dass die Cheliceren einiger alten Spinnen (z. B. Mesothelae) eine Zwischenstellung einnehmen. Sie sind *plagiognath*. Dies ist die ursprüngliche Stellung, von der die orthognathe und die labidognathe abgeleitet sind, wie wir bei Foelix (2011) lesen können.

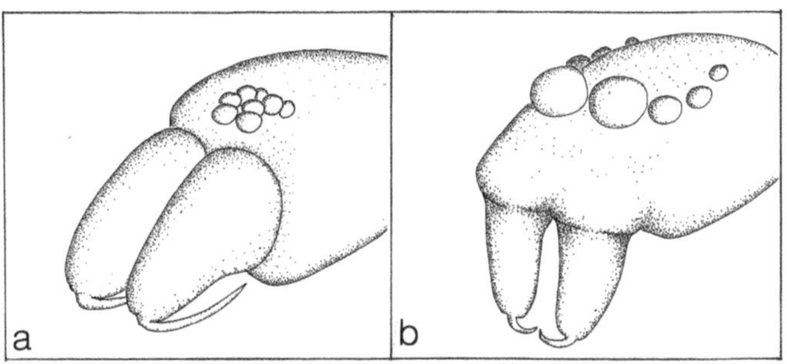

Chelicerenstellungen orthognath (a) und labidognath (b) (aus Renner 2018).

Wen beißen Spinnen warum?

Spinnen fangen lebende *Beute*. Sie beißen sie, um sie an ihrer Flucht zu hindern. Spinnen halten ihre Opfer mit den Cheliceren fest und betäuben oder töten sie mit ihrem Gift. Durch den Gifteinsatz wird die Gegenwehr und somit die Verletzungsgefahr durch strampelnde Beutetiere verringert. Vogelspinnen strecken zudem ihre Beine und stehen aufrecht auf dem Boden, um zu verhindern, dass ihre Beute Halt findet. Vogelspinnen und Raubspinnen der Familie Pisauridae umspinnen oder Überspinnen anschließend ihre bewegungslose Beute. Das wird »*post-immobilisation wrapping*« genannt, also Umspinnen der unbeweglichen oder toten Beute.

Zahlreiche Spinnenarten fangen ihre Beute mit ihrer Spinnenseide in Netzen und wickeln sie mit den Hinterbeinen in Seide ein, umspinnen sie rasend schnell durch Umkreisen, wickeln sie mit ihren langen Hinterbeinen aus der Entfernung ein oder spucken klebrige Sekrete auf sie. Erst nach dem Einspinnen beißen sie zu und fressen ihre Opfer an Ort und Stelle oder bringen sie zunächst in ihren Schlupfwinkel, um sie dort in Ruhe zu verspeisen. Diese Art der Seidenverwendung nennt man »*immobilisation wrapping*«: Durch Seide wird die Beute unbeweglich gemacht.

Zur Verteidigung beißen Spinnen ebenfalls zu, wenn sie nicht fliehen und sich nicht verstecken können. In diesen Fällen werden auch wir *Menschen* gebissen, denn als Beute sind wir viel zu groß. Die Bisse können recht schmerzhaft und bei einigen wenigen Arten auch für uns lebensgefährlich sein.

Nicht alle Spinnen beißen uns

Kleine Spinnenarten und junge Spinnen haben nur kleine Giftklauen, die nicht in unsere Haut eindringen können. Sie können uns nichts tun. Im Unterschied dazu haben große Vogelspinnen lange Klauen an ihren Cheliceren. Die meisten Arten dieser Familie besitzen für uns schwach wirkende Gifte. Zudem geben sie oft nur wenig Gift oder gar kein Gift zu ihrer Verteidigung ab. Sie müssen sparsam haushalten, denn es dauert einige Zeit, bis sie es nachproduziert haben, in erster Linie dient es zum Töten der Beute. Solch ein Verteidigungsbiss ist alledings recht schmerzhaft. Dabei gelangen auch Bakterien in die Haut, obwohl sich Spinnen immer ordentlich putzen, also sehr reinliche Tiere sind.

Deshalb sollte die Wunde mit einem *Antiseptikum* (Jod) behandelt werden, das es in jeder Apotheke frei verkäuflich gibt.

Besitzen alle Spinnen Gift?

Die meisten Spinnen haben Giftdrüsen. Sie befinden sich bei den Vogelspinnen und ihren Verwandten in den Cheliceren. Bei allen anderen Spinnen nehmen sie einen großen Teil des Vorderkörpers ein.

Kräuselradnetzspinnen (Familie Uloboridae), die ihre Beute fangen, indem sie diese mit Seide umwickeln, besitzen keine Giftdrüsen. Die Behauptung, dass die als ursprünglich geltenden Gliederspinnen der Familie Liphistiidae kein Gift hätten, ist falsch, denn 2010 entdeckten Schweizer Forscher bei ihnen Drüsen in den Cheliceren, die Gift produzieren dürften. Auch bei den winzigen Spinnen der Familie Holarchaeidae wurden bisher keine Giftdrüsen entdeckt.

Gift von Anfang an

Heute wird angenommen, dass bereits die ersten Spinnenarten im Karbon Gift zum Überwältigen ihrer Beute benutzten. Durch das Nervengift (Neurotoxin) wird diese unbeweglich gemacht, damit sie nicht entfliehen und sich nicht mehr wehren kann. Auch die Vorfahren der heutigen Kräuselradnetzspinnen benutzten einst Gift, bildeten im Lauf der Evolution ihre Giftdrüsen jedoch zurück und können sich heute ganz auf ihre Seide zum Überwältigen der Beute verlassen.

Giftigkeit, Giftwirkung - Infektionen?

Giftfunktionen

Das beim Beutefang mit den Chelicerenklauen injizierte Gift lähmt die Beute, macht sie unbeweglich, tötet sie meist, doch nicht immer.

Zum anderen dient es zur Verteidigung gegen Feinde, wie wir schon hörten: Ein schmerzhafter Biss lässt den Angreifer zurückzucken und innehalten, erhöht so die Chance zu entkommen. Lernt der Angreifer, diese Spinne zu meiden, so wirkt der Biss auch in die Zukunft, eine Langzeitwirkung tritt ein. Bei der nächsten Begegnung meidet der Gegner nicht nur dieses Exemplar, sondern alle Spinnen, die so aussehen, also alle Artgenossen und evtl. auch deren Nachahmer.

Das Spinnengift kann auch eiweißlösende Enzyme enthalten, deren Anteil an der Außenverdauung jedoch zu vernachlässigen ist.

Giftmengen und Gefährlichkeit

Besteht Gefahr für die Gesundheit, wenn eine Spinne zugebissen hat?, fragen sich viele Menschen.

Und die Antwort lautet: Keine Angst, das Gift der meisten Spinnenarten ist für Menschen ungefährlich. Zudem besitzen Spinnen viel weniger davon als die viel größeren Giftschlangen. Durch Schlangenbisse sterben jährlich weltweit, hps. in Afrika, 100 000 Menschen. Doch das Gift einiger weniger Spinnenarten wirkt auf unseren Kreislauf und kann tödlich sein. Zu den für Menschen gefährlichen Arten zählen die kleinen netzbewohnenden Witwen, größere Laufspinnen wie die südamerikanischen Bananenspinnen, sowie australische Trichternetzspinnen der Familie Atracidae.

Giftstärke

LD50-Werte: Lange Zeit war es üblich, diese Zahlenwerte als Maß für die Wirkung eines Gifts anzugeben. Zur Bestimmung wurde es den Versuchstieren, meist Mäusen, intravenös gespritzt. Die Menge an Gift, die ausreicht, um die Hälfte der Mäuse zu töten, heißt LD50. Je kleiner die dafür benötige Giftmenge ist, desto stärker ist das Gift. Durch Vergleich der Giftmengen von Spinnenarten, Skorpionen und Giftschlangen, aber auch Insekten, wie Bienen, lässt sich eine Rangliste der giftigsten Tiere aufstellen.

Wie sich inzwischen herausgestellt hat, ist eine Übertragung der Werte von Versuchstieren auf den Menschen nicht möglich, denn ein Mensch ist nun einmal keine Maus. Und auch Wirkungen auf Hund und Mensch sind ganz unterschiedlich. Es gibt jedoch eine neue, noch selten angewandte Methode, um die Wirkung beim Menschen festzustellen: Da Menschenversuche nicht erlaubt sind, werden herangezüchtete menschliche Muskelzellen zum Test der Giftwirkung verwendet.

W-Fragen: Wir können uns hier folgende *Fragen mit W* stellen: *Wer? Wer? Wo? Wann? Wie viel?*

Wer? (welches Opfer?): Die Giftwirkung fällt unterschiedlich stark aus, je nachdem wer gebissen wird: ein Mann, eine Frau, ein Kind, ein Baby, wie gesund er / sie / es ist, also welche Krankheiten vorhanden sind und welche Medikamente eingenommen werden. Und nicht zuletzt spielt die Psyche - die Angst - eine große Rolle.

Wer? (welcher Täter?): Männliche und weibliche Spinnen einer Art besitzen unterschiedliche Giftkomponenten und Giftmengen, Weibchen haben meistens mehr davon. Auch spielt das Spinnenalter eine Rolle.

Wo?: Die Bissstelle ist von Bedeutung. Die meisten Bisse erfolgen in die Extremitäten.

Wann?: Jahreszeit und der Entwicklungszustand der Spinne spielen eine Rolle. Insbesondere vor und nach einer Häutung ist wenig Gift vorhanden. Im hohen Alter produzieren Spinnen gar kein Gift mehr, fangen aber oft noch Beute, die nicht mehr gelähmt wird.

Wie viel?: Je mehr sich die Beute wehrt, desto mehr Gift gibt die Spinne ab. Und so ähnlich ist es auch bei Bissen gegen Feinde und bei Bedrohung durch uns Menschen. Zur Verteidigung kommen aber auch *Trockenbisse* vor, bei denen gar kein Gift eingespritzt wird.

Unterschiedlich wirkende Gifte

Nervengifte: Die meisten Spinnenarten besitzen *Neurotoxine* in ihrem Giftcocktail. Durch diese wird die Beute nach dem Biss gelähmt oder getötet. Zu den bekannten für uns giftigen Spinnen mit diesen Nervengiften gehören die weltweit in warmen Gebieten vorkommenden Witwen (Gattung *Latrodectus*), die südamerikanischen Bananenspinnen (Gattung *Phoneutria*) und die australischen Trichternetzspinnen (Gattungen *Atrax*, *Hadronyche*).

Hautauflösende Gifte: Nekrotisch, d. h. zellzerstörend, wirken die Gifte von Einsiedlerspinnen (Gattung *Loxosceles*) und Sechsäugigen Sandspinnen (*Hexophthalma*, *Sicarius*). Ihre Bisse verursachen Hautläsionen. Der verantwortliche Faktor bei *Loxosceles reclusa* ist die Sphingomyelinase D.

Cheiracanthium mildei (Familie Eutichuridae, s. Dornfinger), besitzt diese Substanz nicht. Ihr Gift dürfte somit keine Nekrose auslösen, wie immer wieder zu lesen ist. Dennoch sind bei Bissen durch *Cheiracanthium*-Arten auch schwerere Hautschädigungen (Rötung, Läsionen) beschrieben worden. Australische *Lampona*-Arten und der einheimische Dornfinger *Cheiracanthium punctorium* erzeugen nach neueren Studien keine nekrotischen Wunden.

Blutkörper zerstörende Gifte: Einzig allein Arten der beiden Gattungen *Loxosceles* und *Sicarius* (Familie Sicariidae) besitzen zudem *hämolytisch* wirkende Giftkomponenten, die rote Blutkörperchen auflösen.

Infektionen durch Spinnenbisse?

Bakterielle Infektionen sind bis auf eine Ausnahme (australische Seidenspinne der Gattung *Nephila*) nicht bekannt. Dies ist besonders gut bei Witwenarten (Gattung *Latrodectus*) untersucht (3245 Bisse weltweit).

Für den Menschen gefährliche Bakterien kommen auf den Cheliceren von Spinnen nicht vor. Zudem enthalten Spinnengifte antibakteriell wirkende Substanzen.

Was tun nach einem Spinnenbiss?

Als erstes heißt es: Ruhe bewahren, keine Panik!

Handelt es sich um eine bei uns in Mitteleuropa heimische Spinne oder eine Vogelspinne, sollte man die Wunde sofort *desinfizieren* und ein Pflaster darüber kleben. Jetzt kann man beruhigt schlafengehen, wenn es abends oder nachts passiert ist.

Falls direkt nach dem Biss oder später Krämpfe oder Übelkeit auftreten, sollte man sofort einen Krankenwagen rufen. Optimal wäre es, die eingefangene oder tote Spinne mitzunehmen. Zudem könnte es sich auch um eine *Allergie* handeln.

Wenn eine der gefährlichen Giftspinnen, z. B. eine Bananenspinne der Gattung *Phoneutria*, eine Australische Trichternetzspinne oder auch eine Schwarze Witwe, zugebissen hat, muss sofort ein Notarzt gerufen werden. Auch hier ist es wichtig zu wissen, welche Spinnenart es war, da die Gegengifte nur bei Spinnenarten wirken, von denen sie gewonnen wurden.

Notrufnummern sind 112 in der EU und in der Schweiz, 911 in den USA.

Wer nach Australien reist oder dort wohnt, findet Informationen, was zu tun ist, wenn eine gefährliche Spinne zugebissen hat, auch in Spinnenbüchern über dort heimische Spinnen, z. B. in *Spiders of Australia* von Terry Lindsay.

Heimische Giftspinnen?

Hier geht es um die im Freien und in Häusern vorkommenden Spinnen in Mitteleuropa. Ihre Artenzahl ist übrigens nicht nur im Laufe der Evolution über viele Jahrmillionen, sondern auch innerhalb weniger Jahre nicht konstant. Denn zum einen sterben regional durch menschliche Eingriffe in die Umwelt Arten aus, zum anderen wandern aber auch neue Arten aus dem Mittelmeergebiet ein. Auch gelangen über die Schifffahrt in den Häfen Spinnen aus anderen Weltgegenden zu uns. Als eingebürgert gelten sie allerdings erst, wenn sie sich hier fortpflanzen können, was z. B. bei tropischen Arten in Gewächshäusern geschieht. Die von Spinnenfans gehaltenen Vogelspinnen und die in Supermärkten tatsächlich oder angeblich gesichteten Bananenspinnen werden nicht zu den heimischen Spinnenarten gezählt.

Dem ungeduldigen Leser sei schon vorab gesagt: Bisher sind keine Todesfälle durch in Mitteleuropa heimische Spinnenarten bekannt geworden. Einmalige Bisse kommen zudem selten vor im Unterschied zu zahlreichen Stichen bei einer Bienen- oder Wespenattacke. Doch auch Wespen an süßen Getränken im Sommer tun uns gewöhnlich nichts, sofern wir nicht nach ihnen schlagen oder sie aus Versehen in den Mund bekommen. Und nun betrachten wir die als für giftig geltenden heimischen Spinnenarten in alphabetischer Reihenfolge ihrer deutschen Namen.

Der Ammen-Dornfinger - Horror in der Presse

Immer wieder gibt es Schlagzeilen über den Ammen-Dornfinger (*Cheiracanthium punctorium*) (Familie Eutichuridae). Die meisten Menschen werden dieser Spinne nie begegnen. Denn sie verbringt den Tag in ihrem Gespinst auf Wiesen und an Waldrändern und kommt erst nachts auf Beutesuche heraus. Solch einen Gespinstsack sollte man jedoch nicht mit bloßen Fingern öffnen. Es könnte eine weibliche Spinne oder ein Paar darin sitzen oder aber ein Weibchen mit Kokon bzw. eine Mutter mit Jungen. Diese wird ihren Nachwuchs verteidigen, d. h. zubeißen. Und dennoch kommt es in Mitteleuropa und Nordamerika regelmäßig zu Bissen von verschiedenen *Cheiracanthium*-Arten.

Der Biss des Dornfingers ist sehr schmerzhaft, die Haut rötet sich und schwillt an. Das Gift dieser Spinne enthält keine nekrotisch wirkenden Bestandteile. Frühere Meldungen über schwerwiegende Vergiftungsverläufe, bei denen auch Hautgewebe aufgelöst wurde, sind somit falsch, wie neueste Studien von Wolfgang Nentwig in der Schweiz beweisen. Das gilt auch für die in der Holarktis sowie in Argentinien und Israel vorkommende Art *Cheiracanthium mildei* (s. Hobospinne) und generell für die Gattung. Übrigens hat Franz Renner in seinem Buch *Spinnen ungeheuer - sympathisch* beschrieben, was der Spinnenforscher Philip Bertkau fühlte, als er beim Sammeln dieser Spinnenart mehrmals gebissen wurde.

Baldachinspinnen

Die kleinen bis winzigen Baldachinspinnen (Familie Linyphiidae) gelten als harmlos, es liegen auch keine medizinischen Befunde von Bissen vor, mit einer Ausnahme: 1974 hatte sich die Art *Leptorhoptrum robustum* im Filterbett einer Kläranlage in Birmingham stark vermehrt. Angestellte wurden gebissen. Örtliche Rötungen und Schwellungen waren die Folge. Eine ärztliche Behandlung war nicht nötig.

Falsche Witwen

Die weltweit (*kosmopolitisch*) vorkommende 5-10 mm große Kugelspinne *Steatoda grossa* (Familie Theridiidae) wird auch als Falsche Witwe bezeichnet, denn die meist braun gefärbte in Haubennetzen lebende Art besitzt drei helle Fleckenreihen auf dem Hinterleib. Bei uns kommt sie nur in Häusern vor, im Süden auch im Freiland. Sie ist nicht aggressiv. Normalerweise flieht sie vor uns. Bisse erfolgen zur Verteidigung, wenn die Spinne gepackt oder gequetscht wird. Schmerzen an der Bissstelle sind die Folge sowie einige Tage anhaltende Übelkeit. Auch bei ihr wirkt das Gegengift der Schwarzen Witwe, was auf eine ähnliche Giftzusammensetzung schließen lässt. Ein Exemplar dieser Spinnenart wurde übrigens vom Tierdompteur Steven R. Kutcher beim *Spider-Man*-Film von 2002 als die gentechnologisch veränderte Spinne eingesetzt, die Peter Parker beißt, worauf der sich in Spider-Man verwandelt. Zuvor wurde die Spinne noch zusätzlich angemalt, damit sie wie eine Echte Schwarze Witwe aussieht.

Auch die Gifte anderer Arten der Gattung *Steatoda* rufen beim Menschen Vergiftungserscheinungen hervor. So sind nach einem Biss der auch in Deutschland vorkommenden Art *Steatoda nobilis* Schmerzen, Schwellungen und zeitweise eine Versteifung aufgetreten. Weitere Arten kommen im Mittelmeergebiet vor und verursachen schmerzhafte Bisse, so die ebenfalls wegen ihrer rot, gelb und weißen Hinterleibszeichnung als Falsche Witwe bezeichnete Art *Steatoda paykulliana*.

Fischernetzspinnen

Segestria florentina (Familie Segestriidae) wird über 2 cm groß und ist nahezu vollkommen schwarz gefärbt, Horror pur für Spinnenangsthasen, wenn sie einem Männchen dieser Art auf Weibchensuche begegnen. Sie lebt versteckt in Felsspalten und unter Rinde und wurde aus dem Mittelmeergebiet ins Hafengebiet von Südengland eingeschleppt. Sie kann schmerzhaft zubeißen und Schwindel sowie Übelkeit hervorrufen.

Gartenkreuzspinnen und Hauswinkelspinnen

Wie wir schon hörten, können uns größere Spinnenarten beißen, wenn wir sie anfassen. Solch ein Biss tut weh und kann anschwellen, die Wirkung bleibt aber lokal. Das ist der Fall bei Bissen der Gartenkreuzspinne (*Araneus diadematus,* Familie Araneidae) und von den Trichternetzspinnen (Familie Agelenidae) in Häusern und auf Wiesen: Hauswinkelspinne (*Eratigena atrica*) und Labyrinthspinne (*Agelena labyrinthica*).

Die Kräuseljagdspinne

Die Kräuseljagdspinne *Zoropsis spinimana* (Familie Zoropsidae) wanderte in den letzten Jahren nach Mitteleuropa ein. Sie kommt ursprünglich im Mittelmeergebiet vor. Die häufigsten Bisse wurden in der Schweiz nach einer aktuellen zweijährigen Studie von ihr verursacht. Ihr Biss wirkt wie ein Bienenstich.

Sechsaugenspinnen

Bisse von der nachtaktiven Sechsaugenspinne *Dysdera crocata* (Familie Dysderidae), die sich von Asseln ernährt, können recht schmerzhaft sein und 40 Minuten anhalten. Juckreiz und Hautrötung treten auf.

Die Wasserspinne

Zu Bissen von der unter Wasser in ihrer Gespinstglocke zwischen Pflanzen versteckt lebenden Wasserspinne (*Argyroneta aquatica*) (Familie Cybaeidae) kommt es nur bei ungeschickten Sammlern. Sie schmerzen lokal.

Zitterspinnen

Sie sollen extrem giftig sein, aber ihre Bisse sollen unsere Haut nicht durchdringen können (s. Kapitel *Die gute und die böse Spinne: Moderne Sagen*). Beides ist jedoch falsch. Sie können uns beißen. Doch ihr Gift ist völlig harmlos für uns.

Wie sich Vogelspinnen verteidigen

Gibt es zahme Vogelspinnen?

Wenn Sie eine Vogelspinne halten, sollten Sie diese möglichst nicht anfassen, damit sie keine Angst vor Ihnen bekommt - und auch Ihnen nichts geschieht. Manche Arten sind friedlicher, andere aggressiver. Außerdem ist jede Spinne einzigartig. So können sich selbst Spinnengeschwister ganz unterschiedlich verhalten. Es ist so wie bei uns Menschen.

Vielleicht haben Sie bereits im Fernsehen eine Sendung gesehen, wo ein Fachmann versucht, großen und kleinen Spinnenangsthasen die Angst zu nehmen. Dort wird oft von einer »zahmen« Vogelspinne gesprochen.

Gemeint ist ein Exemplar einer friedlichen Art, die sich langsam bewegt und nicht aggressiv verhält.

Von Brennhaaren und Glatzen

Wenn sich amerikanische Vogelspinnen bedroht fühlen, drehen sie dem Feind - oder dem Terrarienhalter - ihr Hinterteil entgegen und streifen durch schnelle Bewegungen der Hinterbeine winzige Brennhaare vom Hinterleib ab, die jucken und auch einen Ausschlag mit Bläschen verursachen können.

Achtung, auch an der alten Haut (Exuvie) und im Terrarium sind Brennhaare! Man sollte sie sich nicht in die Augen reiben und die betroffenen Kleidungsstücke erst nach dem Waschen wieder anziehen.

Haben diese Vogelspinnen eine größere Menge Brennhaare abgegeben, die erst bei der nächsten Häutung regeneriert werden, so entsteht auf dem Hinterleib eine kahle Stelle, eine »Glatze«.

Drohen und Fauchen, Bisse zur Verteidigung

Manche Vogelspinnen, aber auch andere Spinnenarten wie z. B. Kammspinnen, richten sich drohend auf, spreizen die Giftklauen und fauchen, indem sie Chitinzapfen über Rillen reiben. Dieser Vorgang heißt *Stridulation*. Kommt man ihnen zu nahe, schlagen sie mit den Vorderbeinen nach dem vermeintlichen oder tatsächlichen Angreifer, können auch blitzschnell vorspringen und zubeißen. So erlebte ich es bei einer Weißknievogelspinne *Acanthoscurria geniculata,* die dann doch nicht in meine Hand biss. Weibliche *Pterinochilus murinus* sind oft sehr aggressiv. Meist verstecken sie sich oder versuchen aus dem zweiten Ausgangs ihres Gespinstes zu entkommen. Sitzt eine jedoch direkt hinter der hochziehbaren Terrarienscheibe in ihrem Gespinst und man versucht diese zur Wasserzugabe zu öffnen, so hebt sie ihre Vorderbeine, springt vor und beißt zu, wobei ihre Cheliceren hörbar gegen die Scheibe prallen.

Wird eine Spinne von uns gepackt oder aus Versehen gequetscht, dann beißt sie ebenfalls zu oder versucht es zumindest, wenn sie dazu noch in der Lage sind. Auch an sich friedliche Vogelspinnen tun das, wie ich einmal bei einer männlichen *Avicularia* erfahren musste, die ich nur vorsichtig von meiner Hand lösen wollte.

Sich absichtlich beißen lassen

Gewöhnlich verzieht sich eine Vogelspinne in ihr Versteck, wenn man ins Terrarium greift, um den Wassernapf zu füllen oder mit der Pinzette Beutereste zu entfernen. Allerdings können flinke baumbewohnende Vogelspinnen aus kleinen Terrarien, in denen ihr Gespinst mit zwei Ein- bzw. Ausgängen versehen ist, dabei auch entkommen und müssen wieder eingefangen werden. Sind Vogelspinnen ohne Fluchtmöglichkeit und kommt man ihnen zu nahe, fasst sie vielleicht sogar an, dann können insbesondere die Arten ohne Brennhaare nach Aufrichten und Fauchen als Warnung oder auch direkt zur Verteidigung zubeißen.

Ab und zu lassen sich jedoch *Arachnologen* (Spinnenforscher) absichtlich beißen, um die Harmlosigkeit einer Spinnenart für uns Menschen zu demonstrieren.

So erzählte uns Spinnenliebhabern ein Engländer bei einem Arachnoweekend der *DeArGe (Deutsche Arachnologische Gesellschaft)*, wie er sich von einer der in Indien so gefürchteten Tigerspider (*Poecilotheria*-Arten) beißen ließ. Um sie dazu zu bringen, musste er sie allerdings erst einmal auf seinen Unterarm drücken, damit sie zubiss. Dabei verzog er keine Miene, denn ein Engländer kennt keinen Schmerz. Uns gegenüber gab er jedoch offen zu, dass es ganz schön weh getan hatte. Einschlafen konnte er danach auch nicht. Am nächsten Tag ging es ihm jedoch wieder besser.

Peter Jäger demonstrierte anlässlich der Nominierung der *Europäischen Spinne 2008*, wie ungefährlich ein Biss der bei uns heimischen Hauswinkelspinne (*Eratigena atrica*) ist: Er ließ sich im Frankfurter Senckenbergmuseum in die Fingerkuppe beißen. Das war's. Es traten keine Vergiftungssymptome auf. Beweisfotos wurden gemacht und übers Internet verbreitet.

Die erwähnten Forscher sind übrigens körperlich gesund und Fachleute. Also sollten Sie das auf keinen Fall nachmachen, schon gar nicht, wenn Sie für uns giftigere Arten zu Hause halten und dann auch noch Herzprobleme haben und entsprechende Medikamente einnehmen!

Giftige Spinnen weltweit

Immer wieder hört man in den Medien von tödlich giftigen Spinnen, die in Mittel- und Südamerika sowie Australien leben sollen. Gibt es sie tatsächlich oder ist alles nur Panikmache?

Der Wissenschaft sind nur wenige Arten bekannt, deren Bisse für Menschen gefährlich sind. Anzumerken ist hier jedoch, dass die Giftzusammensetzung der meisten der über 47 500 Arten noch nicht untersucht wurde. Diese wird jedoch derzeit intensiv von einer Arbeitsgruppe der Queensland Universität in Australien mit Volker Herzig erforscht, indem Spinnen möglichst vieler Arten das Gift durch Melken (Stromstoß) entnommen und analysiert wird.

Spinnen mit stark wirkenden Giften

Todesfälle oder schwere Vergiftungen gab es früher häufiger, als noch keine *Antiseren* (Gegengifte) vorhanden waren. Dies betrifft insbesondere die Bananenspinnen (*Phoneutria*-Arten), die Sydney-Trichternetzspinne (*Atrax robustus*) und die Witwen (*Latrodectus*-Arten).

Zusammenstellungen der für den Menschen gefährlichen Spinnen, bei denen gravierende Vergiftungssymptome nach Bissen auftreten bzw. aufgrund der

chemischen Untersuchungen der Giftkomponenten angenommen werden müssen, finden sich in zwei Artikeln
in der *Arachne*, der Zeitschrift der DeArGe (Hauke, von
Wirth, Herzig 2015, 2018). Man spricht hier von *medi-
zinisch-relevanten Arten*.

Und nun folgt zunächst ein Überblick über die bekanntesten für uns sehr giftigen Arten, gefolgt von den
Arten, die als gefährlich angesehen werden, es aber
nach derzeitigem Kenntnisstand nicht sind.

Für Menschen gefährliche Spinnenarten
(medizinisch relevante Spinnengattungen)

Australische Trichternetzspinnen: *Atrax*, *Hadronyche* und *Illawarra* (Familie Atracidae)
»Bananenspinnen«: *Phoneutria* (Familie Ctenidae)
Die Witwen: *Latrodectus* (Familie Theridiidae)
Einsiedlerspinnen: *Hexophthalma*, *Loxosceles* und *Sicarius* (Familie Sicariidae)
Mausspinnen: *Missulena* (Familie Actinopodidae)
Tigerspinnen: *Poecilotheria* (Familie Theraphosidae)

Australische Trichternetzspinnen

Zunächst einmal muss betont werden, dass Trichternetzspinne nicht gleich Trichternetzspinne ist. Die
australischen Trichternetzspinnen (Funnel-web Spiders)
gehören zur Familie Atracidae (zuvor Hexathelidae). Die
bei uns heimischen Trichternetzspinnen sind Arten einer
ganz anderen Familie (Agelenidae).

Es gibt mehrere für uns gefährliche Arten in Australien, die alle im Osten in New South Wales leben. Sie
gehören drei Gattungen an: *Atrax* (3 Arten), *Hadronyche* (31 Arten) und *Illawarra* (1 Art).

Die 2,5 cm großen Männchen der Sydney Funnelweb Spider (*Atrax robustus*) gehen in den Randbezirken von Sydney nachts in Gärten und Wohnungen auf Weibchensuche. Tagsüber verstecken sie sich, auch in Kleidungsstücken und Schuhen. Beim Anziehen sind schon öfter Menschen gebissen worden. Seit 1927 starben 13 Menschen an den Bissfolgen – auch kleine Kinder. Denn das Gift wirkt sehr stark auf unser Nervensystem. Auch injiziert diese Spinne im Unterschied zu anderen Arten beim Biss die ganze Giftmenge auf einmal. Übrigens wirkt das Gift der 4 cm großen Weibchen nicht so stark wie das der Männchen, eine Ausnahme unter den Spinnen. Seit 1980 gibt es in den Krankenhäusern ein Gegengift. Seitdem ist niemand mehr an den Bissen dieser Spinne gestorben.

Für die meisten ernsthaften Vergiftungen sind jedoch heutzutage zwei Arten der Gattung *Hadronyche* verantwortlich. Es sind dies *Hadronyche cerberea* und *Hadronyche formidabilis*, die auf Bäumen und in abgestorbenen Baumstümpfen leben. Mit ihr geraten Waldarbeiter beim Bäumefällen in Kontakt.

Die erst 2010 beschriebene Art *Illawarra wisharti* aus New South Wales besitzt dieselben aktiven Giftkomponenten (delta-Hexatoxine) wie die Gattungen *Atrax* und *Hadronyche* und dürfte somit ebenfalls gefährlich für uns Menschen sein.

Bananenspinnen - *Phoneutria*-Arten

Bananenspinnen können mit Obst und anderer Fracht aus Südamerika in unsere europäischen und in die nordamerikanischen Supermärkte gelangen und Angestellte sowie KundInnen beißen.

Unter dem Begriff *Bananenspinnen* kann man alle Spinnen zusammenfassen, die z. B. mit Bananen und anderen Obstlieferung zu uns gelangen. Für Menschen gefährlich sind jedoch nur die großen auffallenden

Kammspinnen der Gattung *Phoneutria* (griech. Mörderin) aus der Familie Ctenidae. In Brasilien werden sie »aranhas armadeiras« (bewaffnete Spinnen) oder einfach »Armadeiras« genannt. In unserer Presse wird auch von *Brasilianischen Wanderspinnen* gesprochen. Derzeit sind 8 Arten beschrieben, die in Südamerika leben.

Früher wurden bedeutend mehr Spinnen importiert, wie Günter Schmidt beschrieb. Heute sind es weniger, weil Bananen mehrmals gewaschen und meist mit Insektiziden behandelt werden. In einer neuen amerikanischen Studie an 135 Spinnen aus internationalen Lieferungen, meist aus Costa Rica, Ecuador und Guatemala, waren die häufigsten Arten *Heteropoda venatoria* (Riesenkrabbenspinne, Familie Sparassidae) und *Cupiennius chiapanensis* (Kammspinne, Familie Ctenidae), deren Bisse harmlos sind. Weiterhin befanden sich auch einige Witwen (*Latrodectus*-Arten, s. u.) darunter, aber auch die zu den giftigsten Spinnen der Welt gehörenden Kammspinnen der Gattung *Phoneutria*, wovon Tobias Hauke in einem Übersichtsartikel 2015 berichtet.

In Brasilien sind die für Bisse verantwortlichen Arten *Phoneutria fera* sowie ihre Verwandte *Phoneutria nigriventer*. Fühlen sich diese Spinnen von uns bedroht, so fliehen sie oder beißen zu, wenn sie etwa beim Transport von Bananenstauden auf den Schultern gequetscht werden. Tagsüber findet man sie auch in Spalten und Ecken von Wohnhäusern, wo sich die meisten Unfälle ereignen. Ihr neurotoxisches Gift lähmt die Atmung und kann zum Herzstillstand führen. Allerdings geben Bananenspinnen zur Verteidigung beim sehr schmerzhaften Biss manchmal gar kein Gift ab (*Trockenbiss*), ansonsten unterschiedliche Giftmengen. Außerdem gibt es inzwischen ein Gegengift (*Antiserum*). In einer 2000 veröffentlichten Studie über 13 Jahre mit 422 Patienten starb ein Kleinkind 9 h nach dem Biss, in fast 90% der

Fälle waren die Bissfolgen nur lokal. Lebensgefahr besteht also bei Kindern, Herzkranken und Senioren.

Anzumerken ist hier, dass Bisse mit Giftabgabe eine eigenartige Nebenwirkung haben: Es kommt bei Männern zu schmerzhaften Dauererektionen. Aus der hier wirkenden Giftkomponente ließe sich somit evtl. eine Viagraalternative entwickeln (s. Kapitel *Bionik*).

Phoneutria-Arten sind übrigens von ihren Verwandten der Gattung *Cupiennius* nur durch einen Fachmann zu unterscheiden. Bei Bissen von Vertretern dieser Gattung zeigen sich nach einer halben Stunde keine Symptome mehr.

Die Witwen - *Latrodectus*-Arten

Die Schwarze Witwe und ihre Verwandten sind »Echte Witwen« und gehören zu der Spinnengattung *Latrodectus* (Familie Theridiidae). Die Weibchen werden bis 15 mm groß und bauen unregelmäßige klebrige Netze, in denen sie mit dem Bauch nach oben hängen. »Witwen« heißen sie, weil sie relativ häufig ihre Zwergmännchen bei der Paarung auffressen.

Der wissenschaftliche Name der Spinnengattung »*Latrodectus*« bedeutet »heimlicher Beißer«. Der Name kommt daher, dass die Bisse oft gar nicht bemerkt werden. Danach jedoch treten heftige Schmerzen durch das auf Menschen stark wirkende Nervengift (Neurotoxin) auf. *Latrodectismus* ist der Name für alle Vergiftungserscheinungen durch Bisse von Witwen.

Die derzeit beschriebenen 31 Witwenarten kommen weltweit in warmen Gebieten vor. Am bekanntesten ist die Schwarze Witwe (*Latrodectus tredecimguttatus*) aus Südeuropa, die auch Malmignatte heißt.

Im Nahen Osten kommt die Weiße Witwe (*Latrodectus pallidus*) vor, die bisher als harmlos galt, aber nach neuen Untersuchungen dieselben bei uns wirkenden Giftkomponenten besitzt wie die Schwarze Witwe und die anderen für uns giftigen Arten. Bei der Weißen Witwe wurde festgestellt, dass uns nicht nur die Weibchen, wie bisher angenommen, sondern auch die Männchen beißen können. Wegen ihrer geringen Größe haben diese allerding auch nur geringe Giftmengen.

In Südafrika lebt die weltweit vorkommende Braune Witwe (*Latrodectus geometricus*) als wohl häufigste Spinne an Häusern. Ihre schmerzhaften Bisse müssen nicht behandelt werden.

Im Gegensatz zu ihr gab es Todesfälle bei Kleinkindern und herzkranken Erwachsenen bei Bissen von *Latrodectus indistinctus*, die ebenfalls in Südafrika und auch in Namibia vorkommt.

Die Amerikaner nennen ihre Witwe »Black Widow« (*Latrodectus mactans*).

Die australische Witwe (*Latrodectus hasselti*) heißt wegen ihres roten Rückens »Redback Spider« und ist mit 10 mm relativ groß, die Männchen messen nur 3 mm. Wegen ihrer auffälligen Zeichnung und ihrer Giftigkeit ist sie die in Australien bekannteste Spinne. Ihre Bisse sind nicht tödlich, doch verursachen sie starke Schmerzen, aber auch Übelkeit, Kopfschmerzen und Lethargie. Es sollte sofort ein Krankenwagen gerufen werden. Es gibt heute ein speziell gegen ihr Gift entwickeltes Antiserum, das jedoch vor allem als Schmerzmittel wirkt, wie sich 2014 bei Versuchen mit Placebos (Salzlösung statt Antiserum) herausstellte. Die erst 1870 beschriebene Spinne war natürlich längst den Aborigines bekannt. Ursprünglich im trockenen Süden und Westen Australiens vorkommend hat sie sich in Begleitung des Menschen nach Osten hin ausgebreitet und bewohnte gerne die damals üblichen Außentoiletten, wo es immer genügend Fliegen als Beute gab. Erst nachdem es Ende des 19. und Anfang des 20. Jahrhundert vermehrt zu Bissen kam, wurde ein Antiserum entwickelt. Die Redback Spider gelangte über den Schiffsverkehr in weit entfernte Länder. Sie ist inzwischen auch in Neuseeland, Japan, auf den Philippinen sogar im Iran, in England und Belgien zu finden.

Todesfälle?: Sehr schlimm sind die nach Bissen der im Freien in Südeuropa lebenden Malmignatte auftretenden Bauchschmerzen, denen Schweißausbrüche folgen. Männer bekommen Erektionen und Ejakulationen und können danach über Monate impotent sein. Bei Lähmungen der Atmung kann es zum Tod kommen.

Von der nicht aggressiven Redback Spider sind 13 Todesfälle bekannt - seit Beginn der Aufzeichnungen, der letzte ereignete sich 1955, im Jahr vor der Einführung eines Antiserums. Dabei werden von ihr jedes Jahr zwischen 5000 und 10 000 Menschen gebissen! Nach einem Biss sollte sofort ein Krankenwagen gerufen werden. Ruhig bleiben und keinen Druckverband anlegen, ist die Empfehlung aus medizinischer Sicht.

Bisse in männliche Genitalien: Erwähnenswert ist hier, dass bis 1933 zwei Drittel aller Bisse der europäischen Malmignatte auf Außenaborten in ländlichen Gegenden vorkamen, unter deren Sitzen sie ihre Netze bauten. Bei der Klobenutzung wurden Männer in ihre Genitalien gebissen! So war es sicherlich auch bei der australischen Redback Spider. Auch in den USA kam es zu solchen Bissen. Hier war die Übeltäterin die Black Widow, nach deren Bissen jeder zwanzigste unbehandelte Mensch sterben muss.

Einsiedlerspinnen, Sechsäugige Sandspinnen

Diese Spinnen gehören in die Familie Sicariidae mit den Gattungen *Hexophthalma*, *Loxosceles* und *Sicarius*. Sie sind die einzigen Spinnen, deren Bisse *Nekrosen* auslösen können, bei denen das Hautgewebe abstirbt. Verantwortlich ist ein Enzym namens Sphingomyelase D. Diese Wunden benötigen eine lange Heilungszeit.

Loxosceles: Die meisten Arten der Gattung *Loxo-*

sceles kommen in Nord- bis Südamerika vor, einige auch in Südafrika und auf den Kanarischen Inseln. Von einigen Autoren wurden sie in eine eigene Familie gestellt (Loxoscelidae, Braune Spinnen).

Die Art *Loxosceles rufescens* ist ein Kosmopolit, also weltweit zu finden und kommt auch im südlichen Mittelmeergebiet vor. Neuerdings wurde sie auch in Gewächshäusern in den Niederlanden entdeckt. Auch nach Australien wurde sie vom Menschen eingeschleppt und breitete sich von Adelaide im ganzen Süden des Kontinents aus. Gefährliche Zwischenfälle sind vor allem aus Amerika bekannt, nicht jedoch aus Europa und Südafrika, sodass angenommen wurde, die bei uns vorkommenden Spinnen wären harmloser. Eine aktuelle Untersuchung mit einem Vergleich der Giftzusammensetzung der amerikanischen Art *Loxosceles arizonica* mit dem der europäischen Arten erbrachte jedoch keinen Unterschied in der Giftzusammensetzung, sodass auch die Bisse der in Europa lebenden Exemplare von *Loxosceles rufescens* gefährlich sein dürften. In Australien verursachen die Bisse dieser Art meist keine schwerwiegenden medizinischen Komplikationen, gelegentlich treten jedoch Hautnekrosen auf.

Im Mittleren Westen und Süden der USA lebt die 6 bis 20 mm große Braune Einsiedlerspinne (Brown Recluse Spider), die wegen einer geigenartigen Zeichnung auf dem Vorderkörper auch *Violin spider* und *Fiddleback spider* genannt wird. Ihr wissenschaftlicher Name lautet *Loxosceles reclusa*. Sie baut ihr unregelmäßiges Netz an trockenen Plätzen, z. B. in Holzstapeln, Garagen und Kellern. Wegen ihrer Bisse ist sie sehr gefürchtet. Doch sie beißt nur in Notwehr, z. B. wenn sie gequetscht wird. Ihr Biss schmerzt nicht, weil sie nur winzige Cheliceren besitzt. Bei den meisten Bissen gibt es nur eine Hautrötung. In anderen Fällen treten nach 2-8 Stunden immer stärker werdende Schmerzen auf. Um die Bissstelle herum stirbt die Haut innerhalb der nächsten Tage ab, auch Blutzellen werden zerstört. Es entsteht eine *Nekrose*. Auch kann es zu Kopfschmerzen, Krämpfen, Übelkeit und Erbrechen kommen. Allerdings haben 80% der gemeldeten Hautverletzungen vermutlich ganz andere Ursachen: z. B. Wundinfektionen durch bestimmte Bakterien oder Pilze, Verätzungen und Geschwüre bei Zuckerkranken. Inzwischen gibt es einen Test, der klarstellt, ob eine Einsiedlerspinne die Schuldige ist.

In Südafrika kommt die verwandte Art *Loxosceles parramae* in Häusern vor. Sie versteckt sich hinter Schränken und in Kleidung. Menschen werden im Schlaf oder beim Anziehen von Schuhen gebissen, was recht selten geschieht und nicht schmerzhaft ist. Jedoch wird Gewebe an der Bissstelle zerstört, es tritt ein Geschwür auf, was Monate bis zur völligen Abheilung benötigt.

Sicarius und Hexophthalma: Gewebe und Blut zerstören auch die Gifte der in Südafrika vorkommenden Arten der Gattung *Hexophthalma* (zuvor *Sicarius)*, die nicht aggressiv sind und in Wüsten und Halbwüsten versteckt leben. Spinnensammler und Camper wurden von ihnen schon gebissen. Innerhalb einer Stunde treten massive Nekrosen auf, innerhalb der ersten vier Stunden kommt es zu entzündlichen Prozessen an Herz, Lunge und Leber und Gerinnungsstörungen beim Blut.

Den Gattungsnamen *Sicarius* tragen nur die in Südamerika vorkommenden Arten. *Sicarius ornatus* in Brasilien besitzt ebenfalls das bei *Loxosceles* vorkommende für Nekrosen verantwortliche Enzym. Da *Sicarius*-Arten größere Giftmengen als *Loxosceles*-Arten bei Bissen abgeben, dürften ihre Bisse gefährlicher sein. Jedoch sind nur wenige Fälle, diese mit geringen Symptomen, dokumentiert, was einfach daran liegt, dass die Arten dieser Gattung versteckt im Wüstensand leben, während *Loxosceles* in Stadtgebieten vorkommt.

Macrothele

Angehörige dieser Spinnengattung (Familie Macrothelidae, zuvor Hexathelidae) leben in Indien, China und Südostasien, aber auch in Afrika und Südeuropa, hier in unmittelbarer Nachbarschaft zum Menschen, und werden auch als Terrarientiere gehalten. Heute werden *Macrothele*-Arten als nicht medizinisch-relevant angesehen. Es liegen jedoch keine klinischen Studien zur Giftwirkung vor. 1998 hieß es jedoch noch, dass *Makrothele holsti* die giftigste Spinne von Taiwan sei. Bei einem Biss durch die südeuropäische *Makrothele calpeiana* traten folgende Symptome auf: Starker Schmerz, in den Unterarm ausstrahlend, 13 Stunden anhaltend, erhöhter Blutdruck, 15 Stunden langes Herzrasen und drei Tage lang Kreislaufbeschwerden sowie Fieber. Falls keine Verwechslung z. B. mit einer australischen Trichternetzspinnenart der Gattung *Atrax* (s. o.) vorlag, sollte man also Vorsicht beim Umgang mit diesen Spinnen walten lassen.

Mouse Spiders - Mausspinnen

»Mouse Spiders« ist die englische Bezeichnung für die Spinnenfamilie Actinopodidae. Der populäre Name stammt vermutlich vom mäuseartigen Bau der Redheaded Mouse Spider (*Missulena occatoria*) mit weitem Eingang und großem Ruheraum am Ende der bis zu 55 cm messenden Erdröhre. Mausspinnen sehen wie Falltürspinnen aus, besitzen jedoch sehr große Cheliceren, mit denen sie kräftig zubeißen können. Sie leben unterirdisch in seidenumhüllten Kammern, zu denen Erdröhren mit einer Falltür am Eingang führen. Zusätzlich stellen sie eine zweite senkrecht zur ersten stehende Falltür mit einer Kammer dahinter her, die als Versteck vor Feinden und als Brutkammer für Kokon und Junge dient. Die meisten der 17 Arten der Gattung *Missulena* kommen in Australien vor, andere in Südamerika.

Männchen laufen am hellichten Tag meist nach Regenschauern auf Weibchensuche umher.

Sie sind sehr aggressiv gegenüber Menschen. Bisse durch diese Spinnen sind selten, da sie in wenig besiedelten Gegenden vorkommen, und zeigen meist nur geringe Wirkung. Häufig sind zudem Trockenbisse, bei denen gar kein Gift injiziert wird. Einige kritische Fälle sind jedoch bekannt. So musste ein von *Missulena bradley* gebissenes 19 Monate altes Kind mit einem Antiserum für Australische Trichternetzspinnen (*Atrax*-, *Hadronyche*-Arten) behandelt werden, da starke Vergiftungsanzeichen auftraten. Die Analyse des Gifts ergab Komponenten, die eine große Ähnlichkeit mit diesen Trichternetzspinnen aufwiesen. Ein Weibchen dieser Art hatte sich einmal so stark in den Finger eines siebenjährigen Jungen verbissen, dass eine Trennung erst nach ihrer Tötung durch Zerquetschen möglich war. Todesfälle von Menschen durch Bisse dieser Spinnen sind nicht bekannt.

Tigerspinnen - *Poecilotheria*-Arten

Bisse von Tigerspinnen (Gattung *Poecilotheria*), die zu den Vogelspinnen gehören (Familie Theraphosidae) verursachen bei fast der Hälfte ihrer Opfer längeranhaltende Krämpfe. Ursache könnte die Abgabe einer größeren Giftmenge oder von mehr auf uns wirkenden Toxinen als bei Bissen anderer Vogelspinnen sein. In diesem Fall sollte der Terrarienbesitzer sofort einen Krankenwagen rufen. In anderen Fällen sind die Folge eines Bisses harmloser (s. o. der absichtlich verursachte Biss bei einem Engländer unter *Wie sich Vogelspinnen verteidigen*).

Giftspinnen ohne medizinische Relevanz

Australische Hausspinnen / Intertidal Spiders

Zur Familie Desidae gehören am Meeresstrand (Gattung *Desis*) sowie im menschlichen Wohnbereich in Australien vorkommende Arten. Letztere werden dort *House Spiders* genannt. Bisse der Braunen (*Badumna longinqua*) und Schwarzen Hausspinne (*Badumna insignis*) sind nicht selten, jedoch nicht lebensgefährlich. Geringe bis schwere Reaktionen sind bekannt: meist heftige Schmerzen und örtliche Schwellungen, aber in einigen Fällen zusätzlich Übelkeit, Erbrechen und Schwitzen. Nach mehrfachen Bissen soll es auch zu Hautwunden (Nekrosen) gekommen sein, was durch einen neuere Studie jedoch widerlegt wurde. Beide Arten wurden übrigens nach Japan und Neuseeland eingeführt, die Braune Hausspinne auch in die USA, nach Mexiko und Uruguay. In einem Berliner Baumarkt wurde ein erster Vertreter dieser Art entdeckt.

Bolaspinnen - *Mastophora*

Bisse von Radnetzspinnen (Familie Araneidae, Unterfamilie Mastophorinae) sind harmlos, wie eine australische Studie zeigte. Das dürfte auch für die amerikanische Gattung *Mastophora* zutreffen, auch wenn es bisher keine wissenschaftlichen Befunde gibt.

Dornfingerverwandte in Südafrika

Die Dornfingerspinne *Cheiracanthium furculatum* (Familie Eutichuridae, Sackspinnen) verursacht die meisten Bissunfälle in Südafrika, da sie in Wohnungen lebt und die Männchen nachts auf Weibchensuche herumlaufen. Bisse ereignen sich im Schlaf, aber auch beim Ankleiden, da sich die Spinnenmänner auch in Kleidern verstecken und sofort zubeißen. Um die beiden Einstichstellen soll Gewebe zerstört werden, das aber innerhalb von zwei Wochen wieder verheilt. Diese Aussage steht im Widerspruch zu neuesten Untersuchungen an der heimischen Art *Cheiracanthium punctorium*, deren Gift keine Nekrosen verursacht.

Falltürspinnen

Hierzu zählen Vertreter verschiedener Familien, von denen zahlreiche Arten Falltüren am Eingang ihrer Erdröhren bauen: Actinopodidae, Barychelidae, Ctenizidae, Dipluridae, Idiopidae, Migidae, Nemesiidae. Wegen ihrer versteckten Lebensweise und relativ geringen Giftmenge trotz großer Chelizeren sind sie ohne medizinische Bedeutung. In zwei klinischen Studien rief das Gift von Falltürspinnen beim Menschen nur relativ milde Symptome hervor.

Die Hobospinne

Es handelt sich bei der Hobospinne *Eratigena agrestis* (ehemals *Tegenaria agrestis*, Familie Agelenidae) um eine nahe Verwandte unserer häufigsten Hauswinkelspinne *Eratigena atrica*. Sie wurde von Auswanderern in die USA eingeschleppt und soll dort starke Hautverätzungen durch ihre Bisse ausgelöst haben, während davon nichts von den europäischen Exemplaren derselben Art bekannt ist. 2014 nun wurden in Oregon 33 Bissunfälle untersucht, darunter drei Fälle mit *Eratigena*-Arten (*E. agrestis*, *E atrica* und eine weitere Art). Sie verursachten Schmerzen, Hautrötung, Schwellung und Muskelzuckungen, jedoch keine Kreislaufbeschwerden und keine Hautnekrosen. Für letztere dürften Braune Einsiedlerspinnen (*Loxosceles reclusa s. o.*) verantwortlich sein, die fälschlicherweis für Hauswinkelspinnen gehalten wurden. Das Gift der Hobospinne und ihre Verwandten wirkt nur lokal und ist harmlos.

Krabbenspinnen

Krabbenspinnen (Familie Thomisidae) gehören nicht zu den für uns gefährlichen Arten. Doch soll die in Madagaskar lebende Art *Phrynarachne rugosa* tödlich giftig sein. Es gibt allerdings keine Studien hierzu. So wird diese Art derzeit nicht als medizinisch relevant angesehen.

Prowling Spiders (Herumstreifende Spinnen)

In Australien kommt es relativ selten zu harmlosen Bissen von Spinnen der Gattung *Miturga* (Familie Miturgidae).

Riesenkrabbenspinnen

Bisse von Riesenkrabbenspinnen (Familie Sparassidae), im Englischen *Huntsman Spiders* genannt, sind harmlos. Sie passieren meist beim Versuch, diese auch in Häusern lebenden flinken Spinnen einzufangen. Mit 23% aller Spinnenbisse liegen sie in Australien an der Spitze. Es gab nie ernsthafte Folgen, lediglich lokal kam es zu Schmerzen und Hautrötung und in 4% aller Fälle kamen Übelkeit bzw. Kopfschmerzen hinzu. Widerlegt werden konnte die Behauptung, dass Bisse der Gattung *Neosparassus* schwerwiegende Symptome hervorrufen. Untersucht wurden in Australien zudem die Gattungen *Delena*, *Heteropoda* und *Isopoda*. 88 Gattungen hat die Familie, bekannt sind zudem *Olios* und die bei uns lebende *Micrommata*. Auch die in Südafrika lebenden Rain spiders der Gattung *Palystes* sind harmlos. Am häufigsten ist hier die Common rain spider *Palystes superciliosus*. Ihren populären Namen tragen sie übrigens daher, dass sie bei Regenbeginn in Häusern Unterschlupf suchen, wo sie dann plötzlich auftauchen.

Seidenspinnen

Das Gift der großen Seidenspinnen der Gattung *Nephila* (Familie Araneidae, Unterfamilie Nephilinae) wirkt neurotoxisch, also auf unsere Nerven, so ähnlich wie das der Schwarzen Witwe, doch nicht so stark und ist für Menschen nicht tödlich. Und doch schmerzt der Biss, die Bissstelle rötet sich, und Blasen können erscheinen, die innerhalb eines Tages verschwinden. Muskelkrämpfe und allergische Reaktionen sind möglich, und Narben können an Fingern zurückbleiben.

Sechsaugenspinnen

Die lokale Giftwirkung der Sechsaugenspinne *Dysdera crocata* (Familie Dysderidae) wird im Kapitel *Heimische Giftspinnen* behandelt. Diese in Europa lebende Art wurde mit menschlicher Fracht u. a. nach Australien, Brasilien, Nordamerika und Neuseeland verschleppt.

Taranteln, Tarantella und Tarantulas

Vielleicht kennen Sie den Ausspruch »Wie von der Tarantel gestochen«. Da Spinnen keinen Stachel besitzen, muss es eigentlich »gebissen« heißen. Der Name leitet sich vermutlich von der Stadt Tarent in Apulien ab. Laut Herkunftswörterbuch des Duden findet sich der aus dem Italienischen stammende Name »Tarantel« für die giftige südeuropäische Wolfspinne seit dem 16. Jahrhundert in deutschen Texten.

Tarantella: Seit 1700 wird ein süditalienischer Volkstanz im $^3/_8$- oder $^6/_8$-Takt »Tarantella« genannt, bei der die Tänzer »Wie von der Tarantel gestochen« herumspringen. Im Volksmund wird der Name nicht von Tarent, sondern von der Wolfspinne namens *Tarantula* abgeleitet. *»Tarantella«* heißt »kleine Tarantula«. Eine erste schriftliche Dokumentation des Tanzes findet sich in dem Buch *Tarantella als Gegengift (antidotum tarantulae)* von Athanasius Kircher. Das Gift der Tarantel sollte durch den wilden Tanz aus dem Körper des Gebissenen ausgetrieben werden. Der Name dieser Krankheit ist *»Tarantismus«*, die Opfer wurden »Tarantati« genannt, wie wir in Franz Renners Buch *Spinnen ungeheuer - sympathisch* nachlesen können. Möglicherweise wurden die Bissopfer jedoch nicht von Taranteln, sondern von Schwarzen Witwen gebissen. Von dieser Volksmusik inspiriert entstanden seit dem 19. Jahrhundert Werke berühmter Komponisten, so von Frédéric Chopin, Franz Liszt, Sergei Rachmaninow, Gioachino Rossini, Franz Schubert, Pjotr Tschaikowski, u. a.

Echte Taranteln: Inzwischen tragen mehrere 25-30 mm große Wolfspinnenarten den Namen »Tarantel«, z. B. die Apulische Tarantel (*Lycosa tarantula*), die Schwarzbäuchige Tarantel (*Hogna radiata*) und die Südrussische Tarantel (*Lycosa singoriensis*).

Vermutlich brachten italienische Auswanderer den Namen für große auf dem Boden lebende Wolfspinnen in die USA. Dort werden jetzt alle Vogelspinnen wegen ihrer Größe »Tarantulas« genannt.

Bisse von Echten Taranteln, den großen Wolfspinnen, sind für uns meist harmlos und verursachen nur lokale Rötungen. Meldungen über Hautnekrosen nach Bissen durch *Hogna*- und *Lycosa*-Arten erwiesen sich in neuen Studien als falsch. Bei Gebissenen in Australien traten meist nur lokale Schmerzen und Hautrötungen auf, selten kam es auch zu Übelkeit.

Tarantel oder verwandte große Wolfspinne aus Südeuropa (Familie Lycosidae).

Tarantulas: Wie neuere Studien zeigen, sind Bisse der meisten Vogelspinnenarten für den Menschen harmlos: Meist treten nur schwache Symptome auf. Amerikanische Arten streifen zur Verteidigung *Brennhaare* ab und beißen selten. Doch haben alle Vogelspinnen große Giftklauen. Mit dem Biss gelangen Bakterien in die Wunde. Deshalb sollten Wunden auch bei Bissen von harmlosen Arten mit Jod desinfiziert werden.

In schlechtem Ruf stehen die in Australien und Neuguinea sowie in Südostasien lebenden *Selenocosmia*-Arten. Eine aktuelle Studie der Bissfolgen ergab jedoch keinen Unterschied zu anderen Vogelspinnen.

Auch die in Südafrika lebenden *Harpactirella*-Arten zählen nicht zu den medizinisch relevanten Spinnen. Die in älteren Gifttierbüchern genannten Todesfälle durch *Harpactirella lightfooti* gab es nie, lediglich brennende Schmerzen und Übelkeit traten in zwei Bissunfällen ein, die nach 24 Stunden vollständig abgeklungen wa*ren.*

Von der aggressiven nachtaktiven Roten Usambara-Vogelspinne *Pterinochilus murinus* gibt es Bissberichte, zum einen von Trockenbissen ohne Wirkung, zum anderen von sehr schmerzhaften Bisse mit Anschwellen der Wunde und Muskelkrämpfen.

Tigerspinnen, also *Poecilotheria*-Arten aus Indien und Sri Lanka besitzen jedoch Gifte, die stärker auf uns Menschen wirken (s. o.).

Im Unterschied zu den eben angeführten Beispielen lassen sich andere Vogelspinnen wie *Grammostola rosea* wegen ihrer Friedfertigkeit zur Überwindung der Spinnenangst und im Spinnenunterricht verwenden. Und doch wirkt ihr Gift auf Mäuse einschläfernd.

Vor kurzem wurde die Wirkung des Gifts der Trinidad-Baumvogelspinne (*Psalmopoeus cambridgei*) auf den menschlichen Körper untersucht. Ihr Gift weist Gemeinsamkeiten mit Capsaicin auf, das Chili beim Verzehr scharf wirken lässt. Somit dürfte dieses Gift nicht nur zur Überwältigung der Beute, sondern aufgrund seiner Wirkung auf Schmerzrezeptoren auch zur Verteidigung gegen Feinde unter den Wirbeltieren dienen.

Spinnenhorror im Film: In Horrorfilmen und Krimis mit *Mordwerkzeug* »Spinne« sind immer wieder Vogelspinnen zu sehen. Warum? Ganz einfach, weil sie groß sind und große Cheliceren besitzen. Somit denkt der ängstliche Laie: Je größer, desto gefährlicher, was nun einmal falsch ist. Der Einsatz großer harmloser Vogelspinnen in Filmen hat zwei Vorteile: Da sie das Grauen steigern, sind sie für die Kinokasse oder die Einschaltquote beim TV bestens geeignet. Zudem sind sie wegen ihrer Bissunlust und geringen Giftigkeit optimal für die Schauspieler, die mittels Spinnendompteur mit den Spinnen arbeiten müssen - bzw. mussten. Denn heute lassen sich ja echte und künstliche Spinnen einfach mit Computerprogrammen erzeugen bzw. einfügen.

White Tailed Spiders - Weißschwanzspinnen

Die australischen Spinnen der Gattung *Lampona* (Familie Lamponidae), die nach Neu-Seeland und Tasmanien eingeführt wurden, werden bis zu 18 mm groß und besitzen ein weißes Hinterleibsende, daher ihr Name. Es gibt fast 60 Arten, am bekanntesten sind *Lampona cylindrata* und *L. murina*. Sie bewohnen Gärten und Häuser und machen dort Jagd auf andere Hausspinnen. 60% der Bisse ereignen sich beim Kontakt mit in Kleidung und Handtüchern versteckten Exemplaren. Ihre Bisse erzeugen meist nur lokale Schmerzen, Rötung und Jucken der Haut, seltener auch Kopfschmerzen, Übelkeit und Erbrechen. Bei einer neueren Untersuchung von 139 Bissen wurde festgestellt, dass sie keine Nekrose, als das Absterben der Haut, verursachen, wie immer wieder behauptet wird.

Verwandte und Ahnen

Spinnen gehören zu den Vielzellern (*Metazoa*) unter den Tieren. Das Tierreich (*Animalia*) wird in verschiedene Stämme gegliedert. Zu den Chordatieren zählen alle Wirbeltiere, das sind Fische, Lurche, Kriechtiere, Vögel und Säugetiere inklusive uns Menschen.

Spinnentiere heute

Gliederfüßer

Spinnen sind Gliederfüßer (Stamm *Arthropoda*). Diese besitzen Beine, die aus mehreren Gliedern bestehen. Gliederfüßer haben kein Innenskelett mit Knochen wie wir, sondern einen festen Außenpanzer aus Chitin. Um zu wachsen, müssen sie sich häuten.

Andere zu diesem *Stamm* gehörende *Klassen* sind Krebse und Asseln, Tausend- und Hundertfüßer sowie die Insekten. Auch gehören zu den Gliederfüßern die mit den Spinnen nah verwandten Asselspinnen und Pfeilschwanzkrebse sowie die ausgestorbenen Seeskorpione und Trilobiten.

Die Spinnenverwandtschaft

Spinnen, korrekt *Webspinnen* oder *Echte Spinnen* bilden die Ordnung *Araneae* innerhalb der Klasse Spinnentiere (*Arachnida*). Weitere heute lebenden Ordnungen sind:

Geißelskorpione (Uropygi)
Geißelspinnen (Amplypygi)
Kapuzenspinnen (Ricinulei)
Milben (Acari), zu denen die Zecken gehören ,
Palpenläufer (Palpigradi)
Pseudoskorpione (Pseudocorpiones)
Skorpione (Scorpiones)
Walzenspinnen (Solifugae)
Weberknechte (Opiliones).

Zitterspinnen mit ihren sehr langen dünnen Beinen werden oft für *Weberknechte* gehalten. Andere Namen für einen Weberknecht sind Schneider, Schuster, Kanker, Opa Langbein und Zimmermann. Von Spinnen sind sie leicht zu unterscheiden: Die Körper von Weberknechten sind nicht zweigeteilt, sondern zu einem Stück verwachsen. Außerdem besitzen Weberknechte keine Giftdrüsen und auch keine Spinndrüsen, dafür aber Stinkdrüsen. Und *Pseudoskorpione* besitzen im Unterschied zu *Skorpionen* keinen Schwanzstachel. Ein Beispiel ist der Bücherskorpion.

Spinnen sind keine Insekten

Im Unterschied zu den sechsbeinigen Insekten besitzen Spinnen acht Beine und zwei beinartige Taster (Pedipalpen), an deren Ende sich die Begattungsorgane der Männchen befinden.

Der Spinnenkörper ist in zwei Teile gegliedert, Vorderkörper (*Prosoma*) und Hinterkörper oder Hinterleib (*Opisthosoma*). Beide werden durch einen dünnen Stiel (*Petiolus*) verbunden. Bei den Insekten sind es drei Körperteile (Kopf, Brust, Hinterleib).

Die meisten Spinnen haben acht Punktaugen, Insekten zwei Facettenaugen und drei Punktaugen.

Vorne auf der Unterseite befinden sich bei Spinnen die beiden Beißwerkzeuge (*Cheliceren*). Die meisten Spinnenarten injizieren mit den an den Cheliceren befindlichen Kieferklauen Gift in die Beute, um diese zu lähmen oder zu töten. Sie benutzen sie jedoch auch zum Kokontransport und um sich zu verteidigen. Spinnen besitzen keinen Giftstachel am Hinterleibsende im Unterschied zu Skorpionen und Insekten, wie Bienen und Wespen. Andere Insekten, wie z. B. Schlupfwespen, besitzen dort einen Legebohrer, mit dem sie ihre Eier in Raupen oder Spinnen (s. Kapitel *Tarnung und Feinde*)

Bei den meisten Spinnenarten befinden sich die Spinnwarzen am Hinterleibsende, bei den urtümlichen Gliederspinnen jedoch weiter vorne. Aus den Spinndüsen der Spinnwarzen geben Spinnen verschiedene Sorten von Spinnenseide ab. Sie spinnen.

Die Stellung der Spinnen im Tierreich

Reich	Vielzellige Tiere	Metazoa
Stamm	Gliederfüßer	Arthropoda
Unterstamm	Kieferklauenträger	Chelicerata
Klasse	Spinnentiere	Arachnida
Ordnung	Webspinnen	Araneae

Die Ordnung Araneae

Die Ordnung *Araneae* wird in drei Unterordnungen unterteilt:

Unterordnung	Familie (Beispiel)	
1 Mesothelae	Liphistiidae	Gliederspinnen
2 Mygalomorphae	Theraphosidae	Vogelspinnen
3 Araneomorphae	Araneidae	Radnetzspinnen

Die Vertreter der *Mygalomorphae* sind *orthognath*: Ihre großen Chelicerenklauen beißen von oben nach unten. Die Araneomorphae sind *labidognath*: Ihre kleinen Chelicerenklauen werden nach innen eingeschlagen und arbeiten beim Biss zusammen. Die Cheliceren der ursprünglichen Mesothelae nehmen eine Mittelstellung ein. Sie sind *plagiognath*.

Die *araneomorphen Spinnen* lassen sich nach den äußeren weiblichen Geschlechtsorganen in *haplogyne* (ohne Epigyne) und *entelegyne* (mit Epigyne) Spinnen unterteilen. Untergruppen nach Vorhandensein oder Fehlen eines Spinnfeldes (*Cribellum*) vor den Spinnwarzen sind *cribellate* und *ecribellate* Spinnen.

Familiennamen sind an der Endung -idae zu erkennen. So gehört die Gartenkreuzspinne *Araneus diadematus* zur Familie Radnetzspinnen Araneidae.

Weltweit gibt es 118 Spinnenfamilien (s. Kapitel *Spinnenfamilien*). Hier gebe ich nun eine Aufstellung der 12 bekanntesten in Mitteleuropa heimischen Familien in alphabetischer Reihenfolge:

Agelenidae	Trichternetzspinnen
Araneidae	Radnetzspinnen
Clubionidae	Sackspinnen
Linyphiidae	Baldachinspinnen
Lycosidae	Wolfspinnen
Pholcidae	Zitterspinnen
Pisauridae	Raubspinnen
Salticidae	Springspinnen
Scytodidae	Speispinnen
Tetragnathidae	Streckerspinnen
Theridiidae	Kugelspinnen, Haubennetzspinnen
Thomisidae	Krabbenspinnen

Spinnen früherer Zeitalter

Ausgestorbene Spinnentiere

Vier fossile, inzwischen ausgestorbene Ordnungen der Arachnida sind derzeit bekannt: Haptopoda, Phalangiotarbi, Trigonotarbida und Uraraneida.

Vorfahren und die ersten Spinnen

In Romanen und Filmen im Kino und Fernsehen sowie im Internet wird von wahrhaft gigantischen Spinnen aus dem Zeitalter der Dinosaurier und davor berichtet. Doch gab es diese wirklich?

Bisher (Stand 5.1.18) sind immerhin 1342 fossile Spinnenarten beschrieben. Es handelt sich hierbei um Echte Spinnen, die zur Ordnung Araneae gehören. Einige dieser Arten kommen noch heute vor, viele andere sind inzwischen ausgestorben. Die oben angegebene Artenzahl ist selbstverständlich nur ein kleiner Teil der in den vergangenen Zeitaltern gelebt hat, denn nur wenige Spinnen wurden zu Fossilien. Unsere Kenntnisse sind also äußerst spärlich. Mit jedem neuen Fund erweitert sich jedoch unser Wissen. Auch stellt sich bei den ältesten Funden immer die Frage: Ist dies die erste Spinne? Oder anders formuliert: Es geht nach wie vor um die Suche nach der Urspinne und ihren Nichtspinnenvorfahren.

Das erste Erdzeitalter im Erdaltertum (*Paläozoikum*), das uns hier interessiert, ist das **Silur** (vor 443,4–419,2 Millionen Jahren). Die vom späten Silur bis frühen Perm lebenden *Trigonotarbida* waren eine Ordnung der Spinnentiere (Klasse Arachnida), die unseren heutigen Webspinnen äußerlich sehr ähnlich waren. Sie lebten an Land, atmeten durch Buchlungen, liefen auf acht Beinen, besaßen zwei zusätzliche Gliedmaßen im Mundbereich und konnten vielleicht auch spinnen. Sie sind aber keine Vorfahren unserer heutigen Spinnen.

Im folgenden Zeitalter **Devon** (vor 419,2–358,9 Millionen Jahren), vielleicht auch schon im späten Silur, haben die ersten *Echten Spinnen* (Araneae) gelebt.

Vor 380 Millionen Jahren (im Mittleren Devon) gab es ein Spinnentier, das so aussah wie eine Spinne (*Attercopus fimbriunguis*). Es konnte auch spinnen, allerdings saßen bei ihm die Spinndüsen an den Rändern von Bauchplatten am Hinterleib, Spinnwarzen waren nicht vorhanden, jedoch ein geißelartiger Schwanz. Es handelt sich bei *Atercopus* nicht um die erste Webspinne, wie es durch die Medien ging. Diese Art gehört zu einer eigenen inzwischen ausgestorbenen Spinnentiergruppe, der Ordnung *Uraraneida*.

Karbon (vor 358,9–298,9 Millionen Jahren): Vor 300 Millionen Jahren war die Erde von gewaltigen Wäldern bedeckt. Die Luft enthielt mehr Sauerstoff als heute. Riesenlibellen (Gattung *Meganeura*) mit 72 cm Flügelspannweite flogen durch die Lüfte. Die Reste dieser Wälder wurden zu unserer Steinkohle. Wir nennen das Zeitalter deshalb Karbon (lateinisch: Kohle). Da stellt sich die naheliegende Frage: Wenn es damals Rieseninsekten gab, warum sollten nicht auch Riesenspinnen existiert haben? Bisher wurden jedoch noch keine so großen Exemplare gefunden.

Echte Spinnen gab es schon im Karbon. Sie sind die ältesten Vertreter der Ordnung Araneae, die wir kennen. Eine Art wurde in Frankreich gefunden und *Palaeothele montceauensis* genannt. Sie ähnelt den heute existierenden Spinnen, besaß jedoch vier Buchlungen und acht Spinnwarzen weiter vorne auf der Unterseite des deutlich gegliederten Hinterleibs. Daher gehört sie zu den Gliederspinnen (Unterordnung Mesothelae), deren Vertreter auch im Karbon nicht größer als ihre heute noch lebenden Verwandten waren. Ihre Körperlänge betrug 9-37 mm. Hier noch die Namen von Familien aus diesem Zeitalter, die inzwischen ausgestorben sind: Arthromygalidae, Arthrolycosidae, Pyritaraneidae.

Perm (vor 298,9–252,2 Millionen Jahren): Aus diesem Zeitalter stammt die Gliederspinne *Permarachne novokshonovi* (Familie Permarachnidae) mit extrem verlängerten Spinnwarzen, was vermuten lässt, dass sie Trichternetze herstellte.

Dem Erdaltertum folgt das Erdmittelalter (*Mesozoikum*). Hierzu gehören die Zeitalter **Trias** (vor 252,2–201,3 Millionen Jahren), **Jura** (vor 201,3–145 Millionen Jahren) und **Kreide** (vor 145–66 Millionen Jahren).

Trias: Vogelspinnenartige (Mygalomorphae) lebten in diesem Zeitalter, die zu den Familien Dipluridae (*Edwa*) Hexathelidae (*Alioatrax*, *Rosamygale*) und den Atypoidea gehören. Doch gab es damals auch bereits die ersten Spinnen aus der Unterordnung Araneomorphae wie z. B. *Argyrachne* und *Triassaraneus*.

Jura: Spinnen aus diesem Zeitalter gehören zu den ausgestorbenen Familien Juraraneidae (*Juraraneus*), Mongolarachnidae (*Mongolarachne*) und zu den noch heute existierenden Familien Archaeidae (*Jurarchaea*,

Patarchaea), Plectreuridae (*Eoplectreurys*), Uloboridae (*Talbragaraneus*) sowie zu den Deinopoidea (*Zhizhu*) und Palpimanoidea (*Seppo*).

Kreide: Im burmesischen Bernstein von Myanmar wurde ein Spinnentier entdeckt, das 2018 den Namen *Chimerarachne yingi* erhielt. Es lebte in der Mittleren Kreidezeit vor ungefähr 100 Millionen Jahren. Wie die Uraraneiden aus dem Devon besaß es einen deutlich gegliederten Hinterleib mit einem Schwanzanhang (*Flagellum*). Spinnwarzen sind vorhanden, die denen der heutigen Gliederspinnen (Mesothelae) ähneln. Zudem sind auch die Taster (Pedipalpen) der Männchen zur Spermaübertragung umgebildet, was für die Echten Webspinnen (Ordnung Araneae) typisch ist. *Chimerarachne* gehört somit zu einer geschwänzten Spinnentiergruppe, die aus dem Paläozen stammt und zumindest bis zur Kreidezeit in Südostasien überlebte.

Echte Spinnen gab es in diesem Zeitalter natürlich auch. Einige Namen von ausgestorbenen Familien, die zu den Gliederspinnen gezählt werden: Burmathelidae, Cretaceothelidae, Parvithelidae. Zu den Vogelspinnenartigen (Mygalomorphae) aus diesem Zeitalter gehören Arten aus den noch heute existieren Familien Antrodiaetidae, Atypidae, Dipluridae, Mecicobothriidae und Nemesiidae. Gut erhalten ist eine Spinne, die den Namen *Cretaraneus* erhielt (Familie Araneae, Unterfamilie Nephilinae). Sie lebte vor 130 Millionen Jahren und besitzt die für Radnetzspinnen typischen Fußklauen. Auch Vertreter der heute lebenden Gattung *Nephila* aus dieser Unterfamilie, die mit ihren gewaltigen Netzen Fluginsekten fangen, sind aus der Kreidezeit bekannt.

Zahlreiche Spinnenfamilien überlebten das Massenaussterben nach Einschlag des großen Meteoriten vor 66 Millionen Jahren, dem die Dinosaurier zum Opfer fielen. Die Kreidezeit endete, und ein neues Zeitalter brach an, das der Säugetiere, das wir »Tertiär« nennen.

»Bernsteinspinnen«

Spinnen, die von Baumharz eingeschlossen wurden, starben und wurden im Harz konserviert. Das Harz härtete sich im Laufe der Jahrmillionen und wurde so zu Bernstein.

Männliche Urspinne *Archaea paradoxa* im Baltischen Bernstein (aus: Wunderlich 2004).

Der älteste bisher gefundene Bernstein stammt aus dem Karbon und besitzt ein Alter von 310 Millionen Jahren. Die meisten Funde von *»Bernsteinspinnen«* sind aus der Kreidezeit und dem nachfolgendem Zeitalter der Säugetiere, dem **Tertiär**, bekannt. Dieser Begriff wird jedoch in der heutigen Geologie nicht mehr verwendet. Stattdessen spricht man von **Paläogen** (vor 66–23,03 Millionen Jahren) und **Neogen** (vor 23,03–2,588 Millionen Jahren). Aus diesen Zeitaltern stammen der *Baltische* und der *Dominikanische Bernstein*. »Bernsteinspinnen« sind somit keine einheitliche Gruppe. Im Baumharz eingeschlossen sind meist kleine Arten (Familie Kugelspinnen Theridiidae) und Individuen (z. B. Zwergmännchen der Gattung *Nephila*) zu finden. Bisher wurden ca. 400 Arten beschrieben. Sie wurden 45 Familien zugeordnet. Die mich wegen der Brautgeschenke am meisten interessierenden Familien Pisauridae und Trechaleidae (Gattungen: *Eotrechalea, Esuritor, Linoptes, Palaoperenethis*) sind bereits aus dem Paläogen bekannt.

Übrigens schauen sich Biologen diese natürlich einbalsamierten Spinnen im heutigen Zeitalter, dem **Quartär**, nicht nur mit Stereomikroskopen an und fotografieren sie, sondern können neuerdings sogar mit einer speziellen Computertomographie (VHR-CT) die inneren Organe betrachten.

Das älteste Spinnennetz

Das bisher älteste Spinnennetz wurde in Bernstein bewahrt an der Küste Südenglands gefunden. Es ist 140 Millionen Jahre alt, stammt somit aus der Kreidezeit und sah wie das Netz unserer Gartenkreuzspinne aus.

Moderne ohne Netz jagende oder lauernde Spinnen, wie Springspinnen und Krabbenspinnen, haben sich erst in den folgenden Zeitaltern (Paläogen und Neogen) entwickelt. Heute gibt es übrigens noch Spinnenarten, bei denen die Jungen in kleinen Netzen leben, die Erwachsenen aber nicht mehr (z. B. die Brautgeschenkspinne *Pisaura mirabilis*). Andere Raubspinnenarten bauen zeitlebens Netze. Der Übergang vom Leben im Netz zur freien Jagdweise beim Heranwachsen (*Ontogenese*) hat seine Entsprechung im Übergang der Lebensweise aller Spinnenarten im Laufe der Evolution (*Phylogenese*): Nicht nur die heute lebenden Netzspinnen, sondern auch die ohne Netze jagenden Laufspinnen haben Ahnen, die in Netzen lebten.

Typisch Spinne

Größe

Die meisten Spinnen sind nur 1 bis 10 mm groß. Die größten Vogelspinnen erreichen 11 bis 12 cm Körperlänge. Die kleinste bekannte Spinne misst 0,37 mm (mehr s. Spinnenrekorde).

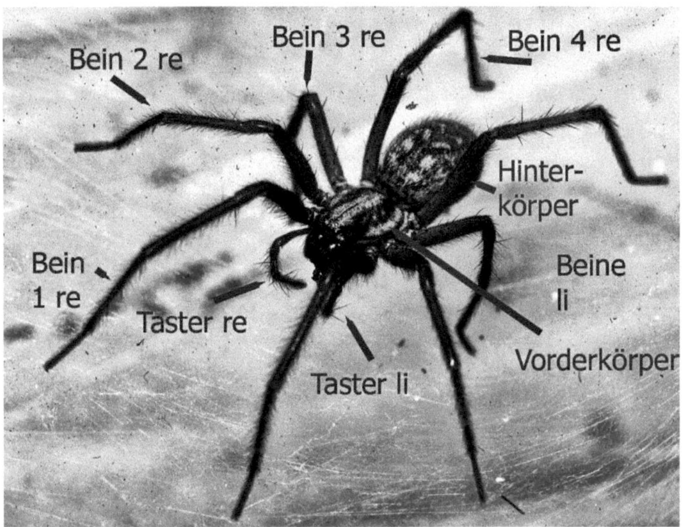

Körperbau einer Spinne: Eine weibliche Hauswinkelspinne (*Eratigena atrica*) auf ihrem horizontalen Gespinst. Man kann deutlich Vorderkörper und Hinterleib unterscheiden. Typisch für alle Spinnen sind die acht Beine und die zwei beinartigen Taster, die *Pedipalpen* heißen. Zwischen diesen liegen die schwarzen *Cheliceren* mit den Giftklauen.

Körperbau

Zwei Körperteile mit Stielchen

Im Unterschied zu Insekten (Kopf, Brust, Hinterleib) besitzen Spinnen nur zwei Körperteile: Vorderkörper (*Prosoma*) und Hinterleib (*Opisthosoma*). Sie werden durch ein Stielchen (*Petiolus*) verbunden. Durch diese

Konstruktion ist die große Beweglichkeit des Hinterleibs beim Spinnen gewährleistet.

Spinnen haben einen festen Außenpanzer aus Chitin, wobei der Hinterleib weicher als der Vorderkörper ist. Das ist notwendig, um große Nahrungsmengen speichern zu können und Platz für die reifenden Eier zu haben. Auf seiner Unterseite befinden sich im vorderen Bereich die Geschlechtsöffnungen. Beim Weibchen der meisten Arten werden sie von einer *Epigyne* bedeckt (mehr s. Kapitel *Spinnensex*).

Um zu wachsen, müssen sich Spinnen wegen ihres Außenskeletts wie alle anderen Gliederfüßer auch von Zeit zu Zeit *häuten*. Dabei streifen sie die alte Körperhülle ab, und die bereits darunter befindliche neue Hülle dehnt sich aus und erhärtet. Spinnen wachsen also schubweise und zwar besonders schnell, wenn sie noch jung sind. Denn dann häuten sie sich oft, natürlich nur, wenn sie genügend Beutetiere fangen.

Acht Beine und zwei beinartige Taster

Typisch für alle Spinnen ist die Beinzahl. Sie besitzen acht Beine, die jeweils aus sieben Gliedern bestehen. Beginnend vom Rumpf sind das: Coxa (Hüfte), Trochanter (Schenkelring), Femur (Schenkel), Patella (Kniescheibe, Tibia (Schiene), Metatarsus (Zwischenfuß, Hinterfuß, jenseits des Fußes) und der Tarsus (Fuß) mit den Krallen. Diese Beinglieder entsprechen trotz gleicher Namen natürlich nicht unseren Beinknochen und unserer Hüfte, denn sie sind Teile des chitinisierten Außenskeletts dieser Gliederfüßerklasse, während wir als Säuger zu den Wirbeltieren mit Innenskelett gehören.

Vor den Beinen befinden sich die beinartigen Taster (*Pedipalpen*), davor die *Cheliceren* mit den Kieferklauen, mit denen Spinnen ihre Beute packen.

Insgesamt besitzen Spinnen somit 6 Extremitätenpaare am Vorderkörper: zwei Cheliceren, zwei Taster und acht Beine. Die Pedipalpen haben ein Glied weniger als die Beine (es fehlt der Metatarsus). Meist sind sie auch dünner und relativ kurz. Ihre Coxa ist umgebildet und hilft beim Kauen mit. Der Tarsus trägt bei den Männchen das Begattungsorgan.

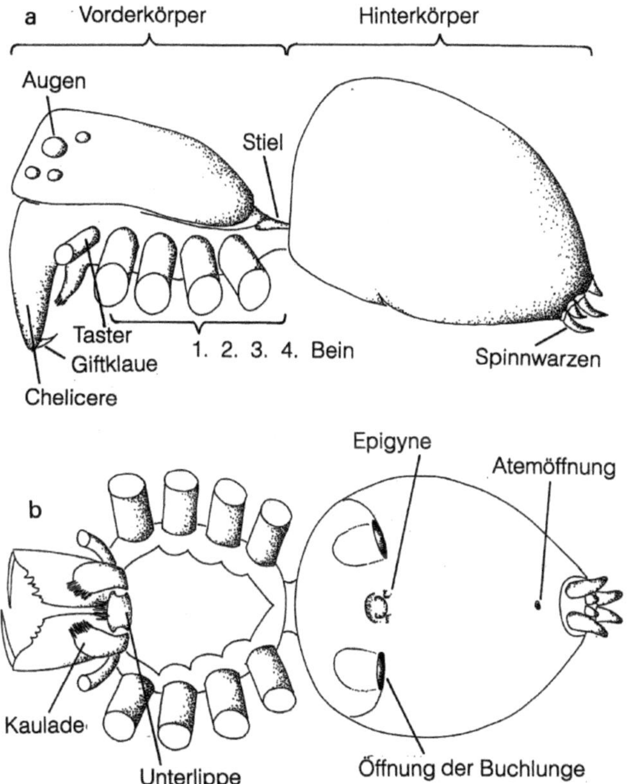

Körperbau einer weiblichen Spinne (schematisiert, ohne Beine, aus Renner 2018).

Bei Vogelspinnen und ihren Verwandten sowie Gliederspinnen sind die Pedipalpen ziemlich kräftig entwickelt, sodass bei einigen Arten der Eindruck entstehen kann, sie hätten zehn Beine.

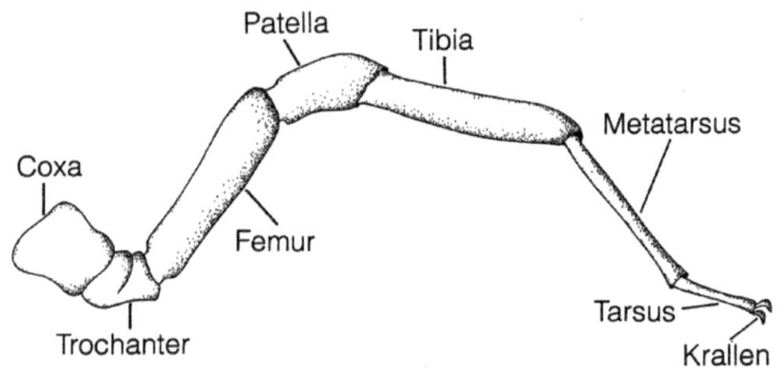

Laufbeingliederung einer Spinne (aus Renner 2018).

Beine opfern und entfliehen

Wenn ich Unterricht über Spinnen an einer Grundschule halte, lautet eine meiner Fragen: »Was ist das: Es sieht aus wie eine Spinne, bewegt sich wie eine Spinne, hat aber nur sieben Beine?«

Oft bekomme ich keine Antwort. Ihnen dürfte klar sein, dass es sich hier um eine Spinne handelt, die ein Bein verloren hat. Und das kann passieren, wenn sie von einem Räuber, das kann auch ein Artgenosse sein, am Bein gepackt wurde. Mit einem Ruck reißt sie sich los, lässt ihr Bein zurück und flieht auf sieben Beinen.

Das Abwerfen eines Beines nennt man *Autotomie*. Sie erfolgt meist zwischen dem ersten und zweiten Beinglied (Coxa und Trochanter) dicht am Vorderkörper und läuft ohne großen Blutverlust ab, da an dieser Stelle der Wundverschluss schnell erfolgt. Übrigens ist das Beinabwerfen ein willentlicher Akt, der bei einer betäubten Spinne nicht funktioniert. Das abgeworfene Bein wächst von Häutung zu Häutung nach, bis es schließlich wieder so groß wie die anderen Beine ist.

Häutet sich die Spinne nur noch einmal, hat sie an der Stelle, wo sie das Bein verlor, ein verkürztes Bein. Ist die Spinne bereits geschlechtsreif und eine bei uns heimische Spinne (zu den Araneomorphae gehörend), so wächst ihr kein neues Bein nach, da sie sich nicht mehr häutet. Sie kann aber auch mit sieben Beinen gut laufen. Erwachsene Vogelspinnenweibchen regenerieren ihre abgeworfenen Beine. Selbstverständlich können Spinnen nicht nur *ein* verlorenes Bein, sondern auch mehrere Beine sowie ihre Pedipalpen, Cheliceren und ihre Spinnwarzen nachwachsen lassen.

Wozu so viele Haare?

»Spinnen sind *so* haarig!« hört man immer wieder als Ekelgrund. Doch fast alle Säugetiere sind ebenfalls haarig, sie tragen ein Fell. Sie sind nicht eklig, was nicht verwundert, da sie uns so ähnlich sind, denn wir Menschen gehören ja auch zu ihnen.

Doch warum besitzen Spinnen so viele Haare?

Ein Fell zum Warmhalten kann es nicht sein, denn Spinnen sind wechselwarme Tiere.

Oder sind die Haare einfach nur zur *Zierde* da?

Tatsächlich sind zwar die meisten Spinnen nur unscheinbar, doch es gibt auch viele bunt gefärbte und gemusterte Arten, z. B. unter den Springspinnen, die Farben wahrnehmen können und deren Männchen bei der Balz ihre farbigen Beine oder ihren Hinterleib den Weibchen demonstrieren, um sie zu beeindrucken.

Spinnen besitzen verschiedene Sorten von Haaren, angefangen von dicken Stacheln bis hin zu winzigen Härchen.

Krabbenspinnen benutzen bewegliche *Stacheln* an ihren langen Vorderbeinen zum Festhalten der Beute. Zitterspinnen und Kugelspinnen wickeln ihre Opfer mithilfe der Hinterbeine mit Seide ein. Auch dafür helfen ihnen spezielle Stacheln.

Die meisten Haare der Spinnen sind jedoch *Sinnes-organe*. So nehmen die senkrecht stehenden Becher-haare (*Trichobothrien*) feinste Luftschwingungen wahr. Und da diese an allen Beinen sitzen, weiß eine Spinne auch im stockdunklen Raum, woher was auf sie zu-kommt. Nehmen wir als Beispiel ein Spinnenweibchen vor ihrem Versteck in der Nacht. Je nach Art und Stärke der Luftschwingungen flieht sie (Feind), verharrt erst einmal und kommt langsam tastend näher (Männchen) oder schlägt blitzschnell zu (Beute). Mit anderen Haaren schmecken und ertasten Spinnen alles, was sie berüh-ren (*chemotaktile Haare*).

Vogelspinnen besitzen *Hafthaare* an den Füßen und auch am vorletzten Beinglied. Auch Springspinnen haben solche Hafthaare als Büschel zwischen den Fußkrallen. Mit ihnen können diese Spinnen an Baumstämmen und auf Blättern laufen, ohne herunterzufallen. Hauswinkel-spinnen haben diese Hafthaare nicht. Und so kommt es dass Männchen bei der Weibchensuche, einmal in ein Waschbecken oder eine Badewanne gefallen, nicht mehr herausklettern können.

Haare vor dem Mund dienen Spinnen zum Heraus-filtern von festen Teilchen, damit nur flüssige Nahrung durch die kleine Mundöffnung in den Darm gelangt.

Spezielle Haare auf dem Hinterleib haben Wolfspin-nenmütter, an denen sich ihre Jungen festhalten. Auch die Luftblase wird bei der Wasserspinne von speziellen Haaren gehalten.

Eine *breite seitliche Beinbehaarung* ist sicherlich sehr nützlich, wenn sich das Männchen einer Baumvo-gelspinne im »Gleitsprung« auf der Flucht vor einem aggressiven Weibchen vom Baumstamm fallen lässt.

Mit *Brennhaaren* verteidigen sich amerikanische Vo-gelspinnen gegen ihre Feinde, z. B. Nasenbären. Es gibt vier Typen mit unterschiedlicher Struktur, die alle zahl-reiche Widerhaken am ganzen Haarschaft tragen und heftigen Juckreiz nach Kontakt mit der Wirbeltierhaut auslösen. Nachdem sie abgebrochen sind, dringen sie 2 mm tief in die menschliche Haut ein. Die Feinstruktur und den Abstreifvorgang im Detail beschrieben 2017 Rainer Foelix, Bastian Rast und Bruno Erb.

Innenleben

Das Herz

Das schlauchförmige *Herz* der Spinnen liegt oben im Hinterleib. Eine große *Arterie* führt durch die dünne Verbindung, das Stielchen (*Petiolus*), in den Vorderkörper. Dort gelangt das sauerstoffhaltige Blut über Äste u. a. ins Gehirn und bis in die Beinenden. Diese Adern sind bei verschiedenen Arten unterschiedlich stark ausgebildet. Das Spinnenherz drückt das Blut beim Kontrahieren nach hinten und in den Vorderkörper, wodurch auch die Beine ausgestreckt werden. Eine tote Spinne hat keinen Herzschlag mehr, also sind ihre Beine angezogen. Der Blutkreislauf ist offen, d. h. das Blut fließt im Körper frei um die Organe herum.

Spinnenblut

Spinnenblut (*Hämolymphe*) ist nicht rot. In ihm schwimmt frei ein blaugrüner Blutfarbstoff (*Hämocyan*), der statt Eisen Kupfer enthält und der den Sauerstoff zu den Zellen transportiert. Im Blut befinden sich wie bei uns auch Körperchen, die eine Wunde verschließen, und andere, die Krankheitserreger bekämpfen.

Atmung mit Buchlungen und Tracheen

Insekten besitzen dünne Röhren (*Tracheen*), in denen die Luft in den Körper und wieder hinaus transportiert wird. Spinnen haben **Buchlungen** mit Öffnungen (*Stigmen*) auf der Unterseite des Hinterleibs. In den Buchlungen erfolgt der Gasaustausch. Luft tritt durch jeweils eine kleine Öffnung vorne auf der Unterseite des

Hinterleibs ein und strömt dann an mit Hämolymphe gefüllten Räumen vorbei. Sauerstoff wird durch die dünnen Wände ins Blut aufgenommen. Die sauerstoffreiche Hämolymphe fließt über die Lungenvene zum Herzen und wird beim Zusammenziehen (*Systole*) durch die Arterien im Körper verteilt.

Ursprünglich besaßen alle Spinnen zwei Paar Buchlungen wie heute noch die Gliederspinnen (Mesothelae) mit der Familie Liphistiidae und die Mygalomorphae (z. B. Vogelspinnen und Falltürspinnen).

Die meisten Spinnen (Echte Webspinnen Araneomorphae, z. B. die Kreuzspinne) besitzen nur *ein* Paar Buchlungen, das zweite Paar wurde zu Tracheen. Das **Tracheensystem** ist bei den einzelnen Familien unterschiedlich stark entwickelt. So reichen die Äste bei den Kräuselradnetzspinnen (Familie Uloboridae) vom Hinterleib bis in den Vorderkörper, sogar bis in die Beine. Springspinnen (Familie Salticidae) besitzen ebenfalls ein hochentwickeltes Tracheensystem, das bei hoher Aktivität die Muskeln mit Sauerstoff versorgt.

Ausnahmen sind die ebenfalls zu den Echten Webspinnen gehörenden 12 Arten der Familie Hypochilidae aus China und den USA sowie die Tasmanische Höhlenspinne *Hickmania troglodytes* (Familie Austrochilidae) mit zwei Paar Buchlungen. Diese Spinnen stehen im Körperbau zwischen Vogelspinnenartigen und Echten Webspinnen, denn sie besitzen zudem halb zueinandergedrehte Cheliceren mit Giftdrüsen im Basalglied.

Zitterspinnen (Familie Pholcidae) haben ein Paar Buchlungen, jedoch keine Tracheen.

Sehr kleine Spinnen wie die nur ein Millimeter messenden Zwergradnetzspinnen (Familie Symphytognathidae) und die bis mittelgroßen in Amerika und Südafrika vorkommenden Caponiidae besitzen keine Buchlungen, sondern spezielle Tracheen, *Siebtracheen*, die Caponiidae zusätzlich ein Röhrentracheenpaar.

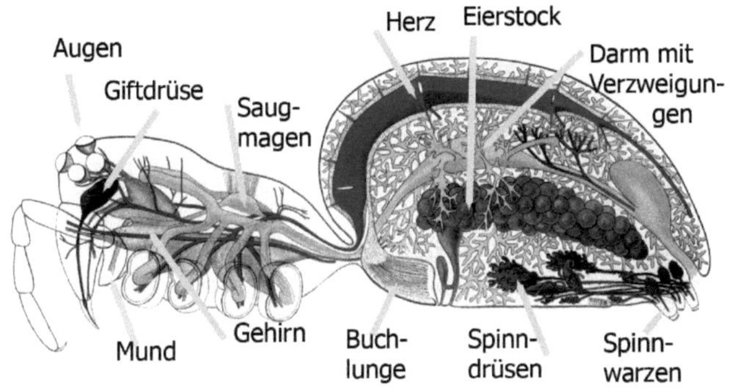

Innenansicht einer weibliche Kreuzspinne. Die Augen gehören zum Nervensystem mit dem großen Gehirn. Die Giftdrüse mündet über einen Kanal in die Giftklauen der Cheliceren. Zum Verdauungssystem gehören die winzige Mundöffnung, ein kräftiger Saugmagen für die Aufnahme der verflüssigten Beutebestandteile und ein Darm mit vielen Verzweigungen zur Speicherung der Nahrung. Die darin enthaltenen Nährstoffe braucht die Spinne nicht nur zum Leben, sondern auch für die Reifung der zahlreichen Eier, die bei der Ablage aus der Geschlechtsöffnung ausgepresst und dabei durch in Spermatheken gespeichertes Sperma befruchtet werden. Mit den Buchlungen atmet sie. Die Spinndrüsen erzeugen verschiedene Sorten von Seide, die aus den Düsen auf den Spinnwarzen abgegeben werden (aus John Henry Comstock: The Spider Book, 1920).

Wechselwarm

Wir Menschen müssen allein schon essen, um unsere Körpertemperatur von 36-37°C aufrechtzuerhalten. So ist es bei allen Säugetieren. Bei Vögeln beträgt die Körpertemperatur sogar 40°C. Säuger und Menschen sind gleichwarm (*homoiotherm*).

Bei Reptilien sieht es anders aus. Sie sonnen sich, um sich aufzuwärmen. Und so ist es auch bei Insekten und Spinnen. Sie alle sind wechselwarm (*poikilotherm*). Der Vorteil liegt auf der Hand. Sie verbrauchen weniger

Energie, denn sie benötigen keine Nahrung, um ihre Körpertemperatur aufrechtzuerhalten. Der Nachteil ist: Bei Kälte sind Spinnen langsam, können weder schnell fliehen noch Beute jagen. In tropischen Ländern spielt die Umgebungstemperatur in dieser Hinsicht keine so große Rolle wie sie es bei uns im Winter tut.

Des weiteren verbrauchen Spinnenarten aufgrund ihrer unterschiedlichen Lebensweise mehr oder weniger Energie. So sind viele Vogelspinnenarten genügsame Bodenbewohner, die sich tagsüber in Höhlen verstecken, wie z. B. Riesenvogelspinnen der Gattung *Lasiodora* und Goliath-Vogelspinnen der Gattung *Theraphosa*. Andere Arten leben unterirdisch und lauern nachts am Höhleneingang auf Beute, wie z. B. die afrikanische *Hysterocrates gigas*. Sie alle verbrauchen nicht viel Energie, können also lange Zeit hungern.

Auf Bäumen lebende flinke Vogelspinnen hingegen laufen nachts auf Beutesuche umher. Sie fressen nur das Beste vom Beutetier, denn sie lassen viele Reste übrig. Beispiele sind *Psalmopoeus*- und *Poecilotheria*-Arten. Um schlank und leicht zu bleiben, geben sie ihren Kot schnell wieder ab, und zwar nach hinten im hohen Bogen vom Baumstamm hinunter. Bei der Haltung in Terrarien bedeutet das zur »Freude« von Vogelspinnenhaltern: voll an die Scheibe.

Fressen und verdauen

Beißen, zerkauen, außen vorverdauen

Biss: Beute packen Spinnen mit ihren *Cheliceren*, das ist das erste Gliedmaßenpaar. Jede Chelicere besteht aus einem Grundglied und einer beweglichen Klaue mit Öffnung des Giftkanals, die bei den Kräuselradnetzspinnen (Familie Uloboridae) fehlt.

Im Unterschied zu den Riesenspinnen in Horrorfilmen, die ein gewaltig großes Maul mit Reihen von scharfen Zähnen darin besitzen, mit dem sie Menschen verschlingen, sieht die Realität ganz anders aus.

Spinnen schlucken ihr Beute weder in einem Stück noch beißen sie Teile ab, wie wir das mit unseren Zähnen beim Essen tun. Sie nehmen die vor dem Mund durch erbrochene Verdauungssekrete aufgelöste Nahrung in flüssiger Form zu sich, saugen sie ein.

Mund: Alle Spinnen besitzen eine winzige *Mundöffnung*, die auf der Unterseite direkt hinter den Cheliceren liegt und durch die nur flüssige Nahrung gelangt. Sie ist vorne von der beweglichen Oberlippe (*Rostrum*), seitlich von den beiden zu *Maxillen* oder *Enditen* umgebildeten Hüften (Coxae) der Kiefertaster (Pedipalpen) und hinten von der Unterlippe (*Labium*) umgeben.

Bei der Mehrzahl der labidognathen Spinnen ist der Vorderrand jeder Maxille gesägt (*Serrula*) und hilft beim Zerkleinern der Beute durch die Cheliceren.

Zahlreiche feine Härchen an den Maxillen verhindern, dass kleine Stücke der Beute aufgenommen werden, sie dienen als erste Filter. Eine zweite, extrem feine Filterung erfolgt beim Vorbeifluss an den querliegenden Rinnen an der Innenseite des Rostrums. Nur 1 µm kleine Teilchen können passieren. Detaillierte Beschreibungen mit Bildmaterial finden Sie in den Büchern von Rainer Foelix. Wie das alles im Detail bei einer Springspinne aussieht, beschreibt David Edwin Hill (2011).

Der Weg der Nahrung durch den Körper: Die verflüssigte Nahrung gelangt durch die winzige Mundöffnung in den Schlund (*Pharynx*), von dort in die Speiseröhre (*Ösophagus*). Eingesogen wird sie vom *Saugmagen* und gelangt hinter ihm in den *Mitteldarm* mit zahlreichen Blindsäcken (*Divertikel*). Im Mitteldarm findet die eigentliche Verdauung statt. Hier wird die Nahrung zersetzt und resorbiert, d. h. durch die Darmwand aufgenommen. Divertikel befinden sich auch im Vorderkörper, reichen bis bei kleinen Spinnenarten sogar bis in die Beine. In ihnen können große Mengen Nährstoffe gespeichert werden, weshalb Spinnen lange Hungerzeiten überstehen - bei Vogelspinnen können das Monate sein. Nicht verwertbare Nahrungsbestandteile gelangen über die große *Kloake* durch den kurzen *Enddarm* in den *After*, wo sie ausgeschieden werden.

Cheliceren und Pedipalpen: Die meisten Spinnen besitzen an den Grundgliedern ihrer *Cheliceren* Zähnchen aus Chitin. Im Zusammenspiel mit den beweglichen Klauen zerkauen sie ihre Beute, geben dabei Verdauungssaft ab und saugen den flüssigen Nahrungsbrei auf. Sie halten und drehen sie dabei mit den Pedipalpen. Die festen Chitinteile bleiben als schwarzer Klumpen zurück. Diesen lassen sie schließlich fallen oder legen ihn außerhalb ihres Schlupfwinkels ab. Vogelspinnenweibchen fressen Beine und Pedipalpen der von ihnen erbeuteten Männchen nicht.

Aussaugen: Zitterspinnen (Familie Pholcidae) und Krabbenspinnen (Familie Thomisidae), zerkauen ihre Beute nicht. Sie besitzen auch keine Zähne an den Chelicerengrundgliedern. Sie beißen mit ihren Klauen ein Loch in das erbeutete Insekt und saugen es aus, was je nach Größe viele Stunden dauern kann.

Kräuselradnetzspinnen (Familie Uloboridae), die kein Gift besitzen, wickeln ihre im waagerechten Netz gefangene Beute je nach Größe einige Minuten bis über eine halbe Stunde mit cribellater Fadenwolle zu einer weißen Kugel ein. Näher untersucht wurde das Beutefang- und Fraßverhalten bei der nur 4-6 mm messenden Federfußspinne *Uloborus plumipes*, die bei uns in Gartencentern an Kakteen zu finden ist und ursprünglich aus den Tropen stammt. Im Freien ist sie in Südeuropa heimisch sowie u. a. in Afrika und Pakistan, auf den Philippinen und wurde nach Argentinien und Japan eingeführt. Sie gibt zunächst klebrige Fäden beim Einspinnen ab, die die im Netz hängende Beute bewegungslos machen. Nach Transport zu ihrem Sitzplatz in der Nabe erfolgt nun ein ausgiebiges Umspinnen, bis eine weiße Kugel entsteht. Dabei werden über 100 Meter Seidenfäden verwendet. Nun speichelt sie das Paket mit großen Mengen Verdauungssekret ein, so dass es schließlich davon ganz durchtränkt ist. Dann saugt sie die aufgelösten Beutebestandteile durch die Seide hindurch ein. Die Beute wird also nicht zerkaut und zerfällt doch unter dem Gespinst in Einzelteile. Je nach Beutegröße dauert das Fressen mehr oder weniger lang: bei einer Fruchtfliege zwei Stunden, bei einer Stubenfliege schon 18 Stunden und einige Tage bei einem großen Käfer.

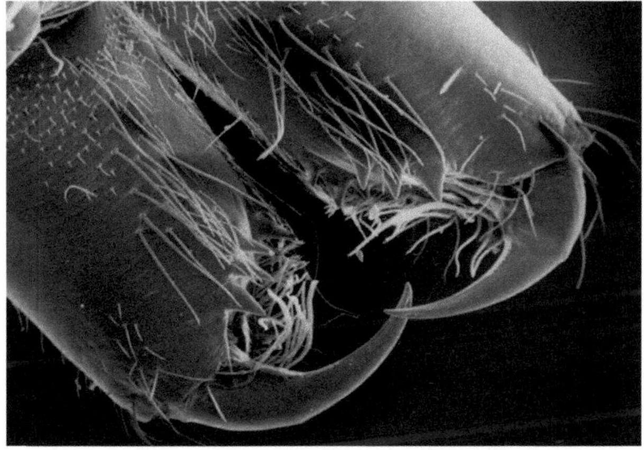

Cheliceren mit ausgeklappten Klauen und Zähnchen an den Grundgliedern (Unterseitenansicht, *Pisaura mirabilis*).

Cheliceren - die Hände der Spinnen: Die Cheliceren sind ein universelles Greifwerkzeug, vergleichbar mit unseren Händen. Alle Spinnen benutzen ihre Cheliceren nicht nur zum Fang, Transport und beim Fraß der Beute sowie zur Verteidigung mit Giftbissen, sie halten mit ihnen auch ihre Beine beim Putzen. Mit ihnen graben Falltürspinnen (Familie Ctenizidae) und höhlenbewohnende Vogelspinnen. Charakteristisch für alle Raubspinnen (Familie Pisauridae) ist, dass die Weibchen ihre Kokons in den Cheliceren mit sich tragen. Wolfspinnen-

und Raubspinnenmütter beißen damit ihre Kokons auf. Männchen und Weibchen der Streckerspinnen (Familie Tetragnathidae) und der Kräuselspinnen (Dictynidae) halten sich damit bei der Paarung fest.

Chelicerenabwandlungen: Bei einigen Spinnenarten sind die Cheliceren vergrößert. Das ist eine Anpassung an spezielle Beutetiere. So benutzt die heimische Sechsaugenspinne *Dysdera erythrina* (Familie Dysderidae) ihre verlängerten Cheliceren zum Fang von Asseln. Bei der weltweit vorkommenden *Dysdera crocata* sind die Cheliceren mehr als halb so lang wie der Vorderkörper.

Die in feuchten Biotopen Australiens lebenden Giraffenhalsspinnen, im Englischen Assassin Spiders genannt (Familie Archaeidae) der Gattung *Austrarchaea* spießen mit ihren gewaltigen Cheliceren ihre Beute, meist Spinnen, regelrecht auf. Dies tun auch die in Afrika und auf Madagaskar lebenden Archaeiden.

Bei den Springspinnen besitzen Männchen vergrößerte Cheliceren (*Sexualdimorphismus*), die beträchtliche Ausmaße annehmen können. So sind diese bei der in Mitteleuropa lebenden Ameisenspringspinne *Myrmarachne formicaria* extrem verlängert und wie bei Vogelspinnen nach vorne gerichtet. Sie glänzen metallisch und werden für Kämpfe mit anderen Männchen (*agonistic behaviour*) und bei der Balz eingesetzt. Streckerspinnen besitzen in beiden Geschlechtern große Cheliceren, mit denen sie sich bei der Paarung ergreifen und festhalten.

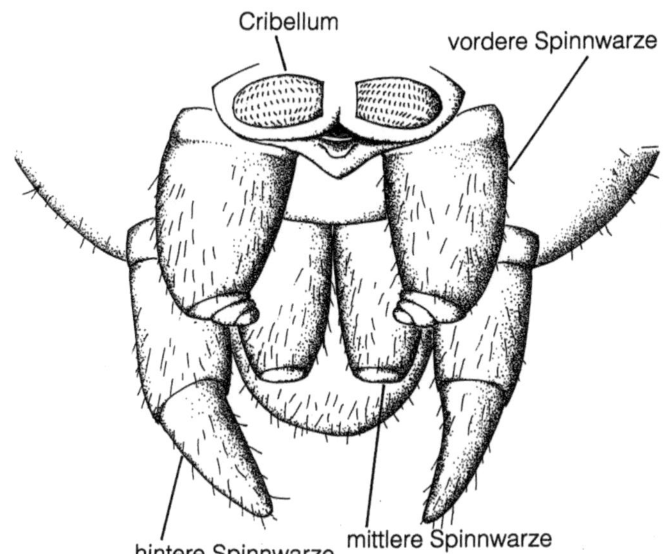

Spinnapparat einer weiblichen Spinne (aus Renner 2018).

Spinnen spinnen

Zwei bis vier Spinnwarzenpaare

Alle Spinnen spinnen mit ihren Spinnwarzen. Diese sind umgewandelte Gliedmaßen ihrer Ahnen. Die ersten Spinnen hatten einen gegliederten Hinterleib. Sie werden deshalb Gliederspinnen (Mesothelae) genannt. Sie besitzen vier Paare, also **acht Spinnwarzen** ziemlich weit vorne auf der Unterseite des Hinterleibs. Ihre Blütezeit ist vorüber, doch leben auch heute noch Gliederspinnen in China, Japan und Thailand (Familie Liphistiidae).

Die Vogelspinnenartigen, also alle Vogelspinnen und ihre Verwandten, besitzen **vier Spinnwarzen**, die am Ende des Hinterleibs liegen. Die hinteren sind sehr lang und beweglich, die vorderen sind kurz.

Alle unsere einheimischen Spinnen sowie überhaupt

die meisten heute lebenden Spinnenarten besitzen **sechs Spinnwarzen** am Ende des Hinterleibs. Wenige Arten haben zusätzlich ein **Spinnfeld** (*Cribellum*) vor den Spinnwarzen, mit dem sie Kräuselfäden erzeugen können, in denen sich die Beute verfängt. Auch Vogelspinnenmännchen besitzen ein Spinnfeld, das allerdings zwischen den vorderen Fächerlungen liegt. Sie verwenden es zur Anfertigung ihrer Spermanetze.

Großes Gehirn und zahlreiche Sinne

Wie Spinnen die Welt wahrnehmen

Kein Mensch weiß, wie Spinnen ihre Welt wahrnehmen, weil Spinnen neben uns ähnlichen Sinnesorganen wie Augen zum Sehen auch ganz andere wie z. B. Sinneshaare besitzen. Zudem ist Spinne nicht gleich Spinne. Wir kennen derzeit mehr als 47 000 Arten, die unterschiedlich aussehen und sich auch verschieden verhalten. Viele Arten sind nachtaktiv, können sich also im Dunkeln gut zurechtfinden.

Ein großes Gehirn

Die zahlreichen Meldungen aller Sinnesorgane werden im Zentralen Nervensystem (*ZNS*) verarbeitet und die Muskeln von Rumpf und Gliedmaßen werden von hier aus gesteuert und koordiniert.

Im Unterschied zum Strickleiternervensystem der Insekten ist das ZNS bei Spinnen stark konzentriert. Es liegt im Vorderkörper und besteht aus *Oberschlundganglion* und *Unterschlundganglion*, die über und unter der Speiseröhre liegen.

Im *Unterschlundganglion* sind die Ganglien der Gliedmaßen verschmolzen. Es folgen die Zentren für die Steuerung der beiden Pedipalpen und der acht Beine aufeinander. Am Ende liegen die beiden für den Hinterleib zuständigen Abdominalganglien, zwischen denen ein breiter Nervenstrang in den Hinterleib führt.

Das *Oberschlundganglion* wird auch »Gehirn« genannt. Hier münden allerdings nur die Nerven der Augen. Auch die Chelicerenganglien liegen hier, die nicht nur die Muskulatur der Cheliceren, sondern auch die des Schlundes (Pharynx) beim Einsaugen der verflüssigten Nahrung sowie die Giftdrüsen steuern.

Im Zentralen Nervensystem ist u. a. gespeichert, wie die Spinne wo am besten Beute fängt und wie sie wieder zu ihrem Schlupfwinkel zurückfindet. Spinnen sind dabei keinesfalls starr in ihrem Verhalten. Sie zeigen eine gewisse Plastizität und lernen. So fertigten unsere Gartenkreuzspinne und Verwandte in der Schwerelosigkeit einer Raumstation in der Erdumlaufbahn nach einer Eingewöhnungsphase perfekte Radnetze, obwohl sie sich auf Erden an der Schwerkraft orientieren.

Bei sehr jungen Spinnen nimmt das Gehirn 50% des Vorderkörpers ein, bei den kleinsten Arten sind es sogar 80%, und es reicht mit Ausläufern bis in die Beine. So ist es bei *Leucauge mariana* (Familie Tetragnathidae).

Sehen

Acht Augen schauen in alle Richtungen

Die meisten Insekten besitzen neben drei Punktaugen (Ocellen) zwei große Komplexaugen aus Facetten. Spinnen haben bis zu acht einfache Augen.

Wir sehen mit unseren beiden vorne liegenden Wirbeltieraugen räumlich, da sich die Gesichtsfelder vorne überschneiden. Doch unser Blickfeld ist eingeschränkt: Um vollständig zur Seite zu sehen, müssen wir unseren Kopf nach rechts oder links drehen. Um weiter nach oben oder unten zu sehen, heben oder senken wir ihn. Nach hinten können wir nicht schauen, ohne uns umzudrehen, denn unseren Kopf können wir nicht wie Eulen um 180° drehen. Spinnen haben damit kein Problem. Denn sie sehen zugleich nach vorne, zur Seite, nach oben und hinten. Und wie schaffen sie das?

Ganz einfach, weil ihre acht Punktaugen vorne auf dem Vorderkörper so verteilt sind, dass sie in unterschiedliche Richtungen schauen. Und doch gibt es Unterschiede, Auge ist nicht gleich Auge. Die vorne in der Mitte liegenden Hauptaugen sehen am schärfsten. Bei Springspinnen sind sie besonders groß und hochentwickelt. Sie benutzen sie z. B. zur Identifizierung und somit Unterscheidung von potentieller Beute und Geschlechtspartner.

Porträt der Springspinne *Phidippus regius* mit ihren familientypisch großen vorderen Mittelaugen und mit kräftig behaarten Beinen und Pedipalpen.

Weniger als acht Augen

Manche Spinnen besitzen nur **sechs Augen**. Hierzu gehören die Sechsaugenspinnen (Familie Dysderidae), die hps. in Australien und Neuseeland vorkommenden Sechsäugigen Bodenspinnen (Familie Orsolobidae), die Fischernetzspinnen (Familie Segestriidae), die Sechsäugigen Sandspinnen (Familie Sicariidae), die Speispinnen (Familie Scytodidae) sowie die Zwergsechsaugenspinnen (Familie Oonopidae).

Andere Spinnen haben nur **vier Augen**, z. B. die Gepanzerten Spinnen (Familie Tetrablemmidae) und die

Angehörigen der Unterfamilie Miagrommopinae (Familie Kräuselradnetzspinnen Uloboridae).

Es gibt auch Spinnenarten, die nur **zwei Augen** besitzen (Gattung *Nops,* Familie Caponiidae).

Manche Höhlenspinnen sind gänzlich **blind**: z. B. die nach der griechischen Unterwelt benannte *Tartarus mullamullangensis* (Familie Stiphidiidae).

Haupt- und Nebenaugen

Doch zurück zu den Spinnen mit acht Augen. Sie sind meist in zwei oder drei Reihen angeordnet. Spinnenfamilien lassen sich oft schon an der Augenstellung unterscheiden. Man unterscheidet vordere Mittelaugen, vordere Seitenaugen, hintere Mittelaugen und hintere Seitenaugen. Die beiden vorne in der Mitte liegenden sind *Hauptaugen*, die anderen sind *Nebenaugen*. Sie unterscheiden sich im Aufbau.

Den sechsäugigen Spinnen, wie den Dysderidae, Scytodidae und Oonopidae, fehlen die Hauptaugen.

Springspinnen (Familie Salticidae) und Krabbenspinnen (Familie Thomisidae) haben in den Hauptaugen sehr viele Sehzellen, können damit also gut sehen. Springspinnen mit ihren großen vorderen Augen und tagaktivem Verhalten sind uns in der Wahrnehmung der Umwelt sehr ähnlich.

Doch auch Wolfspinnen (Familie Lycosidae) sehen mit ihren vier großen hinteren Augen gut. Die Weibchen erkennen ihre arteigenen Männchen an deren Beinbewegungen bei der Balz.

Die meisten anderen Spinnen nehmen mit ihren Augen hauptsächlich Bewegungen wahr. So können sie sich etwa bei einem nahenden Schatten verstecken.

Übrigens war es der deutsche Spinnenforscher Heinrich Homann, der die Augenstruktur und das Sehen von zahlreichen Spinnenarten zwischen 1928 und 1971 vergleichend untersuchte.

Im Dunklen sehen?

Spinnen müssen in stockfinsterer Nacht nicht unbedingt ihre Augen benutzen, um ihre Umwelt wahrzunehmen. Von Bewegungen erzeugte Luftschwingungen nehmen sie mit ihren Becherhaaren (*Trichobothrien*) (s. u.) wahr. Doch auch ihre oben liegenden hinteren Augen sind sehr lichtempfindlich. Ein Extrem sind die nach vorn schauenden gigantisch vergrößerten hinteren Mittelaugen der Käscherspinnen (Familie Deinopidae), die lichtstärksten unter den Spinnen, die 2000 mal so lichtempfindlich wie die der Springspinnen sind.

Polarisiertes Licht zur Orientierung nutzen

Laufspinnen können mit ihren Hauptaugen polarisiertes Licht wahrnehmen. Bei unbedecktem Himmel sehen sie Unterschiede im Sonnenlicht und können sich daran orientieren, z. B. von einem Jagdausflug wieder nach Hause zurückfinden. Ist es bewölkt, richten sie sich nach der Umgebung, die sie sich gemerkt haben.

Farben sehen?

Springspinnenmännchen sind oft bunt und stellen ihre Farben bei der Balz zur Schau. Also sollten die Weibchen diese auch wahrnehmen können. Und so ist es auch. Sie können mit ihren Hauptaugen Farben sehen, sogar im ultravioletten Bereich. Dafür sehen sie schlecht im roten Licht, in dem wir noch gut sehen.

Hören, Schmecken, Tasten

Trichobothrien - Becherhaare

Halten Sie eine Vogelspinne zuhause, wissen Sie, dass sie mit erhobenen Vorderbeinen verharrt, wenn sich ein Heimchen nicht bewegt. Bei der kleinsten Bewegung schlägt die Spinne - auch im Dunkeln - zu. Viel wichtiger als die Augen sind bei den meisten Spinnen ihre Sinneshaare überall am Körper und besonders an den Beinen. Da sich die Beine auf beiden Körperseiten befinden, können Spinnen wahrnehmen, woher etwa eine Grille angelaufen oder eine Fliege angeflogen kommt. Als Sinnesorgane dienen ihnen dabei spezielle senkrecht stehende Haare. Sie heißen *Becherhaare* (*Trichobothrien*), weil sie aus einer becherartigen Vertiefung herausragen. Dort sitzen Sinneszellen, die unterschiedlich gereizt werden, je nachdem in welche Richtung sich das Haar verbiegt. Spinnen können mit diesen Haaren feinste Luftschwingungen wahrnehmen. Sie hören mit Haaren.

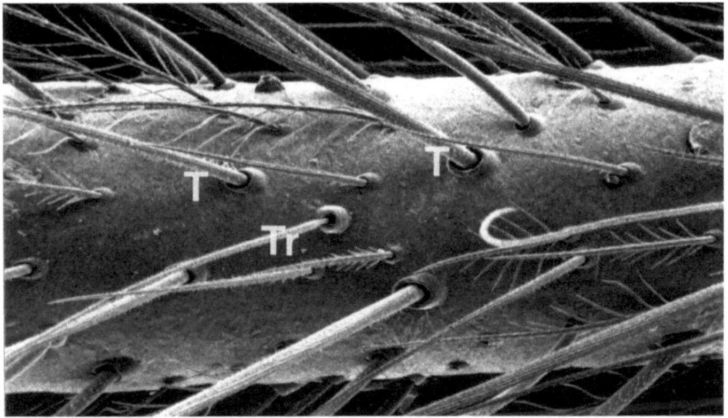

Spinnenbein mit Sinneshaaren der Hauswinkelspinne *Eratigena atrica* (T: Tasthaar, Tr: Trichobothrium, Ausschnitt Tarsus, 1. Laufbein) (Foto aus Renner 2018).

Untergrundvibrationen wahrnehmen

Überall im Außenskelett von Spinnen gibt es Spalten mit Sinneszellen im Innern. Sie heißen daher *Spaltsinnesorgane*. Doch nur auf den Beinen befinden sich ganze Gruppen von ihnen. Weil sie in der Gestalt dem alten Saiteninstrument Lyra ähneln, werden sie *Lyriforme Organe* genannt. Mit ihnen können Spinnen Boden- und Netzschwingungen wahrnehmen.

Schmecken und Tasten mit Haaren

Spinnen besitzen an den Beinen besondere Haare, mit denen sie chemische Reize und Berührungen wahrnehmen können. Es sind Geschmackstasthaare. Wissenschaftlich heißen sie *chemotaktile Haare*. Es gibt sie natürlich auch um den Mund herum und an den Cheliceren. Diese Haare sind auch neben den Spinnspulen auf den Spinnwarzen zu finden. Spinnen schmecken und tasten also den Untergrund ab, während sie spinnen.

Sinnesgruben an den Füßen

Damit Spinnen nicht vertrocknen, nicht ertrinken oder verschimmeln, suchen sie den am besten für sie geeigneten Lebensraum auf. Sie können ihn sich aber auch selbst schaffen, indem sie sich z. B. eine kühle Höhle unter der Erde in der Wüste graben und darin den Tag verbringen, während die Sonne vom Himmel herunterbrennt.

Und womit stellen Spinnen fest, wie warm und wie feucht es ist? Besitzen sie Thermometer und Hygrometer, wie wir sie uns erdachten und bauten?

Ja und nein. Sie haben winzige Gruben auf der Oberseite ihrer Füße, den Tarsen, die daher *Tarsalorgane* heißen, mit denen sie Temperatur und Feuchtigkeit der einströmenden Luft messen.

Womit Spinnen riechen

In der folgenden Tabelle sind Sinne und Sinnesorgane der Spinnen zusammengefasst. Beim Riechen steht ein Fragezeichen. Wir wissen, dass sie es können, denn Spinnenweibchen locken mit Duftstoffen ihre arteigenen Männchen an. Diese *Pheromone* werden z. B. von unseren in ihren Netzen sitzenden Kreuzspinnen in die Luft abgegeben. Doch was dient den Spinnen als »Nase«?

Laufspinnenweibchen fügen ebenfalls Duftstoffe ihrem Sicherungsfaden zu. Diese werden *Kontaktsex-*

pheromone genannt. Sie werden von den Männchen beim Laufen mit ihren chemotaktilen Haaren ertastet. So können diese sich vorsichtig nähern und mit der Balz beginnen. Das ist wichtig, um nicht mit Beute verwechselt zu werden.

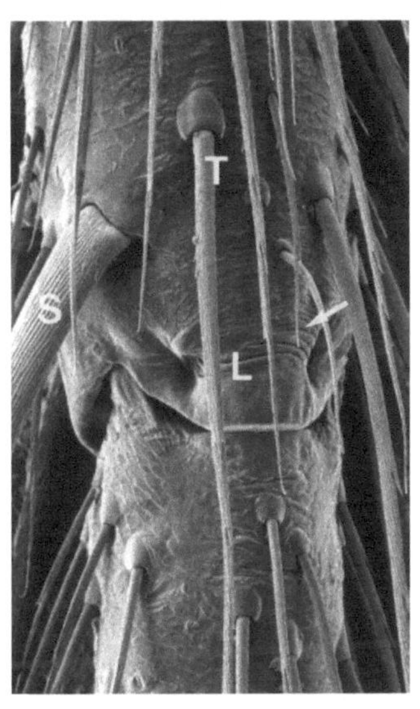

Lyraförmiges Organ (L) am Gelenk zwischen Metatarsus (oben) und Tarsus (unten) der Gartenkreuzspinne *Araneus diadematus* (S: Stachel, T: Tasthaar) (Foto aus Renner 2018)..

Mehr Informationen zu Sinnen von Spinnen und dem zentralen Nervensystem erfahren Sie im Buch von Rainer Foelix (2011). Am besten untersucht wurden die Sinne der Kammspinne *Cupiennius salei* von Friedrich Barth und seiner Arbeitsgruppe (2001).

Sinne und Sinnesorgane von Spinnen

Was?	Womit?
Sehen	Punktaugen (Haupt-, Nebenaugen)
Hören	Becherhaare, Spaltsinnesorgane
Riechen	?(unbekannte Geruchsorgane)
Schmecken	Geschmackstasthaare
Tasten	Geschmackstasthaare
Wärme	Tarsalorgane
Feuchtigkeit	Tarsalorgane

Spinnenseide

Spinnen spinnen: Sie produzieren Seidenfäden und verweben sie. Deshalb nennen wir diese Achtbeiner nach der menschlichen Tätigkeit »Spinnen«. Evolutionär gesehen ist es genau andersherum. Uns Menschen als Art *Homo sapiens* gibt es seit ca. 200 000 Jahren, unsere Gattung *Homo* seit 2,8 Millionen Jahren, Spinnen seit über 300 Millionen Jahren. Der älteste bekannte Klebfaden ist 130 Millionen Jahre alt.

Was ist Spinnenseide?

Die Spinnenseide der Webspinnen besteht aus Eiweißstoffen, die wasserunlöslich sind *(Skleroproteine)*. Wäre das nicht so, dann würde der erste Regenschauer ein Fangnetz auflösen, und auch zugesponnene Verstecke und Röhren böten bei Überschwemmungen ihren Erbauerinnen keinen Schutz. Spinnenseide ist zudem ein idealer Werkstoff: Sie ist leicht, fest und elastisch zugleich und kann voll recycled werden. So ist sie bezogen auf ihr Gewicht bis zu fünfmal belastbarer als Stahl, und Radnetzfäden können sich beim Aufprall eines Insekts bis zur dreifachen Länge dehnen, ohne zu zerreißen.

Einmalgebrauch und Wiederverwendung

Die meisten Spinnen verwenden ihre Seide nur einmal, d. h. sie geben sie ab und lassen sie einfach hinter sich zurück *(Sicherungsfaden)* oder verbauen sie in ihrem Netz, das sie immer wieder reparieren und ausbauen oder aber verlassen, um ein neues zu errichten.

Radnetzspinnen, wie unsere Gartenkreuzspinne, fressen hingegen ihr altes Netz auf und stellen aus den zurückgewonnenen Proteinen ein neues Netz her. Die Seide wird von ihnen also recycelt.

Dicht weiß umsponnene Brautgeschenke werden von jungen, gut genährten *Pisaura mirabilis*-Männchen erzeugt. Die Seide geht mitsamt der von ihnen gefangenen Beute bei der Paarung meist an die Weibchen. Diese fressen während der Kopulation daran, wobei sich die weiß umsponnene Oberfläche zunächst dunkel färbt, das Gespinst jedoch bestehen bleibt. Erobert *er* das Geschenk, erhält er die Seide zurück, bleibt die Beute eingepackt, wird es für eine neue Paarung verwendet und dient auch ihm als Nahrung oder aber wird verworfen, d. h. von ihm fallengelassen. Frisst *sie* das Brautgeschenk auf, so löst sie auch die Seide auf: *Sie* recycelt das, was *er* ihr brachte.

Spinnfadenerzeugung

Ursprünglich gab es vier Paare *Spinnwarzen*. Vogelspinnenartige besitzen meist zwei Paare, fast alle anderen Spinnen drei Paare am Hinterleibsende. Cribellate Spinnen besitzen zusätzlich Spinnfelder zur Herstellung ihrer Fadenwolle.

Spinndüsen sind feinste Öffnungen auf den Spinnwarzen. In ihnen ist die Seide noch flüssig. Beim Herauspressen wird ihr Wasser entzogen. Und so zieht die Spinne mit ihren Hinterbeinen oder nach Anheften am Untergrund durch ihre Bewegung einen festen Faden aus ihnen heraus.

Die *Spinndrüsen* (*Glandulae*) liegen im Hinterleib und münden über Ausführgänge in die Spinndüsen. Es gibt mehrere Typen für unterschiedliche Seidensorten. Kreuzspinnen haben sechs verschiedene, Kugelspinnen sogar acht, die ursprünglichen Gliederspinnen nur drei Drüsenarten. In der folgenden Tabelle sind die Drüsenarten von weiblichen und männlichen Kreuzspinnen mit ihren typischen Anwendungen in alphabetischer Reihenfolge aufgelistet.

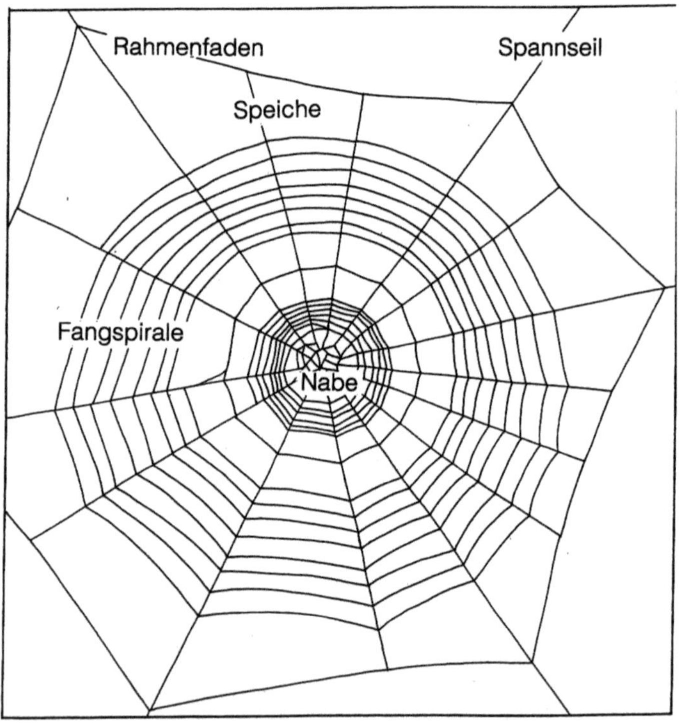

Radnetz einer Kreuzspinne (schematisiert, aus Renner 2018).

Fäden für dies und das

Spinnfäden unterscheiden sich nicht nur in der Herkunft aus verschiedenen Drüsen, also im Material, sondern sind zudem aus für unser Auge nicht sichtbaren dünnen Einzelfäden zusammengesetzt, was ihre Belastbarkeit um ein Vielfaches erhöht. Sie werden für unterschiedliche Zwecke eingesetzt.

Das *Radnetz* der Gartenkreuzspinne soll Beute fangen. Deshalb sind die Fäden der *Fangspirale* klebrig. Andere Spinnen verwenden keinen Klebstoff, sondern stellen Radnetze mit *Kräuselfäden* her, in denen sich Beutetiere mit den Beinen verheddern (Kräuselradnetzspinnen, Familie Uloboridae). Das ist eine Anpassung an das Leben in trockenen Gebieten, wo Klebstoff schnell austrocknet. Kräuselradnetzspinnen besitzen übrigens gar kein Gift mehr. Sie umspinnen ihre Opfer mit Beutefesselfäden zu dichten Seidenpaketen. Das tun aber auch giftige Spinnen, wie Zitterspinnen, die mit ihren langen Hinterbeinen Seide aus den Spinnwarzen ziehen und damit ihre Beute aus sicherer Distanz einwickeln. Die Seide dient in diesen Fällen dazu, die Beutetiere an der Flucht zu hindern und sie wehrlos zu machen, sie zu immobilisieren. Diese Art des Umspinnens heißt im Englischen *Immobilization Wrapping*.

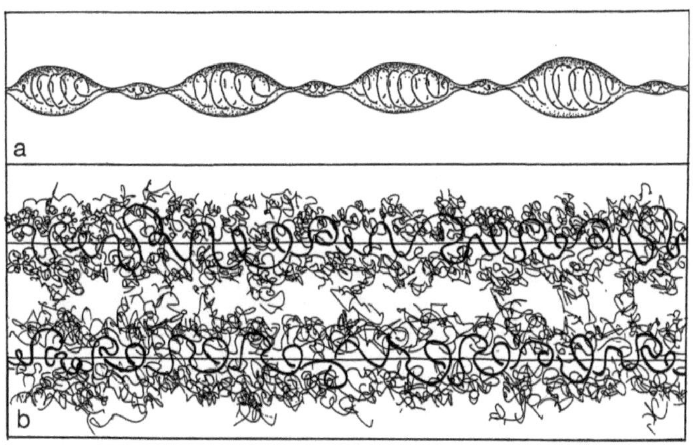

Fangfäden: a Klebefaden, b Kräuselfäden (aus Renner 2018).

Männchen der Brautgeschenkspinnen (Familie Pisauridae) und der Trechaleiden umspinnen ebenfalls ihre Beute, allerdings nachdem sie diese mit den Cheliceren ergriffen und durch ihr Gift getötet haben. Durch eifriges Umspinnen produzieren sie so weiße Gespinstpakete zum Anbieten bei der Balz vor ihren Weibchen. Auch Vogelspinnen überspinnen ihre mit den kräftigen Cheliceren gepackte Beute. Da die Beutetiere bei Umspinnbeginn meist tot, zumindest unbeweglich sind, spricht man hier von *Post-immobilization Wrapping*.

Spinnen produzieren einen *Weg- oder Sicherungsfaden*, den sie ab und zu an den Untergrund mit Klebesekret anheften. Dabei entstehen scheibenförmige Anheftungspunkte (*discs*). Lässt sich eine in der Krautschicht lebende Spinne beim Auftauchen eines Feindes oder beim Sprung nach der Beute fallen, so kann sie später an ihrem Faden zu ihrem alten Platz zurückklettern.

An aus dem hochgestreckten Hinterleib ausgeschiedenen *Flugfäden* verbreiten sich Jungspinnen schwebend im Herbst, dem Altweibersommer, und lassen sich Zwergspinnenmännchen auf der Weibchensuche davontreiben.

Zum *Häuten* hängen sich Bewohner der Krautschicht am Faden auf. Auf dem Boden lebende Vogelspinnen überspinnen den Boden mit einem *Häutungsteppich* aus Seide und auch Brennhaaren.

Spinnenmännchen müssen ein *Spermanetz* spinnen, um Sperma aus der Genitalöffnung am Hinterleib in ihre Bulben an den Pedipalpen aufzunehmen. Vogelspinnenmännchen besitzen hierzu ein besonderes Spinnfeld im Genitalbereich zwischen den durchscheinenden vorderen Lungen. An diesem kann man schon vor der Adulthäutung Männchen von Weibchen unterscheiden.

Alle Spinnenweibchen wickeln ihre Eier sorgfältig mit spezieller Seide ein. Das Endprodukt sind die *Kokons*.

Zudem bauen sich die meisten Spinnen ein gemütliches Heim: einen *Schlupfwinkel* aus Seide. Die tagaktiven sich optisch orientierenden Springspinnen verbringen darin die Nacht, nachtaktive Radnetzspinnen sowie Vertreter vieler anderer Spinnenfamilien, wie z. B. den Tag. Doch auch Höhlenbewohner tapezieren ihre Wohnungen mit Seide aus.

Spinnen spinnen eben hier und da und überall, wofür sie eine Vielzahl von Fadensorten verwenden. Übrigens setzt sich ein für uns mit bloßem Auge sichtbarer Seidenfaden aus dünnen Einzelfäden zusammen.

Radnetze nicht nur bei den Araneidae

Nicht nur Araneidae weben Radnetze mit Klebfäden, sondern auch die Vertreter anderer Familien wie Streckerspinnen (Tetragnathidae) und Zwergradnetzspinnen (Symphytognathidae) sowie Ray Spiders (Theridiosomatidae).

Auch die cribellaten Kräuselradnetzspinnen (Familie Uloboridae) stellen Radnetze her.

Die beiden Radnetzversionen wurden unabhängig voneinander erfunden, ausgehend von jeweils auf dem Boden lebenden Ahnen, die in alle Richtungen um den Eingang zu ihrer Erdröhre Alarmfäden zogen.

Fangnetze ohne Klebstoff

Die Radnetze der Kräuselradnetzspinnen (Familie Uloboridae) besitzen keine Klebfäden, wie wir bereits hörten. Doch auch bei Trichternetzspinnen (Familie Agelenidae) klebt die Beute nicht auf der horizontalen Netzdecke fest, kann sich aber wegen der großen Auflagefläche auf der Seide nur mühselig vorwärtsbewegen. Hier rast die Spinne quasi auf Zehenspitzen aus ihrem Versteck, beißt zu und zerrt ihr Opfer in ihren Schlupfwinkel. Ebenso ohne Klebstoff funktionieren die Netze der unter ihrer horizontalen Netzdecke lauernden Baldachinspinnen (Familie Linyphiidae).

Fangnetze mit Klebstoff

Klebfäden benutzen nicht nur Radnetzspinnen (Familie Araneidae) wie unsere Gartenkreuzspinne, sondern auch Kugelspinnen (Familie Theridiidae).

Beim Radnetz ist es die *Fangspirale*, die die Beute festkleben lässt. Übrigens sind diese Netze aktiv: Sie bewegen sich ein winziges Stück auf vorbeifliegende Insekten zu.

Kugelspinnen spinnen klebrige Fäden senkrecht nach unten und ziehen die daran hängenden Beutetiere zu sich hoch.

Radnetzausschnitt mit winziger Beute.

Warum Spinnen nicht an ihren Netzen kleben

Versteht sich, dass eine Kreuzspinne als Netzinhaberin sich davor hütet, auf ihre eigene Klebspirale zu treten. Sie hat ihr Fangnetz gebaut, sie kennt sich aus. So steht es in allen Biologiebüchern im Kapitel über die Gartenkreuzspinne. Doch zusätzlich besitzen viele Spinnenarten einen Ölfilm an den Beinen, der ein Festkleben verhindert. Bereits 1905 stellte das der Franzose Jean-Henri Fabre fest. Derzeit werden unterschiedliche Arten daraufhin untersucht. Vorhanden ist der Ölfilm bei Radnetzspinnen, Kugelspinnen, aber auch bei Baldachinspinnen- und Zitterspinnen. Die jagenden Wolfspinnen hingegen haben ihn nicht. Der Film wird vermutlich beim Durchziehen der Beine durch die Cheliceren und dem Einspeicheln von der Labialdrüse während des Putzens aufgebracht.

Bakterien und Chemikalien auf Spinnenseide

Spinnenseide verhindert das Wachstum von Schimmelpilzen. Das geschieht indirekt durch aus dem Darm stammende eigene Bakterien, die verhindern, dass andere Bakterien und Schimmelpilze wachsen können, worauf erste Experimente von Johannes Kramer an einer Vogelspinne (*Grammostola aureostriata*) hindeuten. Und das würde erklären, warum bodenbewohnende Vogelspinnen ihre Beutereste und auch den Untergrund überspinnen.

Die Aufhängefäden der großen Radnetze erwachsener weiblicher Seidenspinnen (Familie Araneidae) der Art *Nephila antipodiana* enthalten Chemikalien, die Ameisen gar nicht mögen und sie vom Betreten der Netze abhalten.

Pheromone auf weiblichen Netzen locken Männchen an, und die *Kontaktsexpheromone* auf Brautgeschenken erregen die Weibchen.

Ökologie

Lebensräume

Überall Spinnen!?

Spinnen findet man an vielen Orten unserer Erde: in und an Häusern, auf der Wiese, in Feldern, im Wald, in Savannen und Wüsten, im Gebirge, am Ufer von Teichen und - unter Wasser. Im Meer leben keine Spinnen. Dort werden sie von den durch Kiemen atmenden Krebsen vertreten. Und doch gehören Spinnen zu den ersten Besiedlern von neu entstandenen Vulkaninseln, denn Zwergspinnen und die Jungen größerer Arten können am Seidenfaden mit dem Wind emporschweben und dort sehr weite Entfernungen zurücklegen (*Fadenflug*).

Wiesen und Felder

Wie allgemein bekannt, gibt es wild gewachsene Wiesen, die nicht landwirtschaftlich genutzt werden (*»Brachland«*). Feuchte Wiesen gehen in Moore über. Es ist nicht verwunderlich, dass dort die meisten Spinnen leben, wo sie das ganze Jahr ungestört sind, das sind zehn Spinnen auf dem Quadratmeter Fläche im Pflanzenbereich. Darunter sind Trichternetzspinnen, Radnetzspinnen, Brautgeschenkspinnen, Springspinnen und viele andere.

Durch das Mähen von Wiesen und Getreidefeldern werden ihre Lebensräume und Eikokons zerstört, sodass an und zwischen den Gräsern nur wenige Arten in geringer Zahl existieren. Und doch findet man auf dem Boden erstaunlich viele Zwerg- und Wolfspinnen.

Sträucher und Wälder

Im dunklen Forst, der Monokultur aus Nadelbäumen, sind wenige Spinnen an den Stämmen zu entdecken. Natürlich leben dort trotzdem winzig kleine Arten in der Nadelschicht am Boden, andere oben auf den Bäumen.

Im lichten Laub- oder Mischwald gibt es schon mehr Spinnen. Auf dem abgefallenen Laub sieht man im Herbst Wolfspinnen herumlaufen.

An Sträuchern, wie dem Ginster, fallen nach Regen oder Tau am Morgen zahlreiche Netze von Baldachinspinnen, Trichternetzspinnen und Kugelspinnen auf.

Teiche und Seen

Auf der Wasseroberfläche und am Uferrand fangen speziell an diesen Lebensraum angepasste Wolfspinnenarten der Gattung *Pirata* (Familie Lycosidae) und Gerandete Jagdspinnen der Gattung *Dolomedes* (Familie Pisauridae) Insektenbeute. Beide können auch auf dem Wasser laufen und bei Gefahr untertauchen, wobei sie eine an den Haaren haftende *Luftblase* am Hinterleib mitnehmen, die ihnen zum Atmen dient.

Oben im Schilf spannen Schilfradnetzspinnen (*Larinioides cornutus*) und Streckerspinnen der Gattung *Tetragnatha* ihre Radnetze auf, in denen sich Fluginsekten, wie Stechmücken und Libellen, verfangen.

Unter Wasser lebt nur eine einzige Spinnenart, die Wasserspinne *Argyroneta aquatica*. Wie alle Spinnen besitzt sie keine Kiemen, muss also zum Atmen unter Wasser Luft von der Oberfläche in ihre selbst gesponnene *Taucherglocke* holen.

Meerufer

Meeresstrände aus Sand oder Geröll haben sich nur wenige Spinnenarten als Lebensraum ausgesucht. Sie gehören verschiedenen Familien.

In Dünen an der Meeresküste, aber auch auf sandigen Flächen im Binnenland lebt bei uns *Arctosa perita*, eine Wolfspinne (Familie Lycosidae) in einer mit Gespinst ausgekleideten und am Eingang zugesponnenen 30 cm tiefen Röhre, in der sie überwintert und in die sie sich bei Störungen zurückzieht.

Am Ufer felsiger Meeresküsten in Südaustralien, Tasmanien und Neu Seeland leben in der Spritzzone (Supralitoral, Epilitoral, Supratidal) die nachtaktiven Seashore spiders *Amaurobioides litorales*, *Amaurobioides isolata* und *Amaurobioides maritima* (Familie Anyphaenidae), auch Ghost spiders und Phantom spiders genannt.

Die 14 in und auf den Inseln östlich von Australien sowie in Afrika, aber auch in Indien, Japan und Malaysia lebenden Arten der Gattung *Desis* aus der Familie Desidae, mit englischem Namen Intertidal spiders, leben im Litoral (Mesolitoral, Intertidal), dem Bereich an der Küste zwischen dem höchsten und tiefsten mittleren Wasserstand, der regelmäßig überflutet wird. Ein Beispiel ist die in Malaysia und Australien lebende *Desis martensi*. Ihre Schlupfwinkel sind leere Gehäuse von Seepocken, die sie mit Seide verschließen. So können sie bei Flut in einer Luftblase überleben. Nachts kommen sie heraus und gehen auf Beutefang.

Vor kurzem noch zu den Desidae gezählt, nun zu den Dictynidae gestellt lebt *Paratheuma insulana* in Korallenschutt an Stränden der Florida Keys und in Austerbänken entlang der Golfküste von Nordflorida, kommt aber auch in der Karibik vor und ist inzwischen auch in Japan zu finden. *Paratheuma interaesta* aus Sonora in Mexiko lebt entlang der felsigen Ufer wie die *Desis*-Arten in Seepockengehäusen.

Die 295 Arten der Brush-footed trapdoor spiders (Familie Barychelidae, die zu den Vogelspinnenartigen (Mygalomorphae) zählt, bewohnen eine Erdröhre, die sie mit einer oder zwei Falltüren verschließen. Die beiden 10 mm großen australischen Arten der Gattung *Idioctis yerlata* und *Idioctis xmas* leben an felsigen Stränden unterhalb der Flutgrenze in 5 cm tiefen Röhren. Die Flut verbringen sie in ihrer wasserdichten Behausung hinter ihrem dünnen Seidendeckel.

Höhlen

In Höhlen, Bergwerken, Holzschuppen, Scheunen und unter überhängenden Felsen, aber auch zwischen Büschen und Bäumen, spannt die amerikanische Barn spider *Araneus cavaticus* ihr Radnetz aus.

Im Eingangsbereich von Kalkhöhlen in Australien lauern dicht über dem Boden in ihren Netze Spinnen mit langen Klauen an den Vorderbeinen, genannt Long-claw spiders (Familie Gradungulidae) wie z. B. *Progradungula carrainensis* auf Beute (s. Kapitel *Beutefang*).

Im Innern von Höhlen sind die 277 Arten der Höhlenspinnen (Familie Nesticidae) heimisch, die jedoch auch in unseren Kellern vorkommen. Sie spinnen wie die Kugelspinnen ein horizontales Netz mit Klebfäden zum Boden hin. In Europa und der Türkei lebt *Nesticus cellulanus*, die auch nach Nordamerika eingeführt wurde. In Australien wurde *Nesticella chillagoensis* in der Royal Arch Cave in Queensland gefunden.

Die in Europa, der Türkei und im Iran vorkommende Höhlenkreuzspinne *Meta menardi*, Spinne des Jahres 2012, baut nicht nur in Höhlen, sondern auch in anderen feuchten Räumen wie Brunnen und Keller ihr kleines radienarmes Radnetz. Sie ist jedoch keine Kreuzspinnenverwandte, sondern gehört zur Familie der Streckerspinnen (Tetragnathidae).

Von der Familie Australochilidae sind lediglich zehn Arten bekannt, von denen fast alle in Chile vorkommen. Lediglich *Hickmania troglodytes* lebt in Tasmanien in Höhlen, aber auch in Steinhohlräumen, Erdlöchern und zwischen verwelkten Farnwedeln, wo sie mit Kräuselfäden versehene Netzdecken spinnt.

Auch die von Peter Jäger in Laos entdeckte Riesenkrabbenspinne *Heteropoda maxima* (Familie Sparassidae), deren Männchen äußerst lange Beine besitzen (s. Kapitel *Spinnenrekorde*), ist ein Höhlenbewohner.

Vom Einwandern und Aussterben

Artenwandel

Überall auf der Erde sind im Laufe der Evolution über Jahrmillionen nicht nur neue Arten entstanden und - ausgestorben, sondern hat sich auch die Artenzusammensetzung in den verschiedenen Lebensräumen ständig durch Zuwanderung und Auswanderung verändert.

So reisten und reisen noch heute Spinnen an dreieckigen aus Seide bestehenden »Fallschirmen« (Ballonseide) durch die Luft und besiedeln so neue Lebensräume in der Nähe oder aber weit entfernte, z. B. vulkanische Inseln. Küstenbewohner reisen auf Treibgut und können als *Floßspinnen* (Raft spiders) bezeichnet werden. Ein Beispiel für die Reise auf dem Wasser sind die Seashore spiders, die Meeresuferbewohnter der Gattung *Amaurobioides* (Familie Anyphaenidae), die heute auf der südlichen Hemisphäre, in Australien, Tasmanien und Neuseeland sowie in Südafrika und Südamerika vorkommen. Aufgrund genetischer Merkmale (DNA-Vergleich) wird angenommen, dass die Ursprungspopulation in Südafrika lag und sich im *Pliozän* (jüngste Periode des Tertiärs mit weltweit konstantem warmem Klima, vor 5,3 bis 2,5 Millionen Jahren) ostwärts ausbreitete und so Australien, dann Neuseeland, anschließend Südamerika erreichte.

Damals wie heute verändert sich die Artenzusammensetzung in Lebensräumen auf allen Kontinenten durch Klimaänderungen. Bei der heutigen *Klimaerwärmung* können sich Einwanderer aus dem Süden und den warmen Tropen bei uns fortpflanzen, wenn sie es denn schaffen, den nicht mehr so kalten oder so langen Winter zu überstehen. Bekannte Beispiele sind die Wespenspinne (*Argiope bruennichi*) und der Ammen-Dornfinger (*Cheiracanthium punctorium*), die in der freien Natur auf Wiesen leben.

Synanthropie - Ein Leben mit dem Menschen

Mitteleuropa: Mit dem weltweiten Handel gelangen für unser Gebiet neue Arten zu uns. Können sie stabile Populationen über mehrere Jahre bei uns aufbauen, so werden sie zu unserer Fauna gerechnet.

Viele Arten aus den Subtropen und Tropen siedeln sich in Mitteleuropa im menschlichen Siedlungsraum an, sie sind *synanthrop*. Hierbei können vier Kategorien von Gebäuden unterschieden werden: Gewächshäuser und Gartencenter, Lagerhäuser, Warmhäuser in Zoos und botanischen Gärten sowie touristische Knotenpunkte wie Bahnstationen, Autobahnraststätten und Flughäfen. Spinnen können hierhin nicht nur mit dem Frachtgut, sondern auch im Gepäck eingeschleppt und verbreitet werden.

Ein aktuelles Beispiel für im menschlichen Siedlungsbereich lebende Arten ist die aus dem Mittelmeerraum und Nordafrika stammende Zitterspinne *Holocnemus pluchei* (Familie Pholcidae), die in den letzten Jahren vermehrt in ihren Gespinsten an Fenstern, unter der Decke und in Getränkekisten in berliner Getränkemärkten gefunden wurde. Möglicherweise wurde sie mit Weinlieferungen bzw. Zierpflanzen in die Märkte eingeschleppt. Doch auch in Parkhäusern im Südwesten Deutschlands kommt sie vor, so in Mannheim und Mainz, zudem in Polen, Österreich, in der Schweiz, Belgien und den Niederlanden.

Ein weiterer Einwanderer ist die Zitterspinne *Crossopriza lyoni*, die jüngst in der Wilhelma sowie in einem Reptilienzubehörladen in Stuttgart aufgefunden wurde, wohin sie vermutlich mit Futtertieren eines Züchters gelangte. Diese Spinnenart überlebt lange Schiffstransporte in Containern und fühlt sich hierzulande in beheizten Räumen wohl, wo sie trotz Reinigungsaktionen wegen ihrer kurzen Entwicklungszeit von nur 80 Tagen bei optimaler Ernährung mit Fliegen, Grillen und Motten ihren Bestand aufrechterhält. Sie ist ein Kosmopolit, kommt also auf jedem Kontinent außer der Antarktis vor. Ihr Ursprung liegt jedoch im östlichen Afrika nördlich des Äquators, evtl. auch im Gebiet, das sich vom mittleren Osten bis nach Nordwestindien erstreckt.

Derzeit breiten sich mehrere Arten der Gattung *Steatoda* (Familie Theridiidae), besser bekannt als *Falsche Witwen*, in Europa aus und könnten einheimische verwandte Arten verdrängen. Einige diese Arten sind inzwischen weltweit zu finden (s. u.). Ihre Bisse sind für Menschen nicht ungefährlich. Dies und ihre Herkunft wird derzeit untersucht. Auch in die andere Richtung funktioniert es. So hat unsere heimische Fettspinne *Steatoda bipunctata*, Spinne des Jahres 2018, ihr Siedlungsgebiet auf Südamerika ausgedehnt.

Auswanderer aus Europa: Es ist klar, dass Spinnen nicht nur *nach* Deutschland bzw. Mitteleuropa einwandern, sondern auch unsere Heimat verlassen.

So ist die in Europa heimische Höhlenspinne *Nesticus cellulanus* inzwischen auch in Nordamerika heimisch geworden.

Von Europa nach Australien und Neuseeland schaffte es auch die Hauswinkelspinne *Tegenaria domestica* (Familie Agelenidae) und nicht nur dorthin, sondern auch nach Japan und China sowie Amerika.

Auch die in Europa und Nordafrika in Wohnungen lebende *Oecobius navus* (Familie Oecobiidae) wurde nach China, Neuland, Kanada, Südamerika und in die USA verschleppt.

Und die den meisten Spinnenforschern unbekannte Art *Cithaeron praedonius,* ein mit dem Menschen zusammenlebender Spinnenjäger aus der Familie der Cithaeronidae, ist nun weltweit verbreitet, kommt also auf allen Kontinenten mit Ausnahme der Antarktis vor. Daher trägt die Familie den Namen Cosmopolitan spider hunters. Beheimatet ist diese Spinne ursprünglich in Griechenland, Nordafrika und vom Nahen Osten bis Indien und Malaysia, wurde jedoch nach Brasilien, Kuba und Australien eingeführt.

Auswanderer und Einwanderer in anderen Kontinenten: Die australische *Lampona cylindrata* (Familie Lamponidae) lebt inzwischen nicht nur auf Tasmanien, sondern auch in Neuseeland.

Die sehr anpassungsfähige Redback spider (*Latrodectus hasselti)* (Familie Theridiidae), eine der giftigen Witwen, gelangte aus dem Outback Australiens nicht nur nach Neuseeland, sondern auch nach Japan, den Philippinen, dem Iran sowie nach Belgien und England. Auch andere Witwen sind vom Menschen ungewollt in andere Länder transportiert worden und haben sich dort behauptet. Dies gilt für *Latrodectus geometricus*, die in Afrika beheimatet nun auch in ganz Amerika, Indien, Pakistan, Thailand, Japan, Papua Neuguinea, Hawaii und - Polen lebt. Die Schwarze Witwe *Latrodectus mactans* hingegen stammt aus Nordamerika und wurde von dort nicht nur nach Südamerika, sondern auch nach Asien ungewollt exportiert. Auch die aus Makronesien stammende Kugelspinne *Steatoda nobilis* wurde vom Menschen in die USA, nach Chile, Südwesteuropa, in die Türkei und den Iran eingeschleppt.

Supermarktspinnen: *Einzelne* Spinnen, die in die Obstauslagen von Supermärkten gelangen, zählen nicht zu den Einwanderern. So wurde z. B. ein noch nicht ausgewachsenes Männchen (subadult) der Riesenkrabbenspinne *Olios argelasius* (Familie Sparassidae) in einer Kiste Weintrauben im Görlitzer Obst- und Gemüsehandel gefunden. Sie lebt im Mittelmeerraum und ist von Portugal bis in die Türkei verbreitet.

Gefährdet und vom Aussterben bedroht

Im Süden der USA und in Mexiko wurde vor vielen Jahren die Mexikanische Rotknie-Vogelspinne (*Brachyp-*

elma smithi) so stark gesammelt, dass nun alle Arten der Gattung *Brachypelma* unter Schutz stehen. Doch werden diese Arten inzwischen bei uns nachgezüchtet. Nur letztere sollte ein verantwortungsvoller Spinnenfan erwerben und sich beim Kauf einer *Brachypelma*-Art einen Herkunftsnachweis vom Händler geben lassen (*CITES-Bescheinigung*).

Geschützte Arten

Weniger bekannt ist, dass auch in Deutschland heimische Spinnenarten nach der *Bundesartenschutzverordnung* (Anlage 1) unter Schutz stehen. Streng geschützt sind die Arten *Arctosa cinerea, Dolomedes plantarius und Philaeus chrysops*, besonders geschützt sind *Dolomedes fimbriatus* und *Eresus cinnaberinus*.

Ihren Schutzstatus haben sie allerdings nicht erhalten, weil sie so stark von Liebhabern gesammelt wurden, sondern weil ihre Lebensräume immer seltener bzw. kleiner werden. Weitere Faktoren für das Aussterben bzw. den Rückgang von Arten sind u. a. Grundwasserabsenkung, Überdüngung und Versiegelung der Landschaft. Örtlich kommen diese Arten durchaus noch in größerer Zahl vor. So verwundert es nicht, dass relativ viele Spinnenarten auf den *Roten Listen gefährdeter Arten* stehen. Diese sind in Deutschland Ländersache. Einige Bundesländer haben eigene Listen (z. B. Baden-Würtemberg, Bayern, Berlin, Schleswig-Holstein), andere nicht (z. B. Rheinland-Pfalz, Saarland). Links zu den Listen gibt es auf Wikipedia. Ein Beispiel aus Bayern von 2003: Von den 842 dort nachgewiesenen Arten stehen 453 auf der Roten Liste, die sieben Kategorien zugeordnet wurden. Sie reichen von »verschollen« bis hin zu »Daten defizitär«. Es wurde übrigens auch eine Liste für die Bundesrepublik veröffentlicht (Platen et al. 1996), die sich aus den Daten einiger Bundesländer zusammensetzt und im Internet als pdf verfügbar ist.

Nützlinge

Spinnen fangen Insekten

Zahlreiche Spinnen fangen zahlreiche Beutetiere. Ohne Spinnen würde es in unserer Welt nur so von Insekten wimmeln. Wir machen allerdings einen Unterschied zwischen guten und bösen Insekten: Bienen lieben wir, weil wir von ihnen den Honig erhal…, nun ja, ihnen wegnehmen. Fliegen und Mücken mögen wir gar nicht, weil sie uns stechen und zudem Krankheiten übertragen können.

Spinnen jedoch fangen Mücken, Fliegen, Heuschrecken, Wespen, aber auch - Honigbienen und bunte Schmetterlinge. Spinnen tun, was Spinnen tun müssen, jede Spinnenart auf ihre Art und Weise.

Wir sollten alle Spinnen leben lassen, da sie für uns nützlich sind und uns nichts tun, d. h. nur im Notfall zubeißen, um sich zu verteidigen.

Damit sich möglichst viele Spinnen, viele Arten in hoher Individuenzahl, entwickeln können, brauchen sie unbewirtschaftete Flächen - Wald, Wiesen, Moore und auch ein Stückchen Natur im Garten. Übrigens bedeuten Felder mit einem schmalen ungemähten Streifen ringsum weniger Schädlinge, weniger Pestizide und gesünderes Essen für uns. Erstaunlich hierbei ist jedoch, dass es in Mitteleuropa 31 Spinnenarten gibt, die regelmäßig in landwirtschaftlich genutzten Flächen leben. Sie werden *»Agrobionten«* genannt. Ihre Entwicklungsstadien passen zum Rhythmus der Bewirtschaftung.

Die in unseren Wohnungen lebenden Spinnen fangen Insekten weg, ohne dass wir es merken, und in den Tropen jagen die in Häusern lebenden Riesenkrabbenspinnen (Familie Sparassidae) nachts für uns gefährlich giftige Spinnen. Sie sind aus diesem Grund dort bei vielen Einheimischen sehr beliebt.

Beutefang und Beutespektrum

Zum Leben und Wachsen brauchen Spinnen, wie alle anderen Lebewesen auch, Energie, die sie bei der Verdauung aus ihrer Nahrung gewinnen. Doch zuvor gilt es, Beutetiere erst einmal zu fangen, denn nahezu alle Spinnenarten ernähren sich ausschließlich von lebenden Tieren. Sie sind Raubtiere (*karnivore Prädatoren*).

Seidennetze fesseln

Radnetze

Als erstes fällt jedem Laien beim Thema Spinnen das senkrecht stehende Radnetz der Gartenkreuzspinne und ihrer Verwandten ein, die daher Radnetzspinnen heißen (Familie Araneidae). Hierher gehören auch die Riesen unter den Netzspinnen, die Seidenspinnen (Unterfamilie Nephilinae), die sehr große Radnetze herstellen. An den klebrigen Fäden der *Fangspirale* bleiben fliegende Insekten kleben.

Unabhängig haben Kräuselradnetzspinnen (Familie Uloboridae) Radnetze entwickelt (*Konvergenz*). Die Unterschiede sind: Beutetiere verheddern sich hier in der mit Fadenwolle besetzten Fäden der horizontal angebrachten Netze.

In die dritte Dimension erweiterte Radnetze

Durch Anbringen einer senkrecht zum Radnetz stehenden konischen Netzkonstruktion wird aus dem zweidimensionalen Fangnetz ein dreidimensionales. Ein Beispiel dafür ist die in Neuguinea lebende Kräuselradnetzspinne *Uloborus bispiralis.*

Reduzierte Radnetze - Sektoren und Bolas

Einige Spinnenarten stellen kein vollständiges Radnetz mehr her. So fehlt bei der Sektorspinne (*Zygiella x-notata*, Familie Araneidae) ein Sektor, in dem ein Signalfaden zu ihrem Versteck läuft. Ist Beute im Netz, kommt sie heraus. Auch die Gartenkreuzspinne sitzt übrigens nicht immer im Netzzentrum.

Die Dreiecksspinne *Hyptiotes paradoxus* (Familie Uloboridae) hält ihr aus drei Sektoren bestehendes Radnetz mit den Vorderbeinen fest und lässt aufgerollte Schlingen des Haltefadens los, sobald ein Insekt dagegen geflogen ist, dass sich so total in der Fadenwolle verheddert.

Bolaspinnen (Familie Araneidae, Unterfamilie Mastophorinae) haben ihr Radnetz bis auf einen einzigen Faden reduziert, an dessen Ende ein Leimtropfen klebt. Sie benutzen ihn als Bola, d. h. schleudern ihn gezielt nach der von ihnen mit Pheromonen angelockten Beute (mehr s. u. unter *Spezialisten, Nachtfalterjäger*). Spinnen aus mehreren Gattungen benutzen diese Fangtechnik: *Cladomelea* (4 Arten) in Afrika, *Mastophora* (50 Arten) in Amerika sowie *Celaenia* (11 Arten) in Australien und *Ordgarius* (ehemals: *Dicrostichus*, 11 Arten) in Australien, Indien, China, Vietnam, Japan und Malaysia.

Stabilimente

Bei der heimischen Wespenspinne *Argiope bruennichi* (Familie Araneidae) fällt sofort ein weißes Zickzackband im Radnetz ins Auge (Foto s. *Spinne des Jahres*). Es führt durch die Mitte, die Warte, auf der die Spinne sitzt, und wird *Stabiliment* genannt, weil man früher dachte, es würde das Netz stabiler machen. Tropische Spinnen der Gattung *Argiope* spinnen mehrere Stabilimente in Kreuzform mit der Netzinhaberin in der Mitte. Auch Kräuselradnetzspinnen stellen Stabilimente her, sogar in einer Spirale um die Warte herum nach außen. Die Konusspinne *Cyclosa conica* befestigt zur Tarnung Beutereste und Pflanzenteile auf ihr Stabiliment.

Über die *Funktion* der Stabilimente wurde viel debattiert. Eine Stabilisierung erfolgt nicht, da das Band nur lose auf dem Radnetz angeheftet ist. Da es bei nachtaktiven Spinnen nicht vorkommt, spricht Vieles für eine optische Wirkung. Diskutiert werden: Das *Anlocken* von Beute durch Reflektion vom ultravioletten Lichtanteil, *Verteidigung* durch Tarnung gegenüber Grabwespen (mud dauber), z. B. Mauerwespen der Gattung *Sceliphron*, die Spinnen als Nahrung für ihre Larven mit einem Stich betäuben und in ihre Höhle transportieren (s. Kapitel *Parasiten, Krankheiten und Alterstod*). Wahrscheinlich gibt es gar keine einheitliche Erklärung für das Auftreten von Stabilimenten, mehrere Funktionen wirken je nach Spinnengattung unterschiedlich zusammen.

Die Konstruktion eines Radnetzes in allen Einzelheiten sowie die Beschreibung zahlreicher Netzvariationen inkl. von Stabilimenten finden Sie bei Foelix (2011).

Baldachine, Hauben- und Trichternetze

Nur wenigen Menschen ist bekannt, dass die Mehrzahl aller Spinnenarten *andere* Netze oder überhaupt *keine* Gespinste zum Beutefang benutzt.

Baldachinspinnen (Familie Linyphiidae) sitzen mit dem Bauch nach oben unter waagerechten Gespinstdecken und fangen mit darüber gespannten Fäden ihre Beute aus der Luft. Heruntergeschüttelt wird diese durch die Netzdecke hindurch von unten mit den Cheliceren gepackt.

Kugelspinnen (Familie Theridiidae), fertigen Haubennetze mit Klebfäden zum Boden hin an. Sie heißen deshalb auch Haubennetzspinnen.

Trichternetzspinnen (Familie Agelenidae) spinnen eine Netzdecke mit einem Schlupfwinkel am Ende: das Trichternetz. Ein Beispiel ist die Hauswinkelspinne (*Eratigena atrica*, Familie Agelenidae). Sie rennt aus ihrem Versteck über ihre Netzdecke. Dabei läuft sie nur auf »Zehenspitzen«, tritt also nur mit den Fußenden auf und stellt den Geschwindigkeitsrekord auf, während die Beute auf dem Seidenteppich nur mühsam vorankriechen kann.

Käschernetze

Hier handelt es sich um die Umkehr des Üblichen: Nicht die Beute fliegt ins Netz, sondern das Netz wird über die Beute geworfen. So ist es bei den Gattungen *Deinopis* und *Menneus*, die zu den Käscherspinnen (Familie Deinopidae) gehören und in Australien vorkommen. Ihr deutscher und englischer Name (Net-casting spiders) rührt daher, dass sie ihre Beute in der Nacht mit einem kleinen rechteckigen Netz fangen, das sie mit ihren beiden Vorderbeinpaaren ausgebreitet halten. Nehmen sie eine mögliche Beute in der Nähe wahr, so spreizen sie das Netz und werfen es ohne loszulassen über diese, die dann an der speziellen Kräuselwolle kleben bleibt. Diese Seide wird aus dem auf der Unterseite des Hinterleibs liegenden Cribellum abgegeben. Die Deinopidae gehören also zu den cribellaten Spinnen.

Typisch für alle Käscherspinnen sind ihre großen *hinteren* Mittelaugen, die 2000 mal so lichtempfindlich wie die von Menschen und Springspinnen sind, mit denen sie ihre auf dem Boden sich nähernde Insekten einfangen. Die Art *Deinopis subrufa* wird wegen dieser beeindruckenden Augen in Australien »Ogre-faced netcaster«, also in etwa »Netzwerfer mit Ogergesicht: Menschenfresser- bzw. Ungeheuergesicht« genannt. Bei den tagaktiven Springspinnen sind die Mittelaugen der vorderen Augenreihe, die vergrößert sind, bei Wolfspinnen sind es die hinteren Mittel- und Seitenaugen.

Nach dem Fang wickeln Kächerspinnen ihre Beute in Seide ein, wobei sie breite Fadenbänder mit dem vierten Beinpaar aus den mittleren und hinteren Spinnwarzen ziehen, so lange, bis diese dicht umsponnen ist, so wie es Raubspinnen (Pisauridae) und Langbeinige

Wasserspinnen (Trechaleidae) bei der Herstellung ihrer Brautgeschenken tun. Beutefang, Fressvorgang und die Struktur der Cheliceren und Beutebestandteile nach dem Fressen beschreiben Rainer Foelix und Anna-Christine Joel in einem brandaktuellen Artikel.

Leiternetz mit Kräuselfäden

Eine besondere Beutefangweise haben die Netzbauer unter den nur in Australien lebenden 7-25 mm großen Long-claw spiders (Familie Gradungulidae) entwickelt. Ihren Namen haben sie von den verlängerten Klauen an den ersten beiden Beinpaaren. Die an Höhleneingängen lebende *Progradungula carraiensis* webt in ihr 20 bis 50 cm großes zwischen Felsen und Felsüberhängen gebautes unregelmäßiges Gespinst ein dicht über dem Erdboden senkrecht stehendes nur 5-8 mm breites Netz ein, das einer Leiter ähnelt, da die beiden senkrechten Haltefäden, die es am Erdboden befestigen, im oberen Bereich kreuz und quer mit Fadenwolle aus dem Cribellum verbunden sind. Da es dem Beutefang dient, nennt es der Entdecker M. R. Gray einfach nur *prey-catching ladder*. Auf Beute lauernd sitzt die Spinne kopfunter auf dem unteren Bereich des Fangnetzes. Mit ihrem 4. Beinpaar hält sie sich an den Aufhängefäden im oberen Bereich fest, mit dem 3. Beinpaar hält sie das Gespinst auf Abstand zu ihrer Unterseite, die ersten beiden Beinpaare sind nach vorne gestreckt, wobei die Fußenden des ersten Beinpaares fast den Boden berühren. Nähert sich ein Beutetier, so wird es mit den langen Klauen und Stacheln an den Vorderbeinen von unten umgriffen und nach oben hinten gegen das Fangnetz geworfen, woran es haften bleibt. Dann beißt die Spinne zu, dreht sich kopfober, wickelt ihr Opfer in Seide ein und transportiert es zum Fressen in den am Felsen liegenden Bereich ihres Wohnnetzes.

Ohne Netz: Lauern und Beutesuche

Die vom Körperbau her ursprünglichen Gliederspinnen (Familie Liphistiidae) und viele Vogelspinnenartige (Mygalomorphae) graben Erdröhren und lauern nachts an dem tagsüber mit einem *Deckel* verschlossenen Eingang. Gliederspinnen der Gattung *Liphistius* sowie Braune Falltürspinnen (Familie Nemesiidae) legen wenige Signalfäden um den Eingang ihres Zuhauses, einen gut getarntem Seidendeckel. Nachts klappt die Spinne den Deckel ein wenig hoch und wartet mit darunter hervorlugenden Beinen auf Beute. Stößt ein Insekt an einen *Signalfaden*, rast sie heraus, beißt zu und trägt ihr Opfer blitzschnell zurück in ihre Wohnung, um es dort in Ruhe zu verzehren, ohne selbst von Feinden erbeutet zu werden. Im Kinofilm *Arac Attack* sieht man riesengroße Falltürspinnen Menschen fangen. Auch viele Vogelspinnenarten und ihre Verwandten lauern nachts am Eingang ihrer *deckellosen* Erdverstecke (z. B. *Hysterocrates hercules*).

Baumbewohnende Vogelspinnen (z. B. *Psalmopoeus*- und *Poecilotheria*-Arten) sind viel aktiver. Sie verlassen in der Dunkelheit ihre Verstecke und laufen an Stämmen und Ästen auf der Suche nach Beute umher.

Vor dem Zubeißen strecken übrigens Vogelspinnen und Kammspinnen (Familie Ctenidae) blitzschnell ihre Vorderbeine mit ihren Hafthaaren an den Füßen aus, ziehen die daran klebende Beute zu ihren Cheliceren heran und beißen mit den Giftklauen zu.

Auch bei uns sitzen Spinnen ohne Netze gut getarnt und bewegungslos tagsüber auf Blüten und Blättern. Sie lauern auf fliegende Insekten, also Fliegen, Käfer, aber auch Hummeln, Bienen und Wespen. Sie können gut sehen und heißen Krabbenspinnen (Familie Thomisidae), weil sie auch seitlich wie Krabben laufen können. Sie haben keine Zähnchen an ihren Cheliceren, zerkauen die Beute also nicht, sondern saugen sie aus. Sie beißen übrigens beim Beutefang in die erstbeste Stelle eines Insekts, greifen um und saugen sie dann am Kopf aus.

Im dichten hohen Gras lauert kopfunter die Brautgeschenkspinne (*Pisaura mirabilis*) und umklammert im Sprung ihre Beute mit allen acht Beinen, die so einen Fangkorb bilden. Sie hängt dabei an einem zuvor am Untergrund befestigten Sicherungsfaden, an dem sie wieder zurück zu ihrem Lauerplatz klettern kann. In ihrer Jugend sitzt sie übrigens im ovalen Freiraum eines kleinen Netzes auf der Lauer und springt zum Beutefang rechts oder links heraus.

Andere Spinnen, wie Wolfspinnen, laufen auf Beutesuche am Tag oder in der Nacht auf dem Wald- oder Wiesenboden herum. Zahlreiche Zwergspinnen finden sich in der Streuschicht im Wald.

Beutetiere

Generalisten

Die meisten Spinnenarten sind nicht auf bestimmte Beutetiere spezialisiert, sondern sind *Generalisten*. Sie sind *polyphag*, d. h. sie ernähren sich von einer Vielzahl von Tierarten, meist Insekten, ihr Beutespektrum ist groß. So fangen Zitterspinnen neben Asseln, Weberknechten und anderen Spinnen auch Fliegen sowie gelegentlich auch einmal, dann aber reichlich, entflohene junge Vogelspinnen, die zeitgleich ihre Mutter verlassen, um ein selbstständiges Leben zu führen. Davon ist der auf seinen Zuchterfolg so stolze Vogelspinnenliebhaber natürlich nicht gerade begeistert, der den Kokon bei der Mutter im Terrarium ließ, das für die »Spiderlinge« nicht ausbruchsicher war.

Beutegröße

Im Verhältnis zur Spinne darf die Spinnenbeute nicht zu groß oder zu klein sein, damit sie überwältigt werden kann. So werden winzige Insekten von großen Spinnen nicht beachtet. Jungspinnen fangen und fressen kleinere Beutetiere als ihre Eltern. Generell ist das Beutetier kleiner als die Spinne oder höchstens so groß wie sie.

Einige Spinnenarten fangen aber auch größere Beute. So erbeuten Krabbenspinnen auf Blüten große Tagschmetterlinge und Hummeln. Zitterspinnen (*Pholcus*-Arten) in unseren Wohnungen und Kellern wickeln die dem ängstlichen Menschen so riesig erscheinenden Hauswinkelspinnen (*Eratigena atrica*) mithilfe ihrer langen Hinterbeine mit Seide ein. Besonders groß ist natürlich Wirbeltierbeute (s. u.).

Insekten als Beute

Meistens werden Insekten zu Spinnenopfern, wie Biologen bei Untersuchungen um Zürich herum herausfanden. Der Insektenanteil betrug 90%. Spinnen wurden dort aber auch beim Fressen von anderen Spinnen, Asseln, Tausendfüßern und selbst Regenwürmern beobachtet. Unter den Insekten fangen die in der *Krautschicht* lebenden Spinnen meist Fliegen und Blattläuse. Die den *Boden* bewohnenden Spinnen ernähren sich ebenfalls von Blattläusen, aber auch von winzigen Springschwänzen. Auch Raubfliegen (Familie Asilidae) gehören zum Beutespektrum von Spinnen. Sie wurden in Radnetzen der Araneidae gefunden, jedoch auch von Spingspinnen (Salticidae), Wolfspinnen (Lycosidae) und Riesenkrabbenspinnen (Sparassidae) erbeutet. Raubfliegen gehören andererseits zu den Spinnenfeinden.

Bestimmte Insektengruppen wie Ameisen werden meist gemieden, doch nicht immer. So wurde z. B. beobachtet, wie eine Krabbenspinne eine ungeflügelte Ameisenkönigin der amerikanischen Gattung *Pogonomyrmex* nach der Begattung auf dem Weg zur Nestgründung erbeutete. Zudem gibt es Spinnen, die sich geradezu auf Ameisen als Beute spezialisiert haben. (s. u.).

Kannibalismus

Die meisten Spinnen fangen kleinere, aber auch gleichgroße Artgenossen, sind also *Kannibalen*. Wir alle kennen die Redensart »sich spinnefeind sein«. Spinnenmännchen werden entgegen der weit verbreiteten Ansicht nicht grundsätzlich von ihren arteigenen Weibchen gefangen und anschließend verspeist. Bei den meisten Arten sind sie in etwa gleich groß, und es geschieht ihnen vor, bei und nach dem Sex nichts. Es gibt aber auch den seltenen umgekehrten Fall, dass nämlich das Weibchen dem Männchen zum Opfer fällt (mehr im Kapitel *Spinnensex*).

Aasfresser

Spinnen fressen auch tote Tiere, also Aas. Die Regel ist das natürlich bei Radnetzspinnen, die die selbst getötete Beute als Vorrat eingesponnen im Netz aufbewahren, um sie später zu verzehren.

Die schön in Seide verpackten *Brautgeschenke* einiger Spinnenarten (Familien Pisauridae, Trechaleidae) enthalten nicht nur frisch gefangene tote Beutetiere, sondern auch deren Reste.

Auch Wolfspinnen der Gattung *Pirata* fressen Aas. Ebenso sind manche Vogelspinnen nicht wählerisch: Legt man etwa der Roten Pavianspinne (*Hysterocrates gigas*) eine erst vor kurzem verstorbene Grille oder Spinne vor ihren Erdhöhleneingang, so zieht sie diese Leiche nachts zu sich in ihr Höhlenversteck.

Bei der in Kolonien lebenden sozialen Spinnenart *Stegodyphus mimosarum* kommt es sogar vor, dass tote Nestbewohner verzehrt werden, was einen besonderen Fall von *Kannibalismus* darstellt.

Spinnen sind keine *Nekrophagen*, da sie sich nicht ausschließlich oder hauptsächlich von Aas ernähren, wie wir das von Geiern kennen.

Wirbeltierbeute

Dass Wirbeltiere wie Spitzmäuse, Vögel und Echsen sowie Frösche und Kröten Spinnen fressen, ist bei den Größenunterschieden nicht verwunderlich. Sie sind Spinnenfeinde. (Details s. Kapitel *Tarnung und Feinde*). Doch es gibt auch den umgekehrten Fall, jedoch relativ selten. Hier folgt ein kurzer Überblick mit gesicherten Nachweisen:

Fische: Am häufigsten sind Meldungen vom Fischfang durch Spinnen. So erbeuten unsere heimischen am Wasser lebenden Raubspinnen (*Dolomedes*-Arten) im Aquaterrarium neben Kaulquappen auch kleine Fische. Bei ihrer Freilanduntersuchung an *Dolomedes fimbriatus* konnte Sabine Poppe das allerdings nicht bestätigen. Da stellt sich also die Frage, wie häufig Wirbeltierfang bei dieser Art und ihren Verwandten aus der Familie Pisauridae und anderen uferbewohnenden Spinnen tatsächlich im Freiland ist.

Martin Nyffeler und Bradley Pusey fanden in der Literatur mehr als 80 registrierte Fischfänge in warmen bis tropischen Gebieten zwischen 40° N und 40° S weltweit (Afrika, Amerika, Australien, Eurasien). Die gefangenen Fische waren 2-6 cm lang und gehören zu den in der Gegend häufigen Arten. Es handelt sich um Spinnenarten aus fünf verschiedenen Familien: Ctenidae, Liocranidae, Lycosidae, Pisauridae und Trechaleidae. Die meisten Beobachtungen liegen von Raubspinnen (Pisauridae) der Gattungen *Dolomedes* und *Nilus* vor, die im Englischen »Fishing spiders« heißen. Auch aktuelle Fotobelege existieren. So ist im australischen Spinnenfeldführer von Whyte und Anderson ein *Dolomedes facetus*-Weibchen mit einem im Hausteich gefangenen Guppy in den Cheliceren abgebildet. Im Labor fangen auch die bei uns in stehenden Gewässern vorkommende Wasserspinne (*Argyroneta aquatica*, Familie Cybaeidae), die an Meeresstränden in Neuseeland lebende *Desis marina* (Familie Desidae) und die Riesenkrabbenspinne *Heteropoda natan*s (Familie Sparassidae) aus Borneo Fische. In allen Fällen sind die Beutetiere relativ groß, über zweimal so lang und 4,5 mal so schwer wie die Spinne und besitzen einen erheblichen Nährwert.

Amphibien: Frösche und Kaulquappen können von Raubspinnen (Fishing spiders, Familie Pisauridae) überwältigt werden, auch von unseren beiden heimischen *Dolomedes* Arten (*Dolomedes fimbriatus*, *Dolomedes plantarius*). Ins Beutespektrum von *Dolomedes briangreenei* gehört die als Schädling geltende nach Australien eingeschleppte Agakröte *Rhinella marina*. Torben Riehl traf in einem Überschwemmungsgebiet auf Borneo *Thalassius albocinctus* kopfunter oberhalb der Gewässeroberfläche auf einem Baum sitzend mit einen Metamorph, dem Übergangsstadium zwischen Kaulquappe und Frosch, in den Cheliceren an.

Reptilien: Wüstenspinnen (*Leucorchestris*-Arten, Familie Sparassidae) sowie die in Südafrika lebenden Rain spiders, z. B. *Palystes superciliosus* erbeuten Geckos. Schlangen wurden schon in den Riesennetzen von *Nephila*-Arten in Australien entdeckt. Auch die bei uns heimische Zitterspinne (*Pholcus phalangioides*) fing einmal in einem Terrarienraum einen entflohenen jungen Gecko, den sie aber nicht aussaugen konnte und deshalb wieder aus ihrem Gespinst warf.

Vögel: Weltbekannt ist das Gemälde von Sybille Merian aus dem Jahr 1705, auf der eine große Spinne an einem Kolibri frisst. Daher rührt der Name »Vogelspinnen«. Nestjunge Vögel können durchaus von großen Vogelspinnen erbeutet werden.

In den großen Netzen der Seidenspinnen der Gattung *Nephila* verfangen sich gelegentlich auch um ein Vielfaches größere Singvögel. So wurde die Art *Nephila edulis* beim Fraß an einem im Netz hängenden Finken in Brisbane in Australien fotografiert.

Säugetiere: Von der Radnetzspinne *Argiope savig-nyi* existiert ein Foto mit einer in ihrem großen festen Radnetz in Costa Rica erbeuteten Fledermaus.

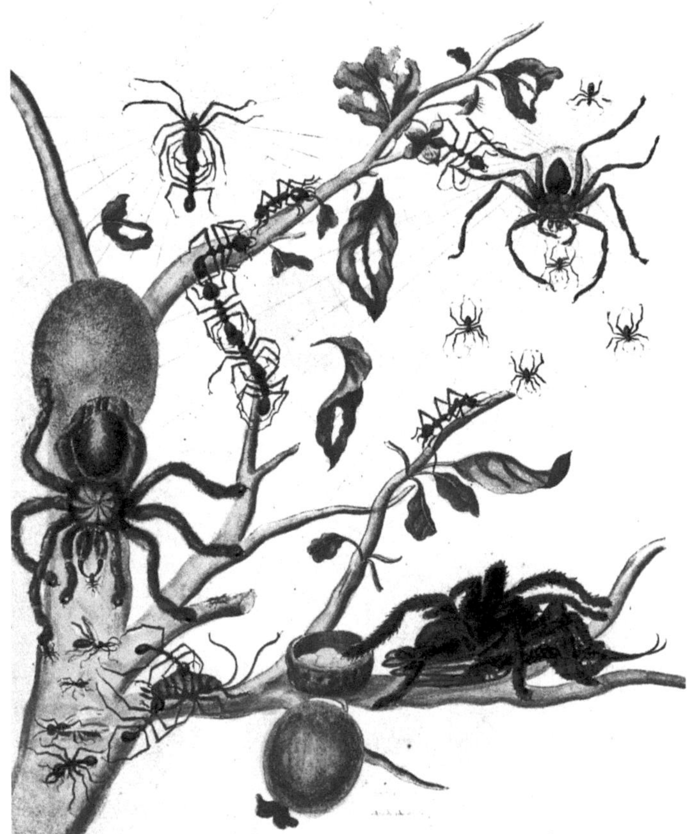

»Spinnen, Ameisen und Kolibri auf einem Ast der Guave« von Maria Sibylla Merian. 1705. Die Vogelspinne unten links hat einen Kolibri erbeutet.

Spezialisten

Einige Spinnenarten haben sich auf bestimmte Beutetiere spezialisiert. Sie sind *stenophag*. Hier gebe ich einen kurzen Überblick (alphabetisch angeordnet):

Ameisenjäger

Die meisten Spinnen meiden Ameisen als Beute. Es gibt jedoch einige Spinnenarten, die sich auf Ameisen spezialisiert haben, die *Ameisenfresser*.

Hierzu zählt die bei uns unter Steinen lebende Plattbauchspinne *Callilepis nocturna* (Familie Gnaphosidae), die am Tag in Ameisennester eindringt, eine Ameise blitzschnell in die Antenne beißt, sich zurückzieht und erst einmal die Giftwirkung abwartet.

Auch *Zodarion germanicum* und verwandte Arten der Familie Zodariidae erbeuten Ameisen. Sie leben bei uns unter Steinen oder Holz. Auf Beutesuche weichen sie Ameisen zunächst aus, springen sie dann von hinten an, beißen in den Hinterleib oder ein Bein und ziehen sich zurück. Anschließend suchen und finden sie die inzwischen verstorbene Beute und fressen sie auf. Einige weitere Arten dieser Ant-eating piders leben in Südeuropa, die meisten der 1140 Arten aus 85 Gattungen dieser Spinnenfamilie jedoch in Afrika, Asien, Australien sowie in Amerika. In Australien gibt es Zwerge, die nur 2 mm groß werden, wie *Minasteron minisculum* und Riesen von 21 mm Körperlänge wie *Storena collosea*. Sie imitieren im Aussehen, Verhalten und Geruch Ameisen. Die Spotted ground spider *Habronestes bradleyi* und die Springspinne *Cosmophasis bitaeniata* in Australien ernähren sich von Ameisenlarven.

Neben Ameisenjägern gibt es Spinnen, die zur Tarnung vor Fressfeinden wie Vögeln die Gestalt der Ameisen in ihrem Lebensraum besitzen, jedoch andere Beute fangen (mehr im Kapitel *Tarnung und Feinde* unter *Ameisenmimikry*).

Asseljäger

Die zu den Sechsaugenspinnen gehörenden Asseljäger (z. B. *Dysdera crocata*) (Familie Dysderidae) fangen, wie der deutsche Name schon sagt, vorwiegend Asseln, deren Panzerplatten sie mit ihren langen Cheliceren von der Seite umgreifen, um anschließend in den weicheren Bauch zu beißen. Sie erbeuten nachts aber auch Käfer und andere Insekten.

Jedoch auch einige andere Spinnenarten überwältigen und fressen gelegentlich Asseln. Beispiele sind *Porrothele antipodiana* aus der Familie der Porrhothelidae und die Kugelspinne *Achaearanea veruculata* (Familie Theridiidae), die beide auch Schnecken verzehren.

Asseln sind übrigens am Land lebende Krebstiere, die ihre Kiemen ständig feucht halten müssen, und gehören somit auch zu den Gliederfüßern wie Spinnen und Insekten.

Beutediebe - Kleptoparasiten

Weltweit findet man kleine Spinnen, die Diebsspinnen, im Englischen *dewdrop spiders* (Tautropfenspinnen), aber auch *thief spiders* genannt werden und zur Familie der Kugelspinnen (Theridiidae) gehören. Die meisten der 93 bekannten Arten der Gattung *Argyrodes* (älterer Name *Conophista*) sind nur 3-5 mm groß. Sie sind auf dem ersten Blick an ihrem kegelförmigen Hinterleib zu erkennen.

Diebsspinnen kommen nicht nur in den Tropen, sondern auch in Europa vor. So ist *Argyrodes argyrodes* vom Mittelmeergebiet bis Westafrika und auf den Seychellen anzutreffen. Weitere Arten dieser Gattung leben in Afrika, Amerika, Asien und Australien mit zum Teil sehr weitem Verbreitungsgebiet. So kommt *Argryrodes miniaceus* von Korea und Japan bis Australien vor.

Argyrodes-Arten spinnen unregelmäßige Netze neben den großen Netzen ihrer Wirte (*Argiope, Cyrtophora, Nephila*) und sind über einen Signalfaden mit der Warte ihres Wirtes verbunden. Sobald die Radnetz- bzw. Seidenspinne eine Beute umspinnt, schleicht sich *Argyrodes* ins Wirtsnetz, schneidet die dort aufgehängte

Beute vorsichtig heraus und nimmt sie mit. Spinnen mit diesem Verhalten werden *Kleptoparasiten* genannt. Übrigens kann man *Argyrodes* auch mit der Netzinhaberin zusammen an der Beute fressend beobachten. Gelegentlich erbeutet sie sogar die Netzinhaberin während der Häutung bzw. frisst deren Eier oder Junge auf.

Auch innerhalb der Spinnenfamilie Mysmenidae, den *Minute litter spiders*, gibt es einige Beutediebe (Gattung *Mysmenopsis*).

Ein extremer Fall unter den *Kleptoparasiten* ist die nur 1-2 mm große Spinne namens *Curimagua bayano* (Familie Symphytognathidae), die selbst keine Beute mehr fängt, sondern auf ihrem Wirt, einer 4 cm großen *Diplura*-Art (Familie Dipluridae), sitzt. Frisst diese an ihrer Beute, so klettert der winzige Schmarotzer an den mächtigen Cheliceren seines Wirtes hinunter und saugt an der aufgelösten Beute mit.

Männchen der *Herbstspinne* (*Metellina segmentata*) stehlen arteigenen Weibchen Beute aus dem Netz und verwenden sie dann für die Balz.

Spinnen werden auch von Insekten und Vögeln bestohlen. So stehlen Skorpionsfliegen der Gattung *Panorpa* und Libellen Beute aus Spinnennetzen. Winzige Fliegenarten nehmen an der Spinnenmahlzeit teil, ohne dabei Schaden anzurichten. Kolibris stehlen nicht nur umsponnene Beute aus Netzen, sondern entwenden auch Seide für ihren Nestbau. Sie verkleben mit cribellater Seide (Kräuselfäden ohne Klebstoff) Zweige und Blätter miteinander.

Nachtfalterjäger - Bolaspinnen

Die in Afrika, Australien, Nordamerika sowie Ost- und Südostasien lebenden *Bolaspinnen* (*Celaenia-*, *Cladomelea-*, *Mastophora-* und *Ordgarius-* (*Dicrostichus-Arten*, Familie Araneidae, Unterfamilie Mastophorinae) haben sich auf die Männchen bestimmter Nachtfalterarten als

Beute spezialisiert. Zum Fang verwenden die Weibchen nur noch einen einzelnen Faden, an dessen Ende ein Klebstofftropfen sitzt. Ihr Fangwerkzeug ähnelt einer Bola (spanisch: Kugel), der südamerikanischen Wurf- und Fangleine mit einer Eisenkugel am Seilende.

Wie inzwischen bekannt ist, müssen sie nicht darauf warten, dass irgendwann einmal ein Beute zufällig vorbeigeflogen kommt. Nach Einnahme der typischen Fangposition (kopfunter hängend an einem horizontalen Seidentrapez mit ausgestreckten Vorderbeinen) produzieren die Spinnenweibchen die Duftstoffe der weiblichen Nachtfalter, mit denen diese ihre eigenen Männchen anlocken. Sie senden also deren *Sexualpheromone* aus. Die Nachtfaltermännchen kommen angeflogen, doch finden sie kein arteigenes Weibchen, mit dem sie sich paaren können, sondern flattern geradewegs in den Tod: Sie werden mit der am Faden kreisenden Bola von der Spinne aus der Luft herausgefangen, die erst nach Wahrnehmung der Luftschwingungen der flatternden Beute hergestellt wird. Die klebrigen Kugeln bestehen übrigens aus einem komplizierten Fadengeflecht, schrumpfen allmählich und haben nach 20-30 Minuten ihre Klebrigkeit verloren. Hat die Spinne bis dahin noch keine Beute gefangen, so frisst sie die Bola auf.

Dieses Spinnenverhalten ist eine aggressive Form chemischer Nachahmung und heißt *Peckham'sche Mimikry.* Die von der Spinne zu ihrem Vorteil nachgemachten Duftstoffe werden wissenschaftlich *Allomone* genannt. Sie wirken zwischen zwei verschiedenen Arten im Gegensatz zu den nur innerartlich wirkenden Pheromonen. Chemisch sind sie hier aber identisch.

Einige Bolaspinnen sind nicht auf *eine* Nachtfalterart spezialisiert sondern auf mehrere. So fängt *Mastophora hutchinsoni* zu unterschiedlicher Zeit in der Nacht zwei Nachtfalterarten (Gattung *Spodoptera)*. Sie erzeugt auf ihrer Haut einen Cocktail mit beiden Duftstoffen, der je nach Flugzeit der Männchen erst die der einen, dann die der anderen Art anlockt. Die verwandte *Mastophora cornigera* lockt sogar 19 Nachtfalterarten an. Wie sie das macht, weiß man noch nicht.

Zudem gibt es einen Wechsel der Pheromonart während des Spinnenwachstums, denn junge Bolaspinnen fangen lauernd an Blattenden ohne Bolas bestimmte Fliegen (Gattung *Psychoda*). Auch die kleinen Männchen fangen Beute auf diese Weise. Übrigens benutzen nicht alle Arten der Gattung *Mastophora* Bolas zum Beutefang.

Im Internet gibt es Filme, die den Fangvorgang nach Eingabe von »Bolaspinne« oder »Bolas spider« zeigen.

Schneckenfresser

Vogelspinnen ernähren sich hauptsächlich von Insekten und anderen Spinnen, auch von Vertretern der eigenen Art. Gelegentlich können sie sogar Wirbeltiere, z. B. Vogeljunge oder sogar erwachsene Vögel erbeuten (s. o.). Schnecken werden von den meisten Spinnen normalerweise gemieden. Ausnahmen sind die erst 2008 beschriebene *Phormictopus cochleasvorax* aus Kuba sowie die australische *Selenocosmia crassipes*.

Doch auch Vertreter der ebenfalls zu den Vogelspinnenartigen (Mygalomorphae) zählenden Familie Dipluridae fressen Schnecken, so z. B. in Australien *Bymainiella boycei* und *Cethegus*-Arten. Nahezu alle Dipluriden besitzen extrem lange Spinnwarzen, worauf sich ihr deutscher Name Doppelschwanzspinnen bezieht. Mit ihnen weben sie seidene Vorhänge um ihren Schlupfwinkeleingang, worauf ihre englischen Namen *Curtainwebs spiders* und *Tunnel-web spiders* Bezug nehmen. Nachts stürmen sie aus ihrem Versteck zur Schnecke hin, sobald diese die Seidendecke berührt hat.

Näher untersucht wurde Fang und Fraß einer Weinbergschneckenverwandten durch die in Neuseeland lebenden *Porrhothele antipodiana* aus der Familie Porrhothelidae von D. J. Laing. Die Spinne beißt die Schnecke in den Fuß, den sie sogleich ins Gehäuse einzieht, und lässt trotz ihrer vermehrter Schleimabgabe nicht los, wobei es erstaunlich lange, nämlich 30 min, dauert, bis die Schnecke tot ist. Überraschend war, dass im Experiment mit anderen Arten aus unterschiedlichen Familien lediglich die Kugelspinne *Archaearanea veruculata* (Familie Theridiidae) Schnecken erbeutete, während z. B. die Raubspinne *Dolomedes major* (Familie Pisauridae) kein Interesse zeigte.

Seiden-, Nektar- und Akaziennahrung

Nahezu alle Spinnen sind reine Fleischfresser (*Karnivoren*), ernähren sich also von anderen Tieren. Vor einigen Jahren hieß es noch »ausnahmslos alle Spinnen«. Inzwischen wissen wir, dass es Ausnahmen gibt.

Zum einen ist schon lange bekannt, dass Radnetzspinnen, wie unsere Gartenkreuzspinne, ihre Netze auffressen und die Proteine der Seide recyceln, also wiederverwenden. Entdeckt wurde nun jedoch, dass dieses Verhalten wichtig für das Überleben der jungen Radnetzspinnen ist, denn an den Seidenfäden ihrer Netze kleben Pflanzenpollen, Pilzsporen und Kleinstlebewesen, die sie beim Netzverzehr mit aufnehmen.

Springspinnen trinken als Beuteergänzung Nektar aus Pflanzenblüten und fressen Pollen, z. B. *Evarcha culicivora*. Dieses Verhalten wurde inzwischen bei Spinnen aus vielen Familien gefunden. Eine mittelamerikanische Springspinnenart mit Namen *Bagheera kiplingi* ernährt sich zum großen Teil von eiweiß- und fettreichen Futterkörperchen (Belt'sche Körperchen), die Akazien eigentlich extra für ihre Ameisenbeschützer herstellen. Außerdem nehmen diese kleine Spinnen auch noch Nektar auf, fangen aber auch kleine Fliegen, Ameisenlarven und andere Spinnen.

Spinnenfresser - Araneophage

1) Spezialisten

Als Spinnenfresser (*Araneophage*) werden alle Spinnenarten bezeichnet, die ausschließlich Spinnen anderer Arten fressen.

Archaeidae: Alle Angehörigen der Spinnenfamilie Archaeidae, im Englischen »Assassin Spiders« genannt (Assassinen = Meuchelmörder, Attentäter, Auftragsmörder in Arabien, Angehörige einer dort lebenden Sekte), haben sich auf Spinnenbeute spezialisiert. Sie messen nur 2-8 mm und sind auf den ersten Blick an ihrem nach oben stehenden Vorderkörper mit extrem langen Cheliceren zu erkennen, weshalb sie auch *Giraffenhalsspinnen* genannt werden. Sie zupfen an den äußeren Fäden eines Radnetzes und locken so die Netzinhaberin an. Ist diese nah genug, so packen sie diese vor einem direkten Kontakt mit ihren fast um 90° nach vorne ausgekappten langen Cheliceren am Hinterleib, die so keine Chance hat, selbst zuzubeißen. Die ältesten Archaeiden der Gattung *Archaea* sind übrigens aus dem Burmesischen Bernstein aus der Kreidezeit bekannt und 88-95 Millionen Jahre alt. Die ersten Individuen wurden jedoch bereits in den 40. Jahren des 18 Jahrhunderts im 40 Millionen Jahre alten Baltischen Bernstein gefunden. Heute gibt es keine *Mörderspinnen* (*Assassin spiders*) mehr in Europa, die meisten Arten leben auf Madagaskar (*Austrarchaea, Eriauchenius*), andere in Südafrika (*Afrarchaea*) und Australien (*Zephyrarchaea*). Insgesamt sind heute 72 Arten aus 4 Gattungen bekannt.

Malkaridae: Diese kleinen nur 2-3 mm großen und in der Streuschicht lebenden Spinnen werden *Shield spiders* genannt, weil bei den Mitgliedern der Unterfamilie Malkarinae die Oberseite des Hinterleibs schildartig chitinisiert ist. Sie jagen nachts wahrscheinlich genau wie die mit ihnen verwandten Mimetidae.

Mimetidae: Auf Spinnenbeute spezialisiert und un-fähig, eigene Netze zu bauen, sind die bei uns lebenden 3-4 mm großen Spinnen der Gattung *Ero*. Sie gehören zur Familie *Spinnenfresser (*Mimetidae), im Englischen *Pirate Spiders* genannt. Sie sind leicht an den Reihen langer Stacheln an den Vorderbeinen zu erkennen.

Und so läuft der Beutefang ab: Vorsichtig betritt eine Spinnenfresserin den Randbereich eines Radnet-zes, z. B. der Herbstspinne *Metellina segmentata*, und zupft dort mit den Vorderbeinen an den Fäden. So lockt sie die Netzbesitzerin an, die anhand der Vibrationen eine Beute vermutet und nun selbst zu einer wird. *Ero* täuscht also das Zappeln einer Beute vor. Darauf nimmt der wissenschaftliche Familienname Bezug, denn das griechisch-lateinische Wort »mimetus« bedeutet »nachahmend«. Eine andere, neue Erklärung für die Reaktion der Netzinhaberin lautet: Es werden nicht die Vibrationen einer gefangenen Beute imitiert, sondern die Schwingungen eines Eindringlings, etwa eines art-eigenen Weibchens, die das Netz erobern will oder aber einer anderen Spinne, die Beute stehlen will. Wie auch immer, *Ero* umklammert ihr Opfer blitzschnell mit den bedornten Vorderbeinen und beißt sie in ein Bein. Das nur bei Spinnen sofort wirkende Gift macht die Netzin-haberin bewegungsunfähig. Dabei kann diese bedeu-tend größer als *Ero* sein, z. B. eine Gartenkreuzspinne mit 17 mm Körperlänge. Mimetiden erbeuten neben Radnetzspinnen (Familie Araneidae) auch Kugelspinnen (Familie Theridiidae) und Kräuselradnetzspinnen (Fami-lie Uloboridae). *Ero*-Arten kommen übrigens nicht nur in Europa, sondern auch in Amerika, Vorder- und Os-tasien sowie in Afrika vor. In Australien gehören neben einer *Ero*-Art alle anderen Spinnenfresser zur Gattung *Australomimetus*. Insgesamt hat die Familie Mimetidae 12 Gattungen mit 152 Arten.

Portia: Spinnenjäger sind die in Afrika, China, Süd-ostasien und Australien vorkommenden Springspinnen (Familie Salticidae) der Gattung *Portia*. Sie imitieren durch Zupfen am Netz eine Beute und überwältigen die herankommende Netzinhaberin. Eine gänzlich davon abweichende Strategie wenden sie übrigens beim Fang anderer Springspinnenarten an: Hier schleichen sie sich vorsichtig heran und überwältigen sie dann im Sprung aus geringer Entfernung.

Das Heranlocken durch Nachahmung einer Beute ist ein Fall von *Aggressiver Mimikry* bzw. *Peckham'scher Mimikry*.

2) Spinnen bevorzugt

Allocosa: Unter den Wolfspinnen (Familie Lycosi-dae) gibt es eine Art, die in ihrem kargen Lebensraum fangen muss, was sich anbietet. Jedoch erbeutet sie mehr Spinnen als andere Beutetiere wie Ameisen, Flie-gen, Käfern, Schmetterlingen und Wanzen. Es handelt sich um die nachtaktive in Südamerika in Höhlen an Dünen lebende *Allocosa brasiliensis*. Je nach Jahreszeit besteht bis zu 2/3 ihrer Nahrung aus Spinnen, meist Vertretern der kleineren Art *Allocosa alticeps*, aber auch Weibchen der eigenen Art, wobei meist die älteren von Männchen erbeutet werden (s. Kapitel *Spinnensex*).

Cithaeronidae: Wenig bekannt ist die kleine Fa-milie Cithaeronidae mit zwei Gattungen (*Cithaeron*, *Inthaeron*), die abgesehen von der Antarktis auf allen Kontinenten vertreten ist, ihr englischer Name lautet daher *Cosmopolitan spider hunters*. Allerdings kommen sieben der acht Arten in Afrika bzw. Indien vor. Lediglich *Cithaeron predonius* ist aus Griechenland, Nordafrika, dem Nahen Osten bis Indien und Malaysia bekannt und gelangte mit dem Menschen nach Florida, Brasilien, Kuba und Australien. Diese 4-6 mm große Spinne zieht Spinnen anderer Beute vor. Sie lebt in unseren Häusern und Wohnungen. Nachts verlässt sie ihren Schlupfwinkel und geht bedächtig laufend auf die Jagd. Auf der Flucht springt sie jedoch erstaunlich schnell davon. Der Name *Cithaeron* leitet sich übrigens von dem griechischen Gebirgszug Kithairon zwischen Böotien und Attica ab.

Termitenjäger

Spinnen fangen Termiten, wenn diese in ihrem Lebensraum vorkommen. So sehen wir in einem auf youtube veröffentlichten Video, wie eine Wolfspinne in einer trockenen Graslandschaft eine Termite fängt und dann mit der Beute in ihrer Erdhöhle verschwindet.

Spezialisiert auf Termitenbeute sind jedoch nur wenige Spinnenarten. So ergreift die von Mexiko bis Honduras vorkommende Kugelspinne *Chrosiothes tonala* (Familie Theridiidae) von ihren horizontal über dem Boden gespannten Fäden aus vorbeilaufende Termiten.

Die nur 3-7 mm großen Arten aus der kleinen nur 18 Arten umfassenden Familie Ammoxenidae werden »Termitenjäger« genannt. Sie leben im südlichen Afrika (Gattungen *Ammoxenus* und *Rastellus*) und in Australien (Gattungen *Austrammo* und *Barrowammo*) in der Streuschicht und können mit ihren hinteren Mittelaugen vermutlich polarisiertes Licht wahrnehmen und zur Orientierung benutzen. Die Art *Ammoxenus amphalodes* ist so extrem spezialisiert, dass sie nur eine bestimmte Termitenart (*Hodotermes mossambicus*) fängt.

Die nur 2 mm großen im Osten Ecuadors vorkommenden Kugelspinnen der Gattung *Janula* sind Opportunisten. Sie werden von beschädigten Kartonnestern der baumbewohnenden Termitenart *Nasutitermes ephratae* angezogen, beißen nacheinander mehrere der verteidigenden Termitensoldaten, spinnen sie zu einem Bündel zusammen und verziehen sich dann nach oben. Zuvor befestigen sie einige Fäden an Blättern oder Zweigen, dann einen an das Beutebündel, schwingen sich mit diesem in die Luft und fressen sie in Distanz zum Termitennest. Doch dort bleiben die Spinnen nicht lange allein. Fliegen der Familie Ceratopogonidae betätigen sich als *Kleptoparasiten*: Sie landen und fressen einige Sekunden bis minutenlang an den eingesponnenen Termiten, was nicht ungefährlich ist, denn einige von ihnen finden sich später im Beutegespinst wieder.

Vampire der indirekten Art: Moskitojäger

2015 wurde bekannt, dass zwei Springspinnenarten (Familie: Salticidae) sich vorwiegend von Moskitos ernähren:

Paracyrba wanlessi lauert an Wasseransammlungen im Bambus und fängt dort Moskitolarven.

Evarcha culicivora wird besonders von weiblichen Moskitos angezogen, die Wirbeltierblut aufgesogen haben. Dabei bevorzugt sie Mücken der Gattung *Anopheles*, die auf Menschen Malaria übertragen. Die Aufnahme der blutgefüllten Beute macht die Weibchen aufgrund des Blutgeruchs für ihre arteigenen Männchen attraktiv.

Tarnung: **Veränderliche Krabbenspinne** (*Misumena vatia*) (im Farbfoto) gelb gefärbt auf gelber Ginsterblüte mit erbeuteter Hummel.

Tarnung und Feinde

Räuber, die Spinnen fressen

Dass Spinnen sich untereinander »spinnefeind« sind, ist allgemein bekannt. Meist erbeuten größere Spinnen kleinere der eigenen oder anderer Arten. Zitterspinnen (Familie Pholcidae) überwältigen durch Einwickeln auf Distanz auch größere Beute wie die Hauswinkelspinnen (s. a. Kapitel *Beutefang und Beutespektrum*).

Spinnen erbeuten hauptsächlich Insekten, doch auch Insekten fressen Spinnen. Hier gibt es Arten, die alles packen, was nicht zu klein oder zu groß ist. Ein Beispiel ist die Gottesanbeterin (*Mantis religiosa*), die mit der Klimaerwärmung vom Süden her nach Deutschland, z. B. nach Freiburg, gekommen ist. Auch unsere Rote Waldameise (*Formica rufa*) sowie tropische Libellen erbeuten Spinnen. Die heimische Raubwanze *Caranus subapterus* frisst neben Insekten Spinnen. Raubfliegen (Asilidae) fangen ebenfalls Spinnen, doch machen sie weniger als 1% ihrer Beute aus, die hps. aus fliegenden Insekten besteht. Raubfliegen werden jedoch auch von Spinnen mit ihren Netzen erbeutet. Auf bestimmte Spinnen sind die Angehörigen einiger Wespenfamilien spezialisiert. Sie fressen sie jedoch nicht, sondern legen ihre Eier an oder in sie. (s. u. unter *Parasitoide*). Unter den Hundertfüßern töten Steinläufer und Asselspinnen, die wegen ihrer langen Beine »-spinnen« genannt werden, u. a. Spinnen mit ihren giftigen Mandibeln. Auch andere Spinnentiere (Arachnida) wie Skorpione und Walzenspinnen erbeuten Spinnen.

Unter den Wirbeltieren sind es Fische, wie Forellen, die ins Wasser gefallene Spinnen von der Oberfläche wegfangen. Auf dem Land erbeuten bei uns Kröten nachts und Eidechsen tagsüber Spinnen. In den wärmeren Ländern stellen Agamen (z. B. Nackenstachler, Gattung *Acanthosaurus*), Geckos (z. B. nachts der Namibgecko *Pachydactalus rangei*), junge Leguane und viele andere Reptilien Spinnen nach.

Die auffälligsten Spinnenfeinde am Tag aber sind die fliegenden befiederten Dinosauriernachfahren, unsere Vögel. Sie picken Spinnen mit ihrem Schnabel zur eigenen Ernährung auf oder verfüttern sie an ihren Nachwuchs. Im Winter sieht man in den Städten Meisen, die sich unter Dachrinnen, Schuppen und Rollläden nach Gespinstinhaberinnen umsehen.

Unter den Säugetieren ernähren sich z. B. Spitzmäuse und Igel von Spinnen. Doch auch Fledermäuse und Affen (inklusive uns Menschen) lassen sich Spinnen als Mahlzeit nicht entgehen.

Sich wehren

Drohstellung, Bisse und Brennhaare

Spinnen sind nicht wehrlos, denn sie besitzen Cheliceren und die meisten Arten auch Gift. So siegen bei Kämpfen mit Wegwespen diese durchaus nicht immer.

Vogelspinnen wie *Pterinochilus murinus* reagieren auf Störungen an ihrem Wohngespinst durch Aufrichten des Vorderkörpers, Heben der vorderen Beine, Spreizen der Cheliceren und Vorspringen gegen den Feind. Sie nehmen also zunächst eine Drohstellung ein, greifen dann zubeißend an und behalten diese Position noch einige Zeit nach Verschwinden der Gefahr bei.

Südamerikanische Vogelspinnen besitzen Brennhaare auf ihrem Hinterlieb, die sie zur Abwehr gegen schnüffelnde Schnauzen von Nasenbären - und unvorsichtigen Terrarienhaltern abstreifen.

Fliehen und verstecken

Flucht durch Fallenlassen und Totstellen

Spinnen verstecken sich oder fliehen vor Feinden und »Riesen« wie z. B. Menschen, um nicht gefressen zu werden. Auf dem Boden huschen sie blitzschnell in dichtere Vegetation davon. In höherer Vegetation springen sie davon und landen wunderbar sicher, wenn sie Hafthaare an den Füßen besitzen (Vogelspinnen, Springspinnen), oder sie lassen sich einfach fallen. Die Krautschichtbewohner unter unseren heimischen Spinnenarten verabschieden sich dabei nicht gänzlich von ihrem Sitzplatz, denn sie klettern später wieder an ihrem zuvor angehefteten Sicherungsfaden hoch. Ein Beispiel ist die Brautgeschenkspinne *Pisaura mirabilis*.

Die schlanken, langbeinigen Männchen baumbewohnender Vogelspinnen (z. B. *Poecilotheria*-Arten) springen mit abgespreizten Beinen, die wie ein Fallschirm wirken und die Fallgeschwindigkeit verringern, auf der Flucht vor aggressiven Weibchen vom Stamm. Doch wir müssen uns nicht nach Indien oder Sri Lanka begeben, um dieses Verhalten zu beobachten. Auch die auf Weibchensuche herumwandernden Männchen unserer heimischen Hauswinkelspinne (*Eratigena atrica*) strecken alle Achte (plus die beiden Pedipalpen) von sich, d. h. zur Seite, und verringern so ihre Absturzgeschwindigkeit aufgrund des erhöhten Luftwiderstands. Sie landen übrigens stets auf dem Bauch.

Flickflacks in der Wüste

Eine ganz andere Strategie benutzen Riesenkrabbenspinnen (Familie Sparassidae) der Arten *Leucorchestris arenicola, Carparachne aureoflava* und *Carparachne alba* in der Wüste Namib auf der Flucht vor Wegwespen. Sie rollen mit angezogenen Beinen Sanddünen hinab. Eine weitere Art dieser Familie aus der Sahara (*Cebrennus rechenbergi*) kann sogar mittels Flickflacks beschleunigen und Dünen hinaufrollen (mehr im Kapitel *Bionik* unter *Achtbeinrad und Saltomobil*).

Versteckt und unsichtbar - Tarnung und Mimese

Schlupfwinkel und Verstecke: Die meisten Spinnenarten verbringen ihre Ruhezeit, Tag oder Nacht bei nacht- bzw. tagaktiven Arten, in ihrem Schlupfwinkel (Gespinst, zusammengesponnene Blätter) bzw. in ihren Erdhöhlen. So ruhen Springspinnen nachts in ihrem Gespinst, tagsüber gehen sie auf die Jagd. Vogelspinnen ruhen tagsüber in ihrem Versteck, nachts wandern sie auf der Suche nach Beute umher. Andere Vogelspinnenartige (Mygalomorphae) wie Falltürspinnen verlassen ihre Höhle erst gar nicht, sondern lauern nachts am Eingang auf Beute.

Viele Radnetzspinnen sitzen in ihrem Schlupfwinkel am Netzrand. Über einen Signalfaden nehmen sie Netzerschütterungen wahr und eilen ins Netz, um die Beute einzuwickeln.

Bewegungslos: Spinnen, die keine Netze bewohnen, sondern auf Beute lauern oder jagen, sind tagsüber farblich gut an ihre Umgebung angepasst, z. B. Flachstreckerspinnen (Familie Philodromidae) und Brautgeschenkspinnen (*Pisaura mirabilis*) im trockenen, hohen Gras der Krautschicht. Krabbenspinnen lauern farblich angepasst tagsüber auf Blüten, z. B. die Veränderliche Krabbenspinne (*Misumena vatia*) weiß gefärbt auf weißen bzw. gelb gefärbt auf gelben Blüten. Auf diese Weise gut getarnt werden sie für die tagsüber aktiven und optisch jagenden Vögel unsichtbar. Und auch der Naturfreund entdeckt sie meist erst, wenn er sie aufscheucht, bzw. Krabbenspinnen, wenn sich eine Biene oder Hummel auf einer Blüte nicht bewegt, beim Näherkommen. Hierfür gibt es den im Deutschen veralteten aus dem Französischen stammenden und im Englischen üblichen Begriff *Camouflage*.

Farbwechsel: Einige auf Blüten sitzende Krabbenspinnenarten wie die Veränderliche Krabbenspinne (*Misumena vatia*) und die Art *Thomisus onustus* gehen einen Schritt weiter, sie können sich umfärben und so dem Untergrund anpassen (gelb auf gelben, weiß auf weißen Blütenblättern), was allerdings einige Tage dauert. Verantwortlich für die Gelbfärbung sind gelbe Pigmente, für die Weißfärbung Guaninkristalle.

Blitzschnell erfolgt der Farbwechsel im Hinterleib bei der Opuntienspinne *Cyrtophora citricola* (Familie Radnetzspinnen, Araneidae), sobald sie sich bei einer Störung aus ihrem Netz fallengelassen hat. An ihre Umgebung farblich angepasst dauert die Rückfärbung durch Verlagerung der Guaninkristalle einige Minuten.

Vogelkot: Die in Australien lebenden Bolaspinnen der Gattung *Celaenia* (Familie Araneidae, Unterfamilie Mastophorinae) ahmen in der Gestalt nicht nur Früchte und Samen von Pflanzen ihres Lebensraumes nach, sondern auch Vogelkot, weshalb sie *Bird dropping spiders* heißen.

Auch die südlich der Sahara lebende afrikanische Krabbenspinne *Phrynarachne rugosa* (Familie Thomisidae) sitzt stundenlang auf einem Blatt und wartet dort auf Beute, ohne von Vögeln attackiert zu werden. Denn sie selbst ähnelt in Form und Farbe einem Tropfen *Vogelkot*. Sie riecht auch danach und lockt so ihre Fliegenbeute an und täuscht damit möglicherweise zugleich sich geruchlich orientierende Feinde. Diese Art der *Mimese* bzw. *Mimikry* gibt es auch bei den anderen in Ost- und Südostasien, Indonesien und Australien lebenden Arten dieser Gattung.

Schließlich gleichen auch die in Australien lebenden *Arkys*-Arten der Familie Arkyidae Vogelkot. Sie lauern auf Blüten und Blättern in gleicher Weise wie Krabbenspinnen im Hinterhalt auf Beute, weshalb sie Ambushhunters genannt werden. Wir haben es hier mit einer *Konvergenz* zu tun: Nicht näher verwandte Spinnen haben das gleiche Aussehen und die entsprechende Jagdtechnik im gleichen Lebensraum entwickelt. Sie haben dieselbe *ökologische Nische* gebildet.

Akinese, Autotomie - Totstellen, Beineopfern

Akinese oder **Akinesie** bedeutet Bewegungslosigkeit. Die Spinne bleibt nach ihrer Flucht vor einem Feind erstarrt (*akinetisch*) auf dem Boden liegen. Die Beugemuskeln befinden sich im Starrkrampf (*Katalepsie*). Die Spinne stellt sich tot, d. h. sie verharrt bewegungslos wie im Tod mit eingekrümmten Beinen, da der zur Streckung nötige Blutdruck fehlt.

Autotomie bedeutet bei einer Spinne: Sie wirft das vom Räuber, der wehrhaften Beute oder vom Artgenossen gepackte Bein an einer Sollbruchstelle ab und bringt sich in Sicherheit. Das funktioniert natürlich nicht nur mit *einem*, sondern auch mit mehreren Beinen. Auch bei Häutungen können festhängende Beine geopfert werden. So erklären sich die Funde von Spinnen mit weniger als acht Beinen.

Ameisenmimikry - Nachahmer Spinne

Ameisenliebende und Ameisenähnliche

Alle Tiere, die bei oder mit Ameisen leben, werden als *myrmekophil* (ameisenliebend) bezeichnet. Tiere, die aussehen wie Ameisen, werden *myrmekomorph* genannt. Aussehen, Geruch und Verhalten schützen die Nachahmer, da viele ihrer Feinde wegen der Ameisensäure keine Ameisen fressen.

Spinnen in Ameisennestern

Es gibt Spinnen, die leben in Ameisennestern, ohne deren Aussehen und Verhalten zu kopieren. Neben Besuchern gibt es auch ständige Bewohner. Ein Beispiel dafür ist die Baldachinspinne *Masoncus pogonophilus* (Familie Linyphiidae) in Florida, die bei der Ernteameise *Pogonomyrmex badicus* lebt.

Ameisennachahmer

Die meisten Spinnenarten warten tagsüber oder nachts in Gespinsten auf Beute oder lauern auf Blüten und Blättern oder an den Öffnungen ihrer unterirdischen Bauten. Andere, wie Wolfspinnen und Springspinnen, laufen auf dem Boden oder in der Vegetation tagsüber auf der Suche nach ihren Opfern herum. Das trifft auch auf die Männchen der meisten Spinnenarten auf ihrer Suche nach ihren arteigenen Weibchen zu. Sie alle können leicht Opfer von optisch jagenden Räubern wie z. B. Echsen und Vögeln werden (s. o.).

Ameisen hingegen sind bei vielen Räubern wegen ihrer Ameisensäure nicht beliebt, werden von ihnen gemieden, auch wenn es Ausnahmen gibt, die sich geradezug auf Ameisen spezialisiert haben, wie die Ameisenbären. So ist es nicht verwunderlich, dass sich im Laufe der Evolution unter diesem Selektionsdruck Spinnenarten entwickelt haben, die wie Ameisen aussehen und sich auch so verhalten. Damit ihnen das gelingt, müssen sie gravierende Unterschiede im Körperbau ausgleichen, denn Ameisen besitzen einen dreigliedrigen Körper (Kopf, Brust und Hinterleib), sechs Beine und zwei Fühler, zudem als Hautflügler eine Wespentaille. Spinnen hingegen haben acht Beine und ihre Pedipalpen sehen nun einmal nicht wie Antennen aus.

Ameisennachahmer unter den Spinnen gleichen diese körperlichen Unterschiede aus: Sie laufen ruckartig flink am Tag am Boden umher, haben die Ameisentaille durch Färbung imitiert und halten ihr vorderstes Beinpaar wie Fühler vor sich gestreckt. Ja, sie schmecken sogar wie die Ameisenart, die sie imitieren. So werden sie von Singvögeln, die mit der Ameisensäure unangenehme Erfahrung gemacht haben, nicht gefressen. Sie haben aus dieser Nachahmung also einen Vorteil. Das nennt man *Bates'sche Mimikry.* Meistens ernähren sich diese Spinnen übrigens nicht von Ameisen.

Die in Deutschland häufigste Ameisenspringspinne ist *Synagales venator* (Familie Salticidae). Ein anderes Beispiel ist die 5-6 mm große *Myrmarachne formicaria*. Bei *Myrmarachne melanotarsa* in Kenia leben Hunderte, meist zwischen 10 und 50 Spinnen in einem Baumnest zusammen, das denen der nachgeahmten Ameisen der Gattung *Crematogaster* gleicht. Nur durch die Gemeinschaft sind sie geschützt (*Kollektive Mimikry*), denn in der Masse werden sie von größeren Springspinnen in Ruhe gelassen, da diese Ameisen meiden.

In Australien sind mehr als 20 Arten von Ameisennachahmern unter den Springspinnen beschrieben. Sie gehören verschiedenen Gattungen an: *Damoetus, Holoplatys, Judalana, Ligonepes, Myrmarachne* und *Rhombonotus*. Eine unbestimmte *Rhombonotus*-Art mit ihrem Ameisenvorbild *Meranoplus* stellen die beiden Autoren Whyte und Anderson in ihrem Feldführer einander gegenüber, um die verblüffende Ähnlichkeit zu demonstrieren. Von der Gattung *Myrmarachne*, bei der alle Arten Ameisennachahmer sind, bilden sie unter der Überschrift »Ant, ant, on the wall, who mimics you best of all?« neun Arten zum Teil in beiden Geschlechtern ab. Eine unter ihnen, *Myrmarachne bicolor* kommt in verschiedenen Farbformen vor, die unterschiedliche Ameisenarten imitieren.

Nicht nur Springspinnen, sondern auch Arten aus anderen Familien ahmen Ameisen nach. Bei den Plattbauchspinnen (Familie Gnaphosidae) ist es *Micaria pulicaria*. Unter den in Australien lebenden Long-spinneret speedsters (Familie Prodidomidae), schnellen Spinnen mit meist langen Spinnwarzen, ahmen einige tagaktive Arten Ameisen in Aussehen und Verhalten nach. Unter den Krabbenspinnen (Familie Thomisidae) imitiert die in Australien lebende *Amyciaea albomaculata* die Grüne Baumameise *Oecophylla smaragdina* in Aussehen und Verhalten. Ameisennachahmer gibt es auch in der Familie Corinnidae. In Australien ahmen Angehörige der Gattung *Poecilipta* verschiedene Ameisenarten nach, bei *Poecilipta kohouti* ist es die Grünköpfige Ameise *Rhytido ponera*. Bei der zentralamerikanischen *Castianeira rica* ahmen sogar die verschieden gefärbten Männchen und Weibchen sowie verschiedene Nymphenstadien unterschiedliche Ameisenarten aus verschiedenen Gattungen, ja Unterfamilien nach (*Multiple Mimikry*).

Ameisenähnliche Fressfeinde

Einige Spinnenarten imitieren nicht nur Ameisen, sondern fangen und fressen sie auch. Sie sind *myrmekophag*. Es handelt sich hierbei um *Agressive* bzw. *Peckham'sche Mimikry*.

Ein Beispiel ist die von Panama bis Paraguay vorkommende Krabbenspinne *Aphantochilus rogersi* (Familie Thomisidae). Mit ihrer Schwarzfärbung, Gestalt und Größe ist sie von der baumlebenden mit Giftstachel bewaffneten Knotenameise *Cephalotes atratus* (Familie Formicidae, Unterfamilie Myrmicinae), die bei Störungen von Ast zu Ast gleiten kann, erst bei näherer Betrachtung anhand der Beinzahl zu unterscheiden. Die Weibchen leben in nächster Nähe der Ameisennester und verteidigen ihren Kokon gegen die Ameisen. Junge Stadien greifen die Ameisen von vorne an und beißen in deren Stielchen zwischen Vorderkörper und Hinterleib, ausgewachsene Spinnen packen sie von hinten.

Die zu den Ameisenjägern (Familie Zodariidae) gehörende Spotted ground spider *Habronestes bradleyi* ortet in Australien ihre Ameisenbeute, die Fleischameise (meat ant) *Iridomyrmex purpureus* über deren in die Luft abgegebenen Alarmstoffe (Pheromone) mit ihren Chemorezeptoren an den Vorderbeinen. Sie selbst riecht wie die Ameisen und wird so nicht angegriffen und deren Larven in den Erdnestern ohne aufzufallen erbeuten. Gestalt und Gangart mit erhobenen Vorderbeinen schützen sie zudem vor Fressfeinden, die Ameisen meiden. Im oder am Ameisennest ist sie auch vor dem Dornteufel (*Moloch horridus*), einer Agamenart, sicher, der sich ausschließlich von Ameisen der Gattung *Iridomyrmex* ernährt, die er mit seiner Zunge von der Ameisenstraße aufleckt - und zwar 750 Stück täglich!

Die Springspinne *Cosmophasis bitaeniata* erbeutet Larven der sehr aggressiven grünen Weberameise *Oecophylla smaragdina*. Bei ihr ist nachgewiesen, dass sie auf der Körperoberfläche dieselben chemischen Substanzen besitzt wie die Ameisen, also genauso riecht. Und wie kommt es dazu? Ganz einfach, sie erhält den Nestgeruch durch den Verzehr der Ameisenlarven. Deren Arbeiterinnen reagieren entweder gar nicht auf die Spinne oder friedlich wie auf ihre Nestgenossinen, jedoch aggressiv gegenüber nestfremden Ameisen ihrer Art. Die Spinnen haben sich somit geruchlich optimal angepasst. So dürfte es auch bei den oben genannten und weiteren myrmekophilen Spinnen sein. Denn der Gesichtssinn spielt bei Ameisen beim Erkennen keine Rolle im Gegensatz zu den geruchlichen Informationen, die sie beim Betasten mit ihren Fühlern bekommen.

Wohngemeinschaften

Spinne und Frosch

Der Große frisst den Kleinen. Also fressen Frösche Spinnen und nur selten ist es bei großen Vogelspinnen umgekehrt. Erstaunlicherweise leben aber auch Vogelspinnen mit Fröschen in ihren selbst gegrabenen Höhlen in Panama sowie in Indien und Sri Lanka friedlich zusammen, wie Jan-Philipp Samadi 2014 in seinem Übersichtsartikel darstellt. Wegen ihrer giftigen Haut werden diese Frösche meist nicht von Spinnen gefressen. Das Zusammenleben ist zunächst einmal ein Vorteil für die Frösche: Sie finden Schutz. In diesem Fall, wo nur einer Nutzen hat, spricht man von *Kommensalismus*.

Doch es gibt auch ein Zusammenleben in Spinnenhöhlen zum gegenseitigen Nutzen (*Mutualismus*). So lebt in Sri Lanka der Frosch *Ramanella nagaoi* mit der Ornamentvogelspinne *Poecilotheria ornata* in einer Baumhöhle zusammen. Keiner tut dem anderen etwas zuleide: Die Frösche vergreifen sich nicht am Spinnenachwuchs, die Spinnenmütter lassen die Frösche leben. Die Eier von beiden Arten entwickeln sich. Die Spinnen greifen die froschlaichfressenden Geckos der Art *Hemidactylus depressus* an, die Frösche fressen die für Spinneneier gefährlichen Ameisen. Auch andere Spinnenarten leben mit Fröschen in einer Wohngemeinschaft: Vertreter der Gattungen *Aphonopelma* und *Pamphobeteus*.

Landplanarien in Vogelspinnenbauten

Unter den zu den Plattwürmern (Stamm Plathelminthes) gehörenden Strudelwürmern (Klasse Turbellaria) sind einige Arten zur Lebensweise an Land übergegangen. Es handelt sich um *Landplanarien*. Vertreter dieser Tiergruppe wurden vor kurzem an den Hängen des Vulkans Bromo auf Java im vorderen Bereich von Vogelspinnenhöhlen entdeckt. Da sie Feuchtigkeit zum Überleben benötigen, ist das nicht weiter verwunderlich. Beide Räuber leben offenbar friedlich zusammen. Ob einer Nutzen vom anderen hat, bleibt noch zu erforschen. Auch ist offen, ob diese Gemeinschaft nur ein lokales Phänomen und lediglich mikroklimatisch bedingt ist.

Parasiten, Pilze und Alterstod

Parasiten - extern und intern -

Milben und Buckelfliegen (Familie Phoridae) sowie Fadenwürmer parasitieren an Spinnen. *Milben* sitzen zwischen den Cheliceren und ernähren sich von Beuteresten. Sie sind Außenschmarotzer, *Ektoparasiten*. Die Maden der *Buckelfliegen* jedoch dringen in die Spinne ein und ernähren sich von ihr, was bei Massenbefall zu deren Tod führen kann. Sie sind genauso wie die Fadenwürmer Innenschmarotzer, *Endoparasiten*.

Tod durch Fadenwürmer

Ein Befall mit *Fadenwürmern* (Nematoden) ist für den Spinnenwirt meist tödlich. Weißer Schaum vor dem Mund tritt beim Befall mit zahlreichen Nematoden bei Vogelspinnen auf und bedeutet deren Tod. Heimische Spinnen werden ebenfalls infiziert. So wurden Trichternetzspinnen der Gattung *Coelotes* sowie Wolfspinnen der Gattung *Trochosa* in Deutschland mit jeweils einem Fadenwurm (aus der Familie Mermithidae) gefunden, der aufgerollt den ganzen Hinterleib der Spinne ausfüllte. Der aus dem 3 mm langen Hinterleib der Wolfspinne schlüpfende Wurm hatte eine Gesamtlänge von 19 cm! In einem jungen Stadium war er dort eingedrungen und hatte sich von Muskeln, Darmgewebe und Eierstöcken ernährt und so seinen Wirt unfruchtbar gemacht. Fadenwürmer verändern zudem das Verhalten ihrer Spinnenwirte: Diese begeben sich in Wassernähe. Dort schlüpfen die Würmer aus den verstorbenen oder noch kurze Zeit lebenden Spinnen. Fadenwurmweibchen legen ihre Eier dort ab, die von Insektenlarven aufgenommen werden und bei Häutungen, der Verpuppung und im schlüpfenden Insekt bleiben. Die Infektion einer Spinne mit einem Fadenwurm erfolgt über die Beutetiere, d. h. nach dem Fraß von Insekten, deren Larven im Wasser leben, wie z.B. Stechmücken und Zuckmücken. 1796 wurde übrigens erstmals die Parasitierung mit einem Nematoden in der Literatur erwähnt, wie wir in einem Übersichtsartikel von Poinar erfahren.

Parasitoide - spinnenfangende Wespen

Parasitoide sind Insekten, die im Unterschied zu Parasiten ausnahmslos ihre Wirte, meist Insekten, aber auch Spinnen, töten.

Am bekanntesten sind *Wegwespen*, ihren Nachwuchs mit Insekten versorgen, und *Schlupfwespen*, die aus Schmetterlingsraupen schlüpfen. Doch auch andere Schmarotzer töten regelmäßig. Wie gerade beschrieben sind dies Fadenwürmer, aber auch bestimmte Pilzarten, die Fliegen töten, sowie Protozoen. Auch bei ihnen müsste man eigentlich von Parasitoiden sprechen, tut es aber nicht.

Je nach Aufenthaltsort lassen sich *Ektoparasitoide*, die von außen an ihrem Wirt fressen und mit den Mundwerkzeuge in dessen Körperoberfläche verankert sind, und *Endoparasitoide*, die im Inneren ihres Wirtes fressen, unterscheiden.

Weiterhin kann zwischen *idiobionten* und *koinobionten Parasitoiden* unterschieden werden:

1) *Idiobionte* lähmen ihren Wirt dauerhaft durch einen Giftstich, der nun bewegungslos von den aus den Eiern des Insektenweibchens schlüpfenden Larven nach und nach aufgefressen wird. Damit dieser nicht leichte Beute von Räubern wird, transportiert ihn der Parasitoid in eine selbstgegrabene oder vorgefundene Höhle bzw. sucht in Bohrgängen im Holz lebende Wirte auf. Idiobionte können Endo- oder Ektoparasitoide sein.

2) *Koinobionte Parasitoide* hingegen lähmen ihren Wirt bei der Eiablage nicht oder nur vorübergehend. Der Wirt bleibt weiter aktiv, er kann fressen, wachsen und sich mehrfach häuten. Währenddessen frisst der Parasitoid Teile seines Körpers, verschont aber zunächst lebenswichtige Organe. Kurz vor seiner Verpuppung oder dem Schlüpfen stirbt der Wirt in der Regel. Koinobionte sind meist *Endoparasitoide*, schmarotzen also im Innern ihres Wirtes.

Das bekannteste Beispiel für koinobionte *Endoparasitoide* sind *Schlupfwespen* (Familie Ichneumonidae), deren Larven in Schmetterlingsraupen heranwachsen. Die Wespe legt ihr Ei entweder mittels des Legestachels direkt in die Schmetterlingsraupe oder heftet es außen an die Raupe, worauf sich die geschlüpfte Wespenlarve in die Schmetterlingsraupe bohrt und ihren Wirt von innen heraus auffrisst. Dabei schont sie zunächst die lebenswichtigen Organe, damit der Wirtsorganismus möglichst lange lebt. Letztendlich stirbt der Wirt, kurz bevor sich die Schlupfwespenlarven verpuppen. Ist Ihre Entwicklung abgeschlossen, verlässt die Schlupfwespe den toten Wirt. Die im folgenden aufgeführten Wespen sind jedoch alle *Ektoparasitoide.* Funde sind übrigens relativ selten. So fand Oliver-D. Finch in Sachsen diese nur bei 1% aller gesammelten Spinnen.

Idiobiontisch parasitoide Wespen

Die meisten **Wegwespen** (Familie Pompilidae), im Englischen auch *Spider wasps* genannt, fangen Spinnen als Nahrung für ihren Nachwuchs. Sie selbst ernähren sich von süßen Pflanzensäften. Sie sind nicht auf bestimmte Beute spezialisiert, jagen aber wohl sich in der Lebensweise ähnelnde Spinnengruppen wie Netzspinnen, Jagdspinnen oder Spinnen in Erdröhren.

Am bekanntesten sind die amerikanischen Tarantulafalken (*Pepsis*-Arten, z. B. *Pepsis formosa*) aus dem Film *Die Wüste lebt* (1953) von Walt Disney. Diese großen Wegwespen überwältigen Vogelspinnen durch einen Stich mit ihrem Giftstachel. Doch die Wespe siegt nicht immer. Wird sie von der Spinne mit den Cheliceren gepackt, ist es um *sie* geschehen. Bleibt die Wegwespe Sieger, so schleppt sie ihr gelähmtes Opfer an einen für die Eiablage geeigneten Ort. Dort gräbt sie eine Nestkammer, zieht die Spinne hinein, legt ein Ei an sie und verschließt die Kammer. Die aus dem Ei schlüpfende Wespenlarve frisst die auf Dauer gelähmte Vogelspinne nach und nach auf. Sie wächst durch Häutungen und verpuppt sich schließlich. Im Frühjahr schlüpft eine neue *Pepsis* und gräbt sich an die Oberfläche.

Bei uns in Mitteleuropa jagen kleinere Wegwespen (z. B. *Auplopus carbonarius*) ihre kleinere Spinnenbeute. Die gesellig lebende im Frühjahr aktive Art *Pseudagenia albifrons* baut Zellen aus Lehm für ihren Nachwuchs und erbeutet Spinnen von 5 bis 13 mm Körperlänge. Nur den großen Spinnen beißt sie die Beine ab. Die Wegwespenarten *Anoplius viaticus und Pompilus cinereus* erbeuten auch Pisauriden. Jakob Walter beobachtete 1994 in Schaffhausen, wie eine Wegwespe nacheinander die beinamputierten Körper von 10 trächtigen Weibchen der Brautgeschenkspinne *Pisaura mirabilis*-Weibchen anschleppte. Es gelang ihr nicht, auch nur eine einzige in den für die Brut ausgewählten Mauerspalt hineinzubekommen. Ameisen bedienten sich bei den abgelegten Spinnenkörpern, so dass der so erfolgreiche, aber »unbelehrbare Spinnenjäger« vielleicht sogar noch weitere Brautgeschenkspinnen erbeutete.

Auch **Grabwespen** der Gattung *Sceliphron* (Familie Sphecidae), von der es 6 Arten in Europa gibt, erbeuten Spinnen. Anders als in dieser Familie üblich bauen die Weibchen ihre Nester nicht im Erdboden, sondern fertigen aus feuchter Erde oder Lehm stabile, etwa faustgroße Nester, die aus mehreren Zellen bestehen. Sie werden an Pflanzen, Mauern, überhängenden Felsen und ähnlichem an einer geschützten Stelle, etwa einer Nische, angebracht. Häufig kann man die Nester an Gebäuden entdecken. Wie die Wegwespen sind auch hier die Imagines (die aus der Puppe geschlüpften geschlechtsreifen Wespen) Blütenbesucher. Sie versorgen ihre Larven mit gelähmten Krabben-, Radnetz- und Springspinnen. Je nach Größe kann eine mit einem Ei belegte Zelle bis zu 40 Spinnen enthalten. Die schlüpfende *Sceliphron*-Larve frisst die Spinnen nach und nach auf.

Koinobiontisch parasitoide Wespen

Einige **Wegwespen** (Familie Pompilidae, z. B. *Aporus*-Arten) graben keine Nestkammern wie die meisten Angehörigen dieser Familie (s. o.), sondern legen jeweils ein Ei an die von ihnen nur kurz betäubten Spinnen. Die Spinnen leben fast wie zuvor weiter und tragen die geschlüpfte, sich von ihr ernährende Larve bis zu ihrem Tod mit sich. Ein Beispiel ist die in Großbritannien lebende Art *Aporus unicolor*, die sich auf die Tapezierspinne *Atypus affinis* als Wirt spezialisiert hat. Sie dringt in deren Gespinstschlauch ein, paralysiert die Bewohnerin, legt ihr Ei an sie und verschwindet wieder.

Bestimmte **Schlupfwespen** (Familie Ichneumonidae, Polysphinctini) legen ihre Eier nicht *in* den Wirt (s.o.), sondern *auf* ihm ab. Ein Beispiel ist die bei uns lebende *Polysphincta rufipes*, die nicht auf einen Wirt spezialisiert ist. Sie attackiert mehrere Radnetzspinnenarten (Familie Araneidae). Hierzu gehören die Gartenkreuzspinne (*Araneus diadematus*), die Brückenkreuzspinne (*Larinioides sclopetarius*), die Schilfradnetzspinne (*Larinioides cornutus*) und die Sektorspinne (*Zygiella x-notata*).

Die Schlupfwespe greift noch nicht ausgewachsene Spinnen im Netz an, lähmt sie mir ihrem Legestachel und legt ein Ei auf den vorderen Bereich des Hinterleib ihres nur einige Minuten lang betäubten Opfers ab. Die Larve schlüpft, verankert sich mit dem hinteren Körperende an der Spinne und ernährt sich von ihr, indem sie immer wieder zubeißt und die Hämolymphe bzw. gegen Ende ihres Larvenlebens hin das weiche Gewebe auf der Unterseite des Hinterleibs aufsaugt. Die Spinne lebt weiter und kann sich sogar häuten, wobei die Wespenlarve ihren Halt nicht verliert. Doch am Ende des letzten Larvenstadiums bringt die Wespenlarve ihren Wirt mittels chemischer Botenstoffe dazu, ihren Schlupfwinkel mit Seide zu verstärken, tötet ihren Wirt und verpuppt sich im dichten Spinnengespinst. Gut geschützt und geborgen »ruht« sie, bis sie sich in eine Schlupfwespe verwandelt hat, aus der Puppenhülle schlüpft und damit die vollständige *Metamorphose* abgeschlossen ist.

Die Larven anderer Schlupfwespenarten bewirken im letzten Stadium, dass ihr Wirt eine vom Radnetz abweichende Struktur erzeugt. Ein Beispiel ist *Megaeteira madida*, die sich auf Streckerspinnen (Familie Tetragnathidae) der Gattung *Metellina* (Herbstspinnen) spezialisiert hat. In diesem Fall bringt sie die Wirtin durch Verabreichung spezieller Substanzen dazu, kein typisches Radnetz zu weben, sondern eine dicht gewobene dreidimensionale Struktur, in der sich die Wespe verpuppt. Man spricht hier von einem *Kokonnetz* (»cocoon web«).

Streckerspinnen der Gattung *Leucauge* hingegen werden von der neotropischen Schlupfwespengattung *Hymenoepimecis* dazu gebracht, die Radien ihres Radnetzes zu verringern. Diese verpuppt sich auf der Warte im Zentrum des Netzes. Hier bleibt die zweidimensionale Netzstruktur erhalten.

Beide Netzveränderungen bieten der Schlupfwespenpuppe effektiven Schutz vor Feinden und eine optimale Umgebung für ihre Entwicklung.

Spinnenfliegen

Die winzigen Larven der **Kugelfliegen**, auch **Spinnenfliegen** genannt (Familie Acroceridae) entwickeln sich im Unterschied zu den oben genannten Weg- und Schlupfwespen *im* Hinterleib von lebenden Spinnen. Diese Fliegen sind somit *endoparasitoide Koinobionten*. Ihren Wirt müssen die Larven finden, denn Fliegen besitzen keinen Legebohrer. Entweder sie warten auf eine vorbeilaufende Spinne (Arten der Gattung *Acrocera*) oder aber sie bewegen sich wie Spannerraupen fort, springen ihr Opfer an, schneiden ein Loch in den Hinterleib und suchen sich einen Platz nahe der Fächerlunge, wo sie sich mit Sauerstoff versorgen. Hier häuten sie sich, wobei sie sich in ein völlig anderes Ruhestadium verwandeln (*Hypermetamorphose*). Von hier aus fressen sie ihren Spinnenwirt von innen heraus auf, verschonen zunächst die lebenswichtigen Organe, bis sie diese am Ende des Larvenlebens komplett ausgefressen haben. Sie überwintern in der leeren Spinnenhaut und verpuppen sich anschließend im Boden oder schlüpfen aus der Spinne selbst. So wurde *Ogcodes gibbosus z. B.* beim Schlüpfen aus einem adulten Weibchen der Wolfspinne *Pardosa saltans* beobachtet. Diese ist ein typischer Wirt, denn Spinnenfliegen parasitieren hauptsächlich die am Boden und in Bodennähe lebenden Spinnen wie Wolfspinnen (Lycosidae), darunter meistens Arten der Gattung *Pardosa.* Weitere Wirte gehören zu den Familien Agelenidae, Amaurobiidae, Clubionidae, Gnaphosidae, Oxyopidae, Philodromidae, Plectreuridae, Salticidae und Thomisidae. Übrigens ernähren sich Spinnenfliegenweibchen genauso wie Schlupfwespen von Blütennektar oder nehmen gar keine Nahrung mehr zu sich.

Lausfliegen

Lausfliegen (Familie Hippoboscidae, Ordnung Diptera) sind kleine flache Außenschmarotzer (*Ektoparasiten*), die bei Säugetieren und Vögeln Blut saugen.

So ist der Fund eines parasitierten Wolfspinnenweibchens von (*Alopecosa striatipes*, Familie Lycosidae) erstaunlich. Der Parasit konnte als *Melophagus ovinus* bestimmt werden. Diese als Schaflaus bekannte Fliege war an der rechten Seite des Opisthosomas (Hinterleib) der Spinne verankert.

Kokonparasiten

Einige **Schlupfwespen** (Familie Ichneumonidae) haben es nicht auf die Spinnen selbst, sondern auf ihre Eier im Kokon abgesehen. Daraus schlüpfen je nach

Schlupfwespenart entweder eine große Wespe oder zahlreiche winzige Wespen. Die hohe Eizahl in einem Kokon z. B. von Raubspinnen (Pisauridae) ist eine lohnende Nahrungsquelle für die Wespenlarven. So wundert es nicht, dass wir inzwischen mehrere Schlupfwespenarten kennen, die ihre Eier in *Pisaura mirabilis*-Kokons legen. Sie gehören zu den Gattungen *Gelis* und *Trychosis*.

Trychosis tristator ist ein Parasit der Brautgeschenkspinne. In jedem Kokon entwickelt sich nur eine Larve, die sich von den Spinneneiern ernährt und sie oft vollständig verzehrt. Die Schlupfwespe hat es hier einfach, ein Ei abzulegen, denn sie muss keine Gegenwehr »befürchten«: *Pisaura mirabilis* trägt ihren Kokon in den Cheliceren mit sich und fängt zudem in dieser Periode keine Beute. Die Spinne behandelt in der Folgezeit den parasitierten Kokon, der nach der Verpuppung der Schlupfwespe eine ellipsoide Form annimmt, wie ihren eigenen, hängt ihn schließlich im Glockengewebe auf und bewacht ihn. Wie häufig diese Parasitierung vorkommen kann, zeigte eine Freilanduntersuchung von 1978 in der Bretagne. Philippe Pénicaud fand dort zwischen dem 8. Juli und 12. September eine Kokonparasitierungsgrad von 15% bei 92 kontrollierten Kinderstuben. In Südengland wurde im Juli ein Parasitierungsgrad von 19 bis 42% festgestellt. Bei mir trugen zwei *Pisaura mirabilis*-Weibchen ihre Kokons bis Anfang Juli und hängten sie dann auf. Aus jedem schlüpfte ein *Trychosis*-Weibchen. Neben der Puppenhülle der Schlupfwespe fanden sich auch noch wenige Spinneneier und tote Junge. Eins der beiden Brautgeschenkspinnenweibchen starb bald. Die andere lebte weiter und stellte im Labor noch 4 weitere Kokons her: den 2. fraß sie auf, den 3. öffnete sie nicht, obwohl er auch 3 lebende Junge und 54 Eier enthielt, im 4. waren noch nur 42 unentwickelte Eier, im 5. keine mehr. In beiden Fällen bedeutete also der Schlupfwespenbefall vollständige Vernichtung des Nachwuchses.

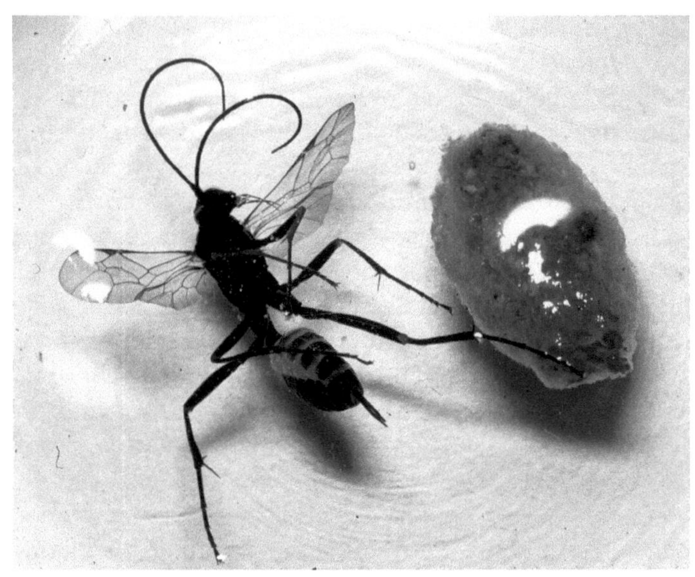

Schlupfwespenweibchen der Gattung *Trychosis* neben dem geöffneten Kokon der Brautgeschenkspinne *Pisaura mirabilis*.

Auch *Gelis*-Arten parasitieren Spinnenkokons. Mit 2,5 bis 6 mm sind diese Schlupfwespen relativ klein, auch besitzen sie keine Flügel. Sie legen ihre Eier mithilfe ihres Legeapparates zwischen die Spinneneier. Zahlreiche Larven ernähren sich von diesen, fressen jedoch nicht alle. Die Parasitierung durch sie führt somit nicht zum Totalverlust des Geleges. Oliver-D. Finch fand bei seiner Untersuchung im Wald und auf offener Fläche 2005 zwei Arten der Gattung *Gelis* in 5% aller Kokons der Balda- chinspinne *Floronia bucculenta* und *Aclastus*-Arten in 10% aller Kokons der Baldachinspinne *Linyphia horten- sis*. 40% der Kokons des Spinnenfressers *Ero* (Familie Mimetidae) waren von drei Schlupfwespen infiziert, bei einer Feldspinne der Gattung *Agroeca* (Familie Liocrani- dae) waren es stellenweise sogar 60%. Insgesamt fand er in seiner Studie 23 verschiedene Parasitoide.

Erzwespen (Chalcidoidea) bilden eine Überfamilie der Hautflügler, zu der einige der kleinsten geflügelten Insekten zählen. Sie werden selten größer als 5 Millimeter (das ungeflügelte Männchen einer Art lediglich 0,11 mm). 19 Familien werden unterschieden. Ihr deutscher Name rührt von der metallischen Färbung der meisten Arten her. Die überwiegende Mehrzahl der 22 000 Arten ernährt sich im Larvenstadium parasitisch. Dabei können Eier, Larven und Puppen sowie die Adultstadien der Wirte befallen werden. Was die Spinnen betrifft, so parasitieren sie deren Kokons.

Fanghafte (Mantispidae) können mit ihren zum Beutefang umgewandelten Vorderbeinen auf den ersten Blick mit Fangschrecken (Mantidae) verwechselt werden, sind aber Netzflügler (Neuroptera). Die zur Unterfamilie Mantispinae gehörenden Arten sind Kokonparasiten von Spinnen. Sie haben sich nicht auf bestimmte Spinnenarten spezialisiert. So sind z. B. die Larven der nordamerikanische *Mantispa uhleri* in den Kokons nahezu aller Jagdspinnenfamilien zu finden. Die Weibchen heften im Sommer mehrere Tausend Eier an oberirdische Pflanzenteile. Die schlüpfenden Larven überwintern und suchen aktiv im April nach Spinnenkokons. Sie beißen diese auf, schlüpfen hinein und häuten sich zu Sekundärlarven mit einer dicken madenförmigen Gestalt und kurzen Zangen, mit denen sie Spinneneier und -junge aussaugen. Sie verpuppen sich im Juni im Spinnenkokon. Im Juli schlüpfen die erwachsenen Fanghafte. Wegen der Entwicklung mit zwei unterschiedlichen Larvenformen spricht man hier von *Hypermetamorphose*. Eine andere Taktik, um in den Spinnenkokon zu gelangen, ist, sich von der Spinne *vor* der Kokonherstellung transportieren zu lassen (*Phoresie*) und dann erst in ihn einzudringen. Die Larven anderer Fanghaftarten dringen in die Buchlunge der Spinne ein, wo sie sich von der Hämolymphe ernähren.

Pilzinfektionen

Es gibt Pilzarten, die Insekten und Spinnen in ihrem natürlichen Lebensraum befallen. Es handelt sich um Schlauchpilze (Ascomycota), zu denen Hefe- und Schimmelpilze sowie Trüffel und Morcheln gehören. Unter den Schlauchpilzen gibt es symbiontische Arten (Flechten: Pilz und Alge, Mycorhizza: Pilzgeflecht an den Baumwurzeln) und für den Menschen nützliche Arten (*Penicillium* erzeugt das Antibiotikum Penicillin) sowie für uns schädliche und gefährliche Arten, wie den Mutterkornpilz (*Claviceps purpurea*) am Getreide.

Einige der für Tiere *pathogenen* (krankheitserregenden) Arten sind auf Spinnen spezialisiert, die sie auffressen (sie sind). Hierzu gehört die vorwiegend in den Tropen verbreitete Gattung *Gibellula,* aber auch *Cordyceps* und *Torrubiella.* Nicht nur Vogelspinnen in ihren Erdröhren und Spinnen der feuchten Streuschicht, sondern auch freilebende Springspinnen (Familie Salticidae) und Radnetzspinnen der Gattungen *Argiope* und *Nephila* sowie Kokons werden infiziert.

Bei uns in Europa sind Funde selten. So wurden in Serbien bei dreijähriger Suche nur zwei von Pilzfadengeflecht (Myzel) überwachsene Spinnen gefunden: eine Wolfspinne (Familie Lycosidae) und eine Trichternetzspinne (Familie Agelenidae). Ihre zum großen Teil aufgelösten Körper waren vollständig von weißen Fadenstrukturen mit Sporenträgern darin bedeckt. Die Sporen werden mit dem Wind, durch Wasser oder Tiere verbreitet. Sobald sie mit einem Spinnenkörper Kontakt haben, keimen sie und wachsen durch das Außenskelett hindurch in die Leibeshöhle, wobei sie es beim weichen Hinterleib der Spinnen einfacher als beim stärker chitinisierten Vorderkörper haben. Im Innern breitet sich das Myzel aus. Nach und nach wird der ganze Wirtskörper aufgelöst. Nach einigen Wochen stirbt die Spinne und die Sporenträger wachsen nach außen .

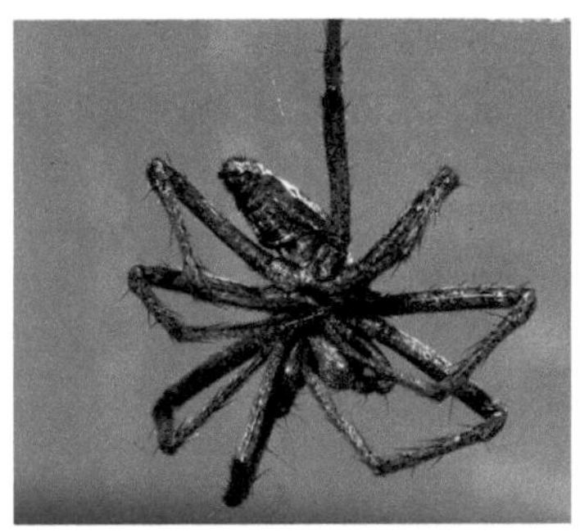

Totes Männchen der Brautgeschenkspinne (*Pisaura mirabilis*) mit eingekrümmten Beinen, am 4. Bein rechts in der Luft hängend.

Alterstod

Die meisten Spinnenarten werden nur ein bis zwei Jahre alt. Ausnahmen sind die Vogelspinnenartigen (Mygalomorphae) sowie die Tasmanische Höhlenspinne (*Hickmania troglodytes*), die viele Jahre leben können. Bei uns sterben z. B. die Weibchen von Kreuz-, Wespen- und Brautgeschenkspinnen im Herbst bzw. bei Winteranbruch. Die Jungen überwintern im Kokon bzw. in der Krautschicht.

Wie hoch die Anzahl der Spinnen im Freiland ist, die ihr maximal mögliches Alter erreichen, wissen wir nicht. Die meisten werden es nicht erreichen, denn zahlreiche Spinnen werden vorher von Artgenossen, Feinden und Parasitoiden getötet. Eine tote Spinne ist übrigens an ihren zusammengekrümmten Beinen zu erkennen, da Streckermuskeln und der zum Ausstrecken nötige Druck der Hämolymphe nach Ausfall des Herzens fehlen.

Spinne am Spieß

Wir Menschen gehören inzwischen zu den schlimmsten Spinnenfeinden. Nein, nicht weil wir sie zerquetschen oder gar aufessen, sondern weil wir ihre Lebensräume zerstören, z. B. die Regenwälder in Brasilien abholzen. Bei uns wurden Feuchtgebiete trockengelegt, die Flur bereinigt und vernichten Insektizide Spinnen und deren Insektenbeute. Auch werden Vogelspinnen im Freiland gefangen, um sie zu verkaufen. Deshalb sollten wir uns möglichst nur nachgezüchtete Exemplare anschaffen.

Gegrillte »Tarantel«

Es gibt Menschen in Südamerika und Südostasien, die große Spinnen gebraten mögen. So fangen Indios vom Stamm der Piaroa in Venezuela große bodenbewohnende Vogelspinnen der Gattung *Theraphosa*, wickeln sie lebend in Blätter ein, töten sie mit einem Stich in die Bauchseite des Vorderkörpers und genießen getrennt die Eier aus dem Hinterleib und den gegrillten Vorderkörper. Die Giftklauen benutzen sie nach der Mahlzeit als Zahnstocher. In Brasilien werden diese Spinnen auch aus magischen Gründen bei Initiationen gegessen, um deren Jagdfähigkeiten in sich aufzunehmen.

In Kambodscha graben Frauen Vogelspinnen aus ihren Erdhöhlen, ziehen ihnen die Gift»zähne«, präsentieren und frittieren die gründlich gewaschenen und gewürzten Spinnen in heißem Öl auf dem Markt, wo sie dann mit Haut und Haar gegessen werden. Zentrum für den Vogelspinnenhandel ist die Ortschaft Skun nördlich Phnom Penh, wo täglich bis zu 1 500 Spinnen verkauft werden sollen. Doch auch in der Hauptstadt sowie bei den Tempelruinen von Ankor werden frittierte Vogelspinnen angeboten. Es dürfte sich um die Art *Haplopelma longipes* handeln, wie Tobias Hauke in seinem umfangreichen Artikel über diese Gattung berichtet.

In der Sendung *Travel Sick* musste ein Engländer folgende Aufgabe in Kambodscha lösen: »Eat a spider!« (»Iss eine Spinne!«) Ein Einheimischer grub eine aus, der Kandidat hielt sie in der Hand. Dann sahen wir, dass diese als Delikatesse geltenden, in Knoblauchbrühe eingelegten Spinnen in Öl gebraten wurden. Dazu gab es Palmwein. Der Engländer verzehrte ein Bein und einen Teil des Hinterleibs, obwohl er sich vor diesem besonders ekelte. Aufgabe bestanden. »Buffalo spiders« werden diese von Menschen gegessenen Vogelspinnen der Art *Haplopelma longipes* übrigens genannt.

Auch bei youtube gibt es Videos wie *Asia Food Challenge* zu sehen, wo deutsche Jungs neben anderen gegrillten Tieren auch eine Vogelspinne probieren.

Lebende Spinne roh verzehrt

In Thailand essen einige Menschen noch Vogelspinnen auf traditionelle Weise, nämlich lebend. Sie beginnen mit den Beinen der in Mangoblättern eingerollten Spinne. Dann drücken sie den Hinterleib auf einem Bällchen Reis aus.

Andere Länder, andere Zeiten - andere Sitten

Wir Europäer wundern uns über all das und ekeln uns davor. Doch hätten wir es von klein auf gelernt, wäre es ganz normal. Wir essen Garnelen und andere Krebse, die ebenfalls zu den Arthropoden gehören. Andere Länder, andere Sitten und - andere Zeiten. Doch Insektennahrung ist auch bei uns im Kommen, da z. B. Heuschrecken und Grillen leicht zu züchten und bedeutend umweltfreundlicher als Rinder sind, deren Zahl ständig wächst. Letztere geben in großen Mengen das Treibhausgabe Methan ab, ein Hausrind täglich 150 bis 250 Liter. Bei weltweit 1,5 Milliarden Rinder ergibt das riesige Mengen. Und die Zahl steigt ständig.

Auch unsere Vorfahren in Afrika und Asien haben sich vermutlich nicht anders verhalten als Südostasiaten und südamerikanische Indianer heute. Übrigens verzehrt auch Draculas größter Fan Renfield am liebsten Spinnen.

Artenzahl und Spinnennamen

Spinne ist nicht gleich Spinne, wie wir alle wissen. Es gibt zahlreiche verschiedene Arten, die unterschiedlich aussehen und mehr oder weniger nah miteinander verwandt sind. Dennoch haben alle derzeit lebenden Arten einen gemeinsamen Vorfahren, die *Urspinne*. Die Frage ist hier, wie viele Spinnen*arten derzeit* auf unserer Erde leben?

Die *weltweite Artenzahl* wird auf 120 000 geschätzt. Wie viele es tatsächlich in diesem Augenblick sind, ist unbekannt, denn viele Arten sind noch gar nicht entdeckt, andere sterben gerade aus, ohne dass sie je ein Spinnenforscher zu Gesicht bekommen hat. Denn diese Arten kommen nur lokal im Regenwald vor, der zur Holzgewinnung und für Plantagen abgeholzt wird. Auch bei uns ist die Zerstörung von Lebensräumen der Hauptgrund, warum einige Arten so selten geworden sind, dass sie unter Schutz gestellt werden mussten.

Derzeit sind weltweit 47 759 Spinnenarten bekannt, die zu 4101 Gattungen in 118 Familien gehören (Stand: 09.10.18). Die größte Artenzahl weist die bei uns heimische Familie der Springspinnen (Salticidae) mit 6 089 Arten auf, gefolgt von den bei uns überall vorkommenden Baldachinspinnen (Linyphiidae) mit 4 571 Arten weltweit. 3 130 Arten von Radnetzspinnen (Araneidae), zu denen unsere Gartenkreuzspinne gehört, sind bekannt. Von den wenig bekannten Familien Huttoniidae aus Neu-Seeland und den in den USA lebenden Trogloraptoridae ist jeweils nur eine Art beschrieben. Die beiden Spinnenfamilien, bei denen Männchen Brautgeschenke herstellen, haben 356 Arten in 51 Gattungen (Pisauridae) bzw. 120 Arten in 16 Gattungen (Trechaleidae). Einen Überblick über aktuelle Artenzahlen einiger bekannter Familien gibt die folgende Tabelle.

Einheimische Familien (Auswahl) **Artenzahl**
in alphabetischer Reihenfolge Europa* /
weltweit**

Agelenidae	Trichternetzspinnen	222 / 1 288
Amaurobiidae	Finsterspinnen	39 / 274
Araneidae	Radnetzspinnen	103 / 3 130
Clubionidae	Sackspinnen	50 / 624
Dictynidae	Kräuselspinnen	64 / 464
Eresidae	Röhrenspinnen	18 / 98
Gnaphosidae	Plattbauchspinnen	473 / 2 226
Linyphiidae	Baldachinspinnen	1 230 / 4 571
Lycosidae	Wolfspinnen	265 / 2 423
Mimetidae	Spinnenfresser	11 / 152
Oxyopidae	Luchsspinnen	11 / 457
Philodromidae	Laufspinnen	91 / 539
Pholcidae	Zitterspinnen	46 / 1672
Pisauridae	Raubspinnen	7 / 356
Salticidae	Springspinnen	347 / 6 089
Scytodidae	Speispinnen	8 / 248
Sparassidae	Riesenkrabbenspinnen	15 / 1 225
Tetragnathidae	Streckerspinnen	33 / 1 003
Theridiidae	Kugelspinnen	231 / 2 504
Thomisidae	Krabbenspinnen	193 / 2 164
Uloboridae	Kräuselradnetzspinnen	9 / 283

*: Stand 22.9.18, aktuell unter https://www.araneae.nmbe.ch.
**: Die aktuelle Statistik aller bekannten 118 Familien befindet sich im *World Spider Catalogue* unter: https://wsc.nbbe.ch/statistics. Weltweite Artenzahl, Stand: 09.10.18.

Die weltweit bekannte Artenzahl *wächst* ständig, weil immer wieder neue Arten in bisher noch wenig erforschten Regionen entdeckt werden und sich öfter herausstellt, dass Spinnen, die bisher einer einzigen Art zugerechnet wurden, tatsächlich zu mehreren sehr ähnlichen Arten gehören.

Wenn Sie wissen wollen, wie viele Spinnenarten gerade jetzt beim Lesen dieses Buches der Wissenschaft *weltweit* bekannt sind, schauen Sie einfach in den neuen

World Spider Katalog der Universität Bern (www.nmb. ch). Dort finden Sie die aktuellsten Artenzahlen weltweit, von Europa und einzelnen Ländern und erfahren, welche Gattung zu welcher Familie gehört, welche Arten es gibt, ein Info über fossile Arten u. v. m.

In *Europa* sind derzeit (am 22.9.18) 4 527 Spinnenarten (und Unterarten) heimisch, die zu 658 Gattungen in 62 Familien gehören, wovon die meisten im Mittelmeergebiet vorkommen. Wohl wegen Wissenslücken in den anderen Staaten sind die höchsten Zahlen aus Frankreich und Italien bekannt, in *Deutschland* sind es 1 016 Arten aus 363 Gattungen. Ähnlich sind die Zahlen in Österreich und in der Schweiz. In Europa gehören die meisten Arten (1 230 = 27,2%) zu den Baldachinspinnen (Linyphiidae). Dies gilt auch für Deutschland. Die weltweit artenreichsten Springspinnen (Salticidae) sind dagegen nur mit 347 Arten (= 7,6 %) vertreten. Von einer Reihe von Familien ist in Europa nur jeweils eine Art bekannt.

Wie erkennt man Spinnenarten?

Bestimmung nach Fotos

Vielleicht besitzen Sie ein Buch mit Fotos heimischer Spinnen, wie z. B. von Baehr & Bellmann (2009) oder Bellmann (2006, 2010). In der Einleitung dieser Bücher steht, dass nicht alle, z. B. in Mitteleuropa vorkommenden Arten abgebildet sind. Nur einige der bekanntesten und häufigen Arten lassen sich exakt nach Fotos bestimmen. Dennoch werden Sie auf vielen Fotos, die unterschiedliche Arten zeigen, nur geringe oder gar keine Unterschiede entdecken.

Bestimmung nach äußeren Merkmalen

Sicher bestimmbar sind die meisten Spinnenarten nur mit Stereolupe und Fachliteratur, z. B. mit dem Buch von Heimer & Nentwig (1991), dessen Inhalt inzwischen im Internet unter www.araneae.unibe.ch/ zu finden ist. Bei der Bestimmung ist auf die Augenzahl und -anordnung, das Aussehen der Spinnwarzen, das Vorhandensein besonderer Haare an den Beinen und auf die meist arttypischen Strukturen an den Genitalien von Männchen und Weibchen zu achten: Das *Schlüssel-Schloss-Prinzip* der kompliziert gestalteten Bulben und Epigynen bei den meisten Arten (*entelegyne Spinnen*) erleichtert die Bestimmung. Dies funktioniert jedoch nicht bei Vogelspinnenartigen und haplogynen Spinnen, da diese einfachere Geschlechtsorgane besitzen. Bei der präzisen Artbestimmung darf sich die Spinne nicht bewegen, muss also tot oder zumindest mit Kohlendioxid betäubt sein. Bei Bestimmungskursen von Biologiestudenten werden übrigens in Alkohol konservierte Spinnen verwendet.

DNA-Barcoding

Ein neues Verfahren zur Klärung von Verwandtschaft und Identifizierung von Arten ist das *DNA-Barcoding.* Hierbei wird ein spezieller Abschnitt der DNA, ein bestimmtes Gen betrachtet. Die Abfolge der Basenpaare wird aufgezeichnet und als Kennzeichen für eine bestimmte Art verwendet. Zur Identifikation einer Tier-, Pflanzen-, Pilz- bzw. Einzellerart dient ein Fragment eines Mitochondrien-Gens (das Cytochrome c Oxidase Subunit I (CO1)-Gen). Doch warum nimmt man kein Gen aus dem Zellkern?

Mitochondrien sind *Organellen,* d. h. so etwas wie Organe innerhalb einer Zelle. Diese faden- od. kugelförmigen Gebilde sind für die Atmung und den Stoffwechsel der Zelle zuständig. Sie befinden sich in allen Körperzellen und den Eizellen, werden also nur von der Mutter an die Nachkommen weitergegeben. Es kommt zu keinem Genaustausch wie bei den väterlichen und mütterlichen Chromosomen im Zellkern.

Das zur Artidentifizierung benutzte Gen wird relativ konstant vererbt, nur Punktmutationen treten in gleichmäßigen Abständen auf. So kann es als Marker, zur Kennzeichnung dienen. Ist es (nahezu) identisch aufgebaut, z. B. bei mehreren Spinnenexemplaren, so gehören diese zur selben Art. Grundsätzlich gilt: Je größer die Übereinstimmungen sind, desto näher sind die untersuchten Tiere miteinander verwandt.

Das DNA-Barcoding stellt somit ein einzigartiges Werkzeug zur Identifikation von Tierarten dar. Sind die Daten erst einmal gespeichert, so lässt sich die Artzugehörigkeit z. B. eines bei einer Expedition gesammelten Exemplars einfach und schnell feststellen, ohne dass hierzu Expertenwissen wie bei der Bestimmung von äußeren Merkmalen nötig ist.

Die Basenabfolge stellt einen Code dar, der funktioniert wie der Barcode (Balkencode) beim Einscannen an der Discounterkasse - oder der Buchhandlung (s. Backcover dieses Buches). Der Unterschied ist jedoch, dass der DNA-Barcode in jedem Lebewesen bereits vorhanden ist, während der Barcode am Artikel erst angebracht werden muss, um ihn einzuscannen zu können.

Das DNA-Barcoding ermöglicht die Feststellung der Artzugehörigkeit bei jungen Spinnen, die noch nicht die Merkmale der Erwachsenen (*Adulten*) zeigen, sowie die Identifikation von äußerlich schwer unterscheidbaren Weibchen innerhalb bestimmter Gattungen. An verschiedenen Orten gesammelte Exemplare von einem oder anderen Geschlecht können so einer Art zugeordnet werden, die evtl. zuvor als zwei unterschiedliche Arten beschrieben wurden. Umgekehrt wird so festgestellt, das äußerlich gleich aussehende Spinnen in Wirklichkeit zu zwei verschiedenen (*kryptischen*) Arten gehören. Besonders bei Zwillingsarten und eng verwandten Arten ist das Barcoding sinnvoll, wo die Bestimmung durch äußere Merkmale versagt. Beispiele hierfür sind die Wolfspinnen der *Pardosa lugubris*-Artengruppe (Familie Lycosidae) und die Gattung *Eresus* (Familie Eresidae). Mit dieser Methode lässt sich auch klären, ob genetische Unterschiede zwischen bisher zu einer Art gezählten Spinnen mit einem großen Verbreitungsgebiet bestehen. Dies gilt auch für Spinnen, deren *Populationen* voneinander isoliert sind, z. B. *Acantholycosa norvegica*, eine arktisch alpin vorkommende Wolfspinne.

Von Jahr zu Jahr werden die DNA-Barcodes von immer mehr Lebewesen ermittelt und gespeichert. Von 8 446 509 gesammelten Exemplaren weltweit sind inzwischen die Codes von 6 106 803 bekannt, die zu 279 728 Arten gehören. Die meisten sind Arthropoden (Gliedertiere), zu denen die Spinnen (Araneae) gehören. Von 31% der europäischen Spinnenarten ist inzwischen der Barcode bekannt.

Was unsere heimischen Spinnen betrifft, so erstellen Mitarbeiter beim Projekt GBOL (*German Barcode of Live*) im deutschlandweiten Netzwerk aus Naturkundemuseen und Forschungsinstitute auf www.bolgermany. de eine genetische Bibliothek aller Tiere, Pflanzen und Pilze Deutschlands. Ziel ist das *DNA-Barcoding* aller heimischen Arten und die Einspeisung der Daten in die globale Referenz-Barcode Datenbank BOLD (*Barcode of Live Data*), die unter www.boldsystems.org öffentlich zugänglich ist. Von fast 600 heimischen Spinnenarten Deutschlands liegen die Daten bereits vor, u. a. von unserer Gartenkreuzspinne *Araneus diadematus*.

Artnamen

Art, Gattung, Familie, Ordnung

Zu einer *Art* gehören alle Spinnen, die sich paaren und miteinander Nachwuchs zeugen. Nah verwandte Arten gehören zu einer *Gattung*. Verwandte Gattungen bilden eine *Familie*. Alle Spinnen bilden die Ordnung Webspinnen (Araneae).

Deutsche Namen

Vielleicht ist Ihnen schon aufgefallen, dass bisweilen in verschiedenen Fotobestimmungsbüchern ganz unterschiedliche *deutsche Namen* bei gleich aussehenden Spinnen stehen. In anderen Fällen steht bei verschiedenen Spinnen immer nur derselbe deutsche Name, z. B. »Baldachinspinne«. Was hat es nun damit auf sich?

Bei einigen Spinnenarten gibt es kein Problem: Die Gartenkreuzspinne heißt so, weil sie eine kreuzförmige Zeichnung auf dem Hinterleib trägt und auch häufig in Gärten vorkommt. Ganz anders sieht es schon bei einer nicht so bekannten Art aus, die stellenweise aber gut getarnt im hohen Gras recht häufig vorkommt. In einem älteren Bildband heißt sie Raubspinne. In vielen neuen Spinnenfotobüchern und auch im Internet bei Wikipedia wird sie Listspinne genannt. Genau diesen Namen trug jedoch früher die Gerandete Jagdspinne. Und schon kommt es zu Missverständnissen. Ich nenne diese Spinnenart Brautgeschenkspinne, weil das Männchen dem Weibchen umsponnene Beute als Geschenk zur Spinnenhochzeit mitbringt.

Englische Namen

Spinnen tragen in englischsprachigen Ländern bisweilen umgangssprachliche Namen, die unseren nicht entsprechen. In der Tabelle gebe ich einige Beispiele für Familiennamen (s. a. im Kapitel *Spinnenfamilien*).

Die Gartenkreuzspinne (*Araneus diadematus*) hat im Englischen mehrere Namen: Cross spider, Cross orbweaver, Diadem spider, European garden spider oder einfach Garden spider.

In anderen Ländern, so etwa in Australien, kommen zudem Spinnen aus Familien vor, die dort umgangssprachliche Namen haben, die es bei uns jedoch nicht gibt und für die somit auch keine deutschen Namen existieren. Zwei Beispiele: Red-and-black Spiders (Familie Nicodamidae) und die Unusual Flatties (Familie Trochanteriidae).

Baldachinspinnen	Sheet-web weavers	Linyphiidae
Zwergspinnen	Money spiders	Linyphiidae
Krabbenspinnen	Crab spiders	Thomisidae-
Radnetzspinnen	Orb-weavers	Araneidae
Kugelspinnen	Comb-footed spiders	Theridiidae
Luchsspinnen	Lynx spiders	Oxyopidae
Raubspinnen	Nursery-web spiders Fishing spiders	Pisauridae
Riesenkrabbenspinnen	Huntsman spiders	Sparassidae
Speispinnen	Spitting spiders	Scytodidae
Springspinnen	Jumping spiders	Salticidae
Streckerspinnen	Long-jawed spiders	Tetragnathidae
Trichternetzspinnen	Funnel weavers	Agelenidae
Vogelspinnen	Tarantulas	Theraphosidae
Wolfspinnen	Wolf spiders	Lycosidae
Zitterspinnen	Daddy long-legs	Pholcidae

Wissenschaftliche Namen

Populäre Namen von Spinnenarten und -familien weichen in verschiedenen Ländern voneinander ab, wie wir gerade beim Vergleich von deutschen und Englischen Familiennamen erfahren haben. Sie sind somit für die Kommunikation und das Verständnis in der Wissenschaft, in unserem Fall zwischen Spinnenforschern (*Arachnologen*), ungeeignet.

Aus diesem Grund ist es sinnvoll, wissenschaftliche Namen zu verwenden. Immerhin erfährt man als Deutscher so, um welche untersuchte Spinne es sich z. B. in einer chinesischen Veröffentlichung handelt, wenn man auch den Text wegen der uns fremden Schriftzeichen nicht lesen kann.

Vor einiger Zeit wurde zudem immerhin in den meisten Veröffentlichungen eine Zusammenfassung (Summary) in englischer Sprache, *der* Wissenschaftssprache, hinzugefügt, aus der die wichtigsten Resultate hervorgehen. Inzwischen werden die meisten wissenschaftlichen Publikationen jedoch vollständig in englischer Sprache abgefasst. So ist eine weltweite Kommunikation in der Wissenschaft gegeben. Übersetzungsprogramme erweisen sich derzeit noch als ungeeignet für das Verständnis.

Doch zurück zu den Namen. Alle Tiere, Pflanzen, Pilze und Bakterien tragen wissenschaftliche Namen. Diese finden sich in den meisten Spinnenbüchern, doch auch an den Boxen der Vogelspinnen in Zoohandlungen. Für manch eine Art dieser großen Spinnen sowie überhaupt für die meisten Spinnenarten gibt es gar keinen deutschen Namen (auch keinen englischen, französischen etc.). Somit wird klar, warum in Fotobestimmungsbüchern bei Baldachinspinnenarten immer nur »Baldachinspinne« steht.

Der Artname - Gattung und Art

Jeder wissenschaftliche Artname besteht aus zwei Wörtern *(binäre Nomenklatur)*. Das erste Wort wird groß geschrieben. Es ist die Gattung, zu der die Spinne gehört. Das zweite Wort wird klein geschrieben. Es ist der Zusatzbegriff, der diese Spinne von anderen Arten der Gattung unterscheidet. Beide Worte zusammen bezeichnen die Art.

Zwei Beispiele gebe ich hier: Die Gartenkreuzspinne heißt wissenschaftlich *Araneus diadematus*. Beide Worte sind lateinisch, die frühere Fachsprache in der Wissenschaft. *Araneus* ist der lateinische Begriff für

Spinne. Der Artname *diadematus* bezieht sich auf die Kreuzzeichnung auf dem Hinterleib.

Bei der Brautgeschenkspinne *Pisaura mirabilis* soll der Gattungsname *Pisaura* von der italienischen Stadt Pisaurum (heute: Pesaro) stammen, wo die Spinne gefunden wurde. Der Artname *mirabilis* heißt wunderbar und bezieht sich auf die zunächst seltsam erscheinende Trageweise des Kokons in den Cheliceren.

Der Artname bezeichnet also oft typische Merkmale oder Verhaltensweisen der jeweiligen Spinne.

Wissenschaftlich notwendig bei der Angabe des Artnamens ist zudem der Zusatz des *Erstbeschreibers*, also des Wissenschaftlers, der Aussehen und Unterscheidungsmerkmale in einer wissenschaftlichen Zeitschrift veröffentlicht hat. Dahinter kommt die Jahreszahl der Veröffentlichung. Hier im Buch habe ich auf diese Angaben von Autor und Jahr verzichtet.

Biologen haben sich geeinigt, dass in der Zoologie und der Botantik alle Artnamen ab dem Jahr 1758 gültig sind. In diesem Jahr erschien die 10. Auflage von Linnés *Systema naturae*, der darin auch die Mineralien klassifizierte und sogar Platz für Fabelwesen hatte. Für Spinnen wurde eine Ausnahme zugelassen. Hier sind die ältesten Namen von Carl Alexander (Carolus) Clerck aus dem Jahr 1757 gültig. Dieser kannte in seinem Werk *Svenska Spindlar* allerdings nur die eine Gattung *Araneus* (lateinisch: Spinne). Unsere Gartenkreuzspinne heißt somit ganz korrekt: *Araneus diadematus* Clerck, 1757. Die Brautgeschenkspinne heißt heute *Pisaura mirabilis* (Clerck, 1757), weil sie nicht in die Gattung *Araneus* gehört, sonden in die Gattung *Pisaura* gestellt wurde. Denn sie ist nicht so nah verwandt mit der Gartenkreuzspinne wie etwa die Vierfleckkreuzspinne *Araneus quadratus* Clerck, 1757. Da sich der Gattungsname geändert hat, wird der Erstbeschreiber Clerck in Klammern gesetzt.

Namen von Forschern und Promis

Oft werden Spinnen nach ihren Sammlern genannt. So heißt die jüngst von Prof. Rechenberg gesammelte Flickflackspinne (Flic-flac spider, Radlerspinne) aus Marokko *Cebrennus rechenbergi*.

Es gibt zudem Spinnenarten, die nach berühmten Forschern benannt wurden. Ein Beispiel aus jüngster Zeit ist die 163 Millionen Jahre alte in der Inneren Mongolei gefundene Spinnenart aus dem Zeitalter Jura *Eoplectreurys gertschi* (Familie Plectreuridae). Willis Gertsch war ein amerikanischer Spinnenforscher. Und 2018 wurde eine neuentdeckte Raubspinne in Australien *Dolomedes briangreenei* nach dem Astrophysiker Brian Green benannt.

Heute können es auch Namen von Prominenten sein. Eine in Laos in der Streu unter Laubbäumen in Gewässernähe vorkommende winzige Spinnenart wurde *Otacilia loriot* genannt. Sie gehört zu den Ameisensackspinnen (Familie Corinnidae) und ist nur 1,9 mm groß. Eine kalifornische Falltürspinne aus der Familie der Euctenizidae trägt den Namen des ehemaligen US-Präsidenten Barack Obama: *Aptostichus barackobamai*. Auch eine Kugelspinne (Familie Theridiidae) aus Kuba erhielt von Spinnenforschern der Universität Vermont seinen Namen: *Spintharus barackobamai*. Ebenso tragen zwei weitere Arten aus dieser Spinnengattung Namen Prominenter: *Spintharus davidattenboroughi* nach dem bekannten Naturforscher und *Spintharus davidbowiei* nach dem berühmten 2016 verstorbenen Sänger. Auch Peter Jäger vom Senckenberg-Forschungsinstitut gab einer Riesenkrabbenspinne (Familie Sparassidae) seinen Namen: *Heteropoda davidbowie*.

Im Science-Fiction Roman *Eiland der Spinnen* von John Wyndham erhält die als Verband intelligent agierende Spinnenart der Insel Tankuatua den Namen *Araneus Nokikii* nach dem Medizinmann der Ureinwohner aus dem Spinnenclan, der ein Tabu über die Insel aussprach. Da von Radnetzen nirgendwo die Rede ist und ganze Inselteile übersponnen werden, handelt es sich wohl kaum um eine Kreuzspinnenverwandte.

Die Spinne im Film *The Amazing Spider-Man 2* (2014) heißt nach der Firma *Araneus Oscorpeus*. Da hier jedoch Spinnenarten aus drei verschiedenen Familien mit verschiedenen Eigenschaften (Schnelligkeit, Beuteeinwickeln mit Seide, Springen) gekreuzt wurden (Spider-Man, 2002) und menschliche DNA von Peter Parkers Vater hinzugegeben wurde, kann auch diese neue Superspinne nicht zur Gattung *Araneus* gehören.

Neue Artnamen

Es kommt vor, dass eine bekannte Spinnenart in einem Buch diesen, in einem anderen Buch einen anderen *wissenschaftlichen* Namen trägt. Das liegt daran, dass es immer wieder zu Veränderungen bei der binären Nomenklatur kommt, denn es stellt sich bisweilen heraus, dass identische Arten von verschiedenen Autoren unabhängig voneinander beschrieben wurden und dabei verschiedene Namen bekommen haben. Wird dies bei einer *Gattungsrevision*, einer nochmaligen Durchsicht und Überprüfung, festgestellt, so ist der Name der zuerste veröffentlichten Beschreibung gültig. Als Beispiel für einen neuen wissenschaftlichen Artnamen führe ich hier eine Brautgeschenkspinne aus Panama an: *Thaumasia uncata* F. O. Pickard-Cambridge, 1901 heißt jetzt *Thaumasia argenteonotata* (Simon, 1898). Der von Simon 1989 vergebene Name hat Vorrang vor dem von F. O. Pickard-Cambridge im Jahr 1901. Das fiel erst spät auf, weil Simon die Spinne zur Gattung *Staberius* stellte. Weil die Art jetzt in einer anderen Gattung steht, werden Autor und Jahr in Klammern gesetzt.

Neue Gattungszuordnung

Auch die Zuordnung einer Art zu einer Gattung kann sich ändern. So heißt seit 2013 die in unseren Häusern lebende Hauswinkelspinne wissenschaftlich nicht mehr *Tegenaria atrica* C. L. Koch, 1843, sondern *Eratigena atrica* (C. L. Koch, 1843). Der Artzusatz *atrica* blieb bestehen, die Art wurde jedoch in die neue Gattung *Eratigena* gestellt. Auch die häufigen Kugelspinnen *Theridion sisyphium* und *Theridion impressum* wurden in eine neue Gattung gestellt. Sie heißen jetzt *Phylloneta sisyphia* und *Phylloneta impressa*.

Abkürzungen »sp.« und »spp.«

Ist die Artzugehörigkeit einer Spinne unbekannt, schreibt man korrekterweise nur die Gattung in einen Artikel oder unter ein Foto und setzt hinter den Gattungsnamen ein »sp.«. Bei mehreren Arten schreibt man »spp.«. Diese Abkürzungen sind lateinisch und heißen »species« (Art bzw. Arten).

Unterarten

Es werden bei Tieren auch Unterarten unterschieden. Hierbei wird dem Artnamen ein drittes Wort hinzugefügt, z. B. für den Menschen: *Homo sapiens sapiens*. Bei Spinnen gibt es meistens nur Artunterscheidungen.

Neue Namen durch genetischen Fingerabdruck

Es gibt einen neuen Ansatz, die binäre Nomenklatur von Pilzen, Pflanzen und Tieren durch eine auf der DNA beruhenden Namensgebung zu ersetzen. Professor Boris Vinatzer hat ein System entwickelt, bei dem jede Art einen Code aus Buchstaben und Zahlen erhält, der auf dem Erbgut beruht. Verwendet wird nicht das ganze Erbgut, sondern nur ein Abschnitt aus der mitochondrialen DNA, die nur über die Eizellen, also die Mütter, an den Nachwuchs übertragen wird (mehr s. o. unter *Wie erkennt man Spinnenarten. DNA-Barcoding*.).

Heimische Arten

In Deutschland leben heute 1016 verschiedene Spinnenarten, in der Schweiz 1002 Arten und in Österreich 1024 Arten. In ganz Europa sind 4469 Arten inklusive Unterarten aus 63 Familien bekannt. Die mit Abstand meisten Arten (1232) sind Baldachinspinnen (Linyphiidae).

Spinnen im Haus

Spinnen gelangen zu Fuß oder am Faden fliegend von draußen in unsere Wohnungen, wenn Fenster und Balkontüren offenstehen. Sie sind *Besucher*, die nicht ständig in unseren Wohnungen leben. Also ist es vollkommen richtig, sie einzufangen und wieder vor die Tür zu setzen. Spinnenliebhaber halten zudem meist Vogelspinnen als *Haustiere* in Terrarien.

Zu den »*Hausspinnen*« gehören alle Spinnen, die ohne unsere Hilfe selbständig in unseren Wohnungen dauerhaft leben können, sich hier also fortpflanzen. Es sind die bei uns heimischen Arten, die die trockene Heizungsluft im Winter vertragen. Auch *Kellerspinnen* in unbeheizten feuchten Kellern zählen dazu. Im Internet bei Wikipedia wird man bei der Eingabe »Hausspinne« direkt zur *Hauswinkelspinne* weitergeleitet, was nicht verwundert, ist sie doch am bekanntesten. Viel häufiger in unseren Wohnungen anzutreffen sind jedoch *Zitterspinnen*. Und hier folgt noch ein kurzer Überblick in alphabetischer Reihenfolge der deutschen Familiennamen:

Finsterspinnen (Familie Amaurobiidae)

Mehrere sehr ähnlich aussehende Arten der Gattung *Amaurobius* leben bei uns in und an Häusern, aber auch im Wald unter Baumrinde. Sie sind 6-16 mm groß. Die Weibchen der größten Art sind fast schwarz gefärbt. Sie bauen mit bläulich schimmernder Fangwolle versehene

Trichternetze. Die Gespinste junger Spinnen findet man außen an nicht verputzten Häusern, aber auch zwischen Blumenkästen am Fenster in der Wohnung. Die Spinnen werden erst im Dunkeln, also im Finstern richtig munter. Verpaarte Weibchen bauen eine Brutkammer, die sie verschließen. Sie sorgen vorbildlich für ihren Kokon mit ca. 40 Eiern. Dann geben sie ihren geschlüpften Kindern den eigenen, von innen schon teilweise aufgelösten toten Körper als erste Mahlzeit ins Leben mit (*Matriphagie*, s. Kapitel *Von Müttern und Kindern*).

Männchen der **Hauswinkelspinne** (*Eratigena atrica*).

Hauswinkelspinnen (Familie Agelenidae)

Es gibt mehrere ähnlich aussehende Arten von unterschiedlicher Größe. Bekannt und zu Unrecht gefürchtet sind besonders die ausgewachsenen Männchen mit ihren »endlos« langen Beinen. Sie laufen auf Weibchensuche nachts in der Wohnung herum. Wenn sie dabei in eine Badewanne oder ein Waschbecken fallen, kommen sie nicht mehr heraus. Sie haben nämlich im Unterschied zu Vogelspinnen keine Hafthaare an ihren Füßen und können deshalb keine glatten Flächen hochklettern.

Die Große Winkelspinne (*Eratigena atrica*) baut ihr waagerechtes Fangnetz mit einem Schlupfwinkel in Zimmerecken oder unter Möbeln. Für uns Menschen ist sie ungefährlich. Ihr Körper wird bis zu 16 mm lang. Arachnophobiker schreien auf, wenn sie die Männchen mit ihrer 10 cm großen Beinspannweite vorbeihuschen sehen.

Speispinne (Familie Scytodidae)

Abends und in der Nacht läuft langsam tastend eine kleine gelb-schwarze Spinne in der Wohnung herum. Sie packt ihre Beute nicht mit ihren Cheliceren. Auch spinnt sie keine Netze oder wickelt ihr Opfer mit ihren langen Beinen ein, sondern spuckt giftigen Leim. Ihre gewaltige Giftdrüse im Vorderkörper besteht aus zwei Teilen: Hinten erzeugt sie Leim, vorne Gift. Beides wird vermischt durch winzige Körperbewegungen als Zickzackband über die Beute gespuckt. Die klebt nun am Untergrund fest. Es handelt sich um die Speispinne (*Scytodes thoracica*).

Zebraspringspinne (Familie Salticidae)

Tagsüber im Sonnenschein entdecken wir mitunter an der warmen Außenwand oder auf dem Balkon eine nur 5 mm kleine Spinne, die ähnlich wie ein Zebra gestreift ist. Beute fängt sie nach Anschleichen im Sprung. Es ist die Zebraspringspinne (*Salticus scenicus*).

Zitterspinnen (Familie Pholcidae)

Diese dünnbeinigen unbehaart aussehenden Spinnen hängen mit dem Bauch nach oben in ihren unregelmäßigen Gespinsten und werden erst nachts richtig munter. Sie haben eine besondere Augenstellung mit je einer Dreiergruppe rechts und links und zwei Augen in der Mitte. Um diese zu sehen, ist allerdings eine starke Lupe nötig oder die Möglichkeit, Nahaufnahmen mit hoher Auflösung und großer Schärfe zu machen. Die

Weibchen tragen ihre nur mit wenig Seide umsponnenen Eier in den Cheliceren.

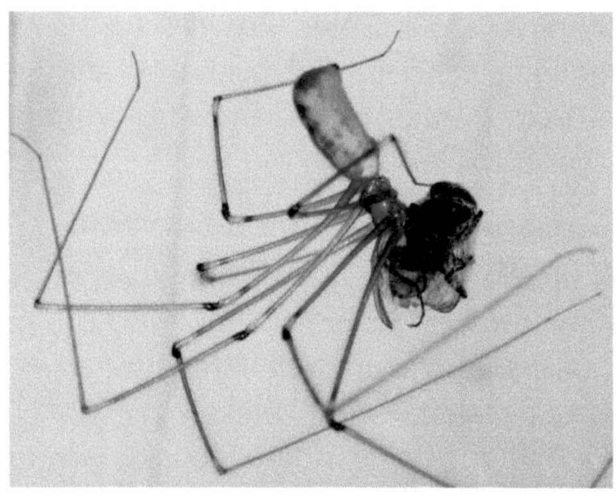

Die Große Zitterspinne (*Pholcus phalangioides*) mit Fliegenbeute.

Die bei uns bekannteste Art dieser Familie ist die Große Zitterspinne (*Pholcus phalangioides*). Sie lebt im Keller, unter dem Dach und in unseren Wohnungen, spinnt eifrig, was die putzwütige Hausfrau gar nicht mag, und ernährt sich von Fliegen, Mücken, aber auch anderen Spinnen, worunter sich auch Hauswinkelspinnen und ausgebrochene Junge von Vogelspinnen befinden. Ihr unregelmäßiges Netz ist nicht klebrig und kann so in der trockenen Zimmerluft nicht austrocknen. Beutetiere verwickeln sich in der stark dehnbaren Fadenwolle. Mithilfe ihrer hinteren Beinpaare wickelt sie ihre im Netz gefangenen Opfer mit Seide ein, ohne dass die sich wehren können. »Zitterspinne« heißt sie, weil sie kreisend zu vibrieren beginnt, wenn sie berührt oder angepustet wird. Dabei verschwimmen ihre Körperkonturen, was ihrem Schutz dient. Hilft das nichts, lässt sie sich fallen und verschwindet in den Untergrund.

Wegen ihrer langen Beine werden Zitterspinnen oft mit *Weberknechten* verwechselt, die jedoch keinen zweigeteilten Körper besitzen, meist draußen an der

Hauswand oder im Garten vorkommen und gar nicht spinnen können. Bisweilen kann man lesen, dass Zitterspinnen zwar ungeheuer giftig wären, uns aber wegen ihrer kleinen Giftklauen gar nicht beißen könnten. Das stimmt so aber nicht, denn zum einen hat von sich aus noch nie eine Zitterspinne einen Menschen gebissen, zum anderen hat es ein Mutiger einmal ausprobiert und eine Spinne mit Gewalt zum Beißen gebracht: Er spürte nur einen kurzen Schmerz, mehr passierte nicht.

Da Zitterspinnen alle möglichen Insekten und in warmen Ländern auch die giftigen Witwen fangen, sind sie nützliche Hausbewohner.

Die vom nächtlichen Wandern herrührenden staubigen, an Decken und Wänden hängenden Fäden können übrigens bedenkenlos entfernt werden.

Wiesen- und Waldspinnen

Die meisten Spinnenarten findet man außerhalb von Häusern. Typische Vertreter der bekanntesten Familien stelle ich hier kurz in alphabetischer Reihenfolge der deutschen Familiennamen vor:

Baldachinspinnen (Familie Linyphiidae)

Hat man sie erst einmal entdeckt, so sieht man sie plötzlich überall: *Baldachinnetze*. Der Baldachin ist hier natürlich nicht das, was im Lexikon steht, also kein Himmelsbett aus Bagdad, sondern eine von der Spinne gewobene Netzdecke mit einem Wirrwarr von Stolperfäden darüber. Unter dieser Decke wartet die Spinne mit dem Bauch nach oben, bis sich ein Opfer in den Fäden verfängt, schüttelt es herunter, beißt durch die Fäden hindurch und zieht es zu sich, um es zu verspeisen. Am häufigsten ist bei uns die Gemeine Baldachinspinne *Linyphia triangularis*. Neben auffälligen großen Arten gibt es unter den Linyphiiden viele sehr kleine Spinnen, die *Zwergspinnen* (Unterfamilie Erigoninae).

Sie sind ausgewachsen nur wenige Millimeter groß und können am Spinnfaden fliegen. Vielleicht ist schon einmal eins dieser winzigen schwarzen Krabbeltiere auf Ihrer Hand gelandet. Bei vielen Arten unterscheiden sich die Geschlechter im Körperbau, sie sind *sexualdimorph*. Männchen besitzen Kopffortsätze. Hier geben sie bei der Paarung Sekrete für die Weibchen ab.

Kugelspinnen (Familie Theridiidae)

Diese auch *Haubennetzspinnen* genannten Achtbeiner besitzen einen kugeligen Hinterleib. An den Füßen ihrer Hinterbeine tragen sie spezielle Borsten, mit denen sie Seidenbänder über ihre Opfer ziehen und sie damit einwickeln. Auch sie spinnen Netzdecken oder Hauben, jedoch mit klebrigen Fangfäden nach oben oder unten. Viele kleine Arten dieser Familie leben unbemerkt in unseren Blumenkästen im Haus und fangen dort winzige Fliegen.

Für uns Menschen sind die meisten Arten harmlos. Ausnahme sind die in Mitteleuropa (noch) nicht vorkommenden Witwen (Gattung *Latrodectus*), von denen es weltweit 31 Arten gibt (s. Kapitel *Wie giftig sind Spinnen?*).

Zur Familie gehören auch viele soziale Spinnen, aber auch Diebsspinnen (*Argyrodes*-Arten). Letztere stellen kein eigenes Netz her, sondern stehlen anderen Spinnen die Beute aus deren Netzen.

Und erst vor kurzem wurden die speziellen Anpassungen der Männchen einiger kleiner Arten (*Tidarren argo*, *Echinotheridion gibberosum*) im Paarungsverhalten entdeckt, die ebenfalls nicht bei uns vorkommen, jedoch beim Sex alles auf eine Karte setzen (s. Kapitel *Spinnensex*).

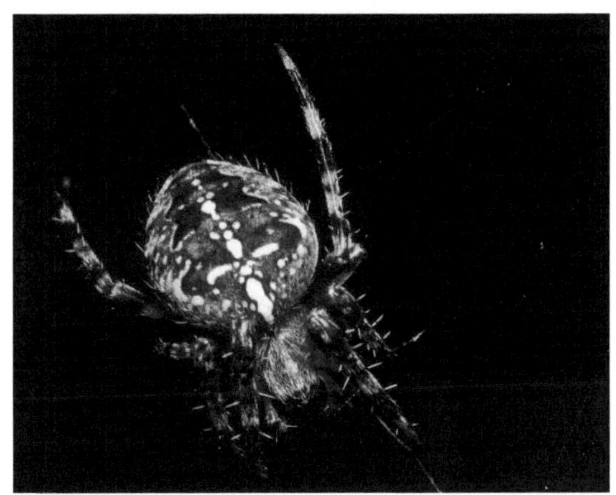

Die **Gartenkreuzspinne** *Araneus diadematus.*

Radnetzspinnen (Familie Araneidae)

Die Gartenkreuzspinne (*Araneus diadematus*) steht in Schulbüchern als Beispiel für Spinnen. Ihr Netzbau wird darin erklärt. Doch ist sie nicht die einzige Art dieser Familie, die bei uns lebt. Radnetzspinnen lauern entweder in der Mitte ihres Netzes oder in einem Schlupfwinkel am Rand gut versteckt auf Beute.

Aus Südeuropa wanderte in den letzten Jahrzehnten die Wespenspinne (*Argiope bruennichi*) bei uns ein, die leicht an ihrer gelbschwarzen Färbung mit den typischen Querstreifen auf dem Hinterleib und dem Zickzackseidenfaden (»*Stabiliment*«) zu erkennen ist. Sie lebt versteckt im hohen Gras von Wiesen, wo sie Heuschrecken fängt.

Die Vierfleckkreuzspinne (*Araneus quadratus*) hat vier weiße Punkte auf dem Hinterleib. Sie ist also einfach nach einem Foto zu bestimmen, doch muss man sie erst einmal finden, denn sie versteckt sich tagsüber in ihrem Schlupfwinkel. Das tut auch die am Rand von Teichen und Seen im Schilf lebende Schilfradnetzspinne (*Larinioides cornutus*).

Raubspinnen (Familie Pisauridae)

Bei uns gibt es drei Raubspinnenarten. Stellenweise recht häufig im hohen Gras, auch in Gärten findet man die Brautgeschenkspinne (*Pisaura mirabilis*). Gegen Abend wird sie erst so richtig munter. Männchen suchen dann nach Weibchen.

In der Nähe von Gewässern leben die Gerandeten Jagdspinnen *Dolomedes fimbriatus* und *Dolomedes plantarius*. Diese beiden sehr ähnlichen Arten fliehen unter Wasser und fang dort auch Rückenschwimmer.

Typisch für alle Raubspinnen ist die Brutpflege: Werdende Mütter tragen ihre großen Eikokons in den Cheliceren mit sich und bauen Kinderstuben aus Seide. Weniger bekannt ist, dass junge Spinnen dieser hier angeführten Arten in kleinen Netzen mit einem ovalen Schlupfwinkel auf Beute lauern. Afrikanische Arten sind zeitlebens Netzbewohner.

Springspinnen (Familie Salticidae)

Unsere heimischen Springspinnen sind relativ klein. Größer und wunderhübsch - in Menschenaugen und sicherlich auch in Springspinnenaugen - ist die »Königsspringspinne« *Phidippus regius* aus den USA.

Die Zebraspringspinne (*Salticus scenicus*) kommt an Hauswänden vor (s. o.). Im Garten und auf Wiesen leben in der Kraut- und Strauchschicht viele weitere Vertreter dieser Familie.

Trichternetzspinnen (Familie Agelenidae)

Von den Hauswinkelspinnen (Gattung *Eratigena*) hörten wir schon. Andere Arten spinnen im Freiland ihre Netze, die aus einer waagerechten Fläche mit einer Röhre als Versteck bestehen. Läuft oder springt ein Insekt auf die Netzdecke, rast die Spinne heraus, beißt zu und trägt die Beute in ihren Schlupfwinkel.

Am häufigsten sind bei uns die Labyrinthspinne (*Agelena labyrinthica*) und ihre kleinere Verwandte *Allagelena gracilens*.

Heimische **Springspinne mit erbeuteter Fliege**.

Alle Springspinnen sind leicht an den beiden großen vorderen Mittelaugen und ihren Sprüngen zu erkennen, was ihnen ihren populären Namen eingebracht hat. Sie können von allen Spinnen am besten sehen, sind am Tag munter und ruhen in der Nacht in einem Gespinst. Ihre Augen benutzen sie zum Beutefang und bei der Balz.

Wolfspinnen (Familie Lycosidae)

Die meisten der bei uns in Mitteleuropa lebenden Wolfspinnenarten sind nur 5 mm groß und braun oder schwarz gefärbt. Ein Beispiel ist die häufige Trauerwolfspinne (*Pardosa lugubris*). Fast alle Arten erjagen ihre Beute ohne Netz. Wolfspinnen können gut sehen, Bewegungen erkennen. So bewegen die Männchen bei der Balz ihre Pedipalpen, je nach Art unterschiedlich, um den Weibchen zu gefallen. Man findet die kleinen *Pardosa*-Arten ab März auf dem Waldboden, wo sie auch noch im Herbst über das Laub huschen. Wolfspinnenweibchen tragen ihren Kokon an den Spinnwarzen befestigt mit sich. Sie öffnen ihn mit den Cheliceren und transportieren die Jungen einige Tage auf dem Rücken.

Piratenspinnen (Gattung *Pirata*) leben wie die Geranteten Jagdspinnen im Uferbereich stehender Gewässer, können auf dem Wasser laufen und tauchen.

Auch die großen Taranteln aus Südeuropa sind Wolfspinnen. Sie ruhen tagsüber in Erdhöhlen und kommen nachts zum Beutefang heraus.

Ein **Wolfspinnenweibchen** (Pardosa-Art) trägt ihren **Eikokon** an den Spinnwarzen befestigt mit sich. So kann sie ihn sonnen und die Entwicklungszeit des Nachwuchses beschleunigen und mit ihm schnell vor Gefahren fliehen. Diese nur einen halben Zentimeter großen Wolfspinnenarten findet man schon im Frühjahr in Massen auf dem Laub im Wald.

Vogelspinnen

Von Taranteln und Vogelspinnen

Vogelspinnen (Familie Theraphosidae) werden in Afrika »Baboon spiders« (Pavianspinnen) genannt. Die Amerikaner nennen sie »Tarantulas«. Die eigentlichen Taranteln sind allerdings keine Vogelspinnen, sondern große Wolfspinnen (Familie Lycosidae).

Es kommt in diesem Zusammenhang immer wieder zu Namensverwechslungen. So wird im Film *Arac Attack* eine große Vogelspinne als *Lycosa narbonensis* bezeichnet, und das ist der veraltete wissenschaftliche Name einer der großen *Wolfspinnen* (heutiger Artname: *Lycosa tarantula*).

Woher stammt der Name »Vogelspinne«?

1705 malte die Naturforscherin Maria Sibylla Merian Insekten, die sie in Surinam gesehen hatte. Darunter ist auch ein Bild mit einer großen Spinne, die auf einem Ast gerade einen Kolibri frisst. Sie schreibt, dass diese großen schwarzen Spinnen, die in runden Nestern wohnen, diese Vögel aus ihren Nestern fangen. Daher rührt der deutsche Name »Vogelspinnen«.

Wie viele Vogelspinnenarten gibt es?

Derzeit sind 989 Vogelspinnenarten (Familie Theraphosidae) bekannt, die zu 146 Gattungen gehören (Stand 09.10.18). Die meisten Arten sind braun oder schwarz und sehen sich sehr ähnlich, sind also nach einem Foto nicht zu bestimmen.

Wo und wie leben Vogelspinnen?

Vogelspinnen leben vor allem dort, wo es das ganze Jahr warm ist, also in den Tropen. Sie bewohnen aber auch die Subtropen mit tropischen Sommern und nicht-tropischen Wintern. Dazu zählen auf der Nordhalbkugel unserer Erde Spanien, Italien, Nordafrika und der Süden der USA. In Südeuropa leben kleine Vogelspinnen (*Ischnocolus*-Arten), z. B. in Spanien in der Provinz Malaga *Ischnocolus valentinus*. In Mitteleuropa sind keine Vogelspinnen heimisch.

Es gibt unter den Vogelspinnen viele Bodenbewohner, die tagsüber in ihren Verstecken ruhen und nachts auf Beute lauern, z. B. die Weißknievogelspinne *Acanthoscurria geniculata*. Andere bewohnen Bäume und laufen dort auf Beutesuche nachts an den Stämmen und auf den Ästen herum (z. B. die Trinidad-Baumvogelspinne *Psalmopoeus cambridgei*). Arten wie die afrikanische Rote Pavianspinne (*Hysterocrates gigas*) leben unterirdisch und kommen erst nachts an die Oberfläche.

Riesenspinnen-Ausstellungen

Wanderausstellungen ziehen durch Deutschland und werben damit, die größte Spinne der Welt zu präsentieren. Sie leben vom Eintritt der Besucher, meist Eltern mit ihren Kindern. Zu kaufen gibt es Gummispinnen, manchmal auch Popcorn und Getränke. Fotos mit Vogelspinne auf der Hand werden angeboten. Um die nachtaktiven Vogelspinnen betrachten zu können, muss hier ein Kompromiss gefunden werden: kleine, gut einsehbare Behälter mit einem Versteck aus Rinde für die Spinne. *Theraphosa blondi* als größte Spinnenart ist meist dabei, zusammen mit anderen Vogelspinnenarten, von denen allerdings nicht alle richtig bestimmt wurden und somit falsche wissenschaftliche Namen tragen.

Es gibt auch lokale Ausstellungen für ein weites Publikum, die, von Vogelspinnenliebhabern organisiert, informieren und mithelfen wollen, die Spinnenangst zu überwinden.

Auf Reptilien- und Terraristikbörsen werden Vogelspinnen von Züchtern angeboten, die hier einige Stunden lang in kleinen Plastikboxen ausharren müssen.

Haustier Vogelspinne

Wer eine Spinne zu Hause halten will, sollte zunächst alle Familienmitglieder befragen, ob sie damit einverstanden sind. Ist das geklärt, gilt es bei der Anschaffung Folgendes zu überlegen: Einige Vogelspinnenweibchen leben viele Jahre. Weil viele Menschen Angst vor Spinnen haben, kann es sein, dass Ihre »Freunde / Freundinnen« plötzlich nichts mehr von Ihnen wissen wollen, weil Sie immer nur von ihren Spinnen reden. Andererseits lernen Sie jetzt auch Spinnenfreunde in Ihrer Gegend und über das Internet kennen.

Trinidad-Baumvogelspinne *Poecilotheria ornata.*

Wo kaufe ich meine Vogelspinne?

Vogelspinnen gibt es in Zoohandlungen und auf Insekten- und Reptilienbörsen sowie bei Vogelspinnenhaltern und Züchtern. Bei der Anschaffung sollte jemand dabei sein, der sich auskennt. Die Spinne sollte munter sein. Fehlen Haare auf dem Hinterleib, sind es meist abgebürstete Brennhaare. Das ist nicht schlimm, denn die werden bei der nächsten Häutung ersetzt, falls es sich um ein Jungtier oder ein Weibchen handelt, denn Männchen häuten sich nicht mehr.

Vogelspinnen halten

Füttern kann man seine Vogelspinnen mit **Heimchen** oder **Grillen**, die es in Zoofachgeschäften in allen Größen gibt. Doch auch diese Futtertiere haben Durst. Deshalb sollten Sie ihnen nach dem Kauf direkt ein Minischälchen mit Wasser in die Box geben oder noch besser, sie in ein kleines Terrarium mit möglichst hohen glatten Wänden und zum Teil angefeuchteter Erde umsetzen. Haben sie ihr in der Kaufbox beigegebenes Futter gefressen, können sie mit Katzentrockenfutter versorgt werden. Tote Heimchen müssen Sie entfernen, am besten mit einer Pinzette. Die hohen Wände sind wichtig, um zu verhindern, dass sie bei der Entnahme herausspringen. Heimchenmänner suchen sich ansonsten einen schönen warmen Platz in der Wohnung, hinter dem Ofen oder dem Kühlschrank und zirpen dort eifrig in der Nacht. Erste Regel ist es also, sowohl bei der Auswahl der Spinnen, als auch bei der Wahl der Futtertiere einzukalkulieren, dass eines Tages doch mal das eine oder andere Tier ausbricht und dann wieder eingefangen werden muss.

Vogelspinnen sind sehr genügsam. Auch wenn sie in zu kleinen Behältern zu trocken oder zu feucht gehalten und zu selten oder zu häufig gefüttert werden, sterben sie nicht sofort. Doch sitzen sie dann nachts nur träge herum, werden krank oder versuchen auszubrechen. Männchen wollen allerdings immer heraus, weil sie Weibchen suchen.

Also informieren Sie sich vor einer Anschaffung genau darüber, wie groß das Terrarium und wie warm und feucht die **Haltung** sein sollte. Pflanzen im Terrarium sind für Vogelspinnen nicht nötig. Welchen Temperaturbereich ihre Vogelspinnenart(en) mag / mögen, erfahren Sie in einem Vogelspinnenbuch oder im Internet bei Fans dieser speziellen Haustiere. Haben Sie ein kleines Zimmer oder einen Kellerraum ganz allein für Ihre Spinnen zur Verfügung, der einen Ofen oder eine Heizung besitzt, so erwärmen Sie einfach den ganzen Raum auf die entsprechende Temperatur. Leben die Spinnen mit Ihnen in Ihrem Wohn- oder Arbeitszimmer und / oder benötigen sehr unterschiedliche Temperaturen, dann erwerben Sie am besten Heizmatten, die an einer Seite *außen* an die Scheibe, doch niemals unter das Terrarium oder gar innen angeklebt werden. Doch Achtung, es darf nicht zu trocken und zu heiß im Behälter werden! Deshalb darf ein Spinnenterrarium auf keinen Fall direkt in der Sonne stehen, sonst stirbt die Spinne. Ein Minitopfuntersetzer aus dem Baumarkt dient als Wasservorrat zum Trinken.

Bodenbewohner sollten noch ein Versteck haben. Korkrinde aus dem Zoogeschäft oder abgefallene Rinde von Platanen aus der Stadt eignen sich gut. Unterirdisch lebende Arten brauchen viel Erde zum Graben ihrer Höhle. Baumbewohnende Arten wollen klettern, brauchen also hohe Terrarien und ebenfalls ein Versteck.

Spinnensex

Geschlechtliche Fortpflanzung

Zwei Geschlechter

Spinnen sind zweigeschlechtig: Es gibt Männchen und Weibchen bzw. ohne die übliche Verniedlichung: Männer und Frauen. *Er* begattet sie, gibt ihr sein Sperma. *Sie* lässt die Eier in sich reifen, die erst beim Ablegen befruchtet werden und sich über Zwischenstadien zu jungen Spinnen entwickeln. Die Brutpflege übernimmt sie (mehr s. Kapitel *Von Müttern und Kindern*).

Parthenogenese

Bei wenigen Spinnenarten entwickeln sich unbefruchtete Eiern zu Spinnenweibchen, die nur den halben Chromosomensatz besitzen, da das Erbgut des Vaters fehlt. Das ist die häufigste Form der *Parthenogenese*, Jungfernzeugung, genannt *Thelytokie*. Sie ist bei der winzigen tropischen *Theotima minutissima* (Familie Ochyroceratidae) zu finden. Bei dieser Art wurden bisher keine Männchen entdeckt. Es entwickelten sich aus Eiern unbefruchteter Weibchen weibliche fortpflanzungsfähige Spinnen. Bei den meisten Arten der Gattung *Theotima* fand man jedoch inzwischen auch Männchen.

Die Geschlechtsunterschiede

Spinnenmänner auf den ersten Blick erkennen

Männchen haben meist einen schlankeren Hinterleib, längere Beine und sind etwas kleiner als ihre arteigenen Weibchen, bei manchen Arten geradezu winzig (*Zwergmännchen*). Bei allen Spinnen gibt es jedoch sowohl größere als auch kleinere Individuen, sodass auch große Männchen auf kleinere Weibchen treffen. Am einfachsten lassen sich Männchen an den verdickten Enden ihrer beinartigen Taster (*Pedipalpen*) erkennen.

Sekundäre Geschlechtsorgane der Männchen

Die Geschlechtsöffnung befindet sich vorne auf der Unterseite des Hinterleibs. Dort münden die Samenleiter nach außen, dort wird das Sperma abgegeben. Vorrichtungen zum Festhalten am Weibchen oder zum Einbringen des Spermas in die Geschlechtsöffnung des Weibchens sind dort jedoch nicht vorhanden. Spinnenmännchen besitzen stattdessen *sekundäre Begattungsorgane*, die sich an einem gänzlich anderen Ort befinden, nämlich am Ende ihrer Pedipalpen, dem zweiten Gliedmaßenpaar hinter den Cheliceren. Mit Erreichen der Geschlechtsreife bei der letzten Häutung (Adulthäutung) hat sich das letzte Tasterglied, der Fuß (Tarsus), verändert. Er ist jetzt nicht mehr krallenbewehrt und beinartig, wie er es bisher war und bei den Weibchen ein Leben lang bleibt, sondern seine Oberseite (*Cymbium*) trägt auf der Unterseite das Kopulationsorgan, *Bulbus* genannt.

Die Bulben sind bei Vogelspinnenartigen sowie haplogynen Spinnen einfach aufgebaut, komplizierter mit zahlreichen Fortsätzen hingegen bei entelegynen Spinnen, also allen Spinnenarten, deren Weibchen eine *Epigyne* besitzen.

Der für die Spermaübertragung wichtigste Teil am Bulbus ist eine dünne Röhre aus Chitin mit Namen *Embolus*. Dieser wird in die weibliche Geschlechtsöffnung eingeführt (*inseriert*). Vereinfacht sagt man: Der *Taster* wird inseriert, auch wenn es niemals der ganze Taster ist, sondern bei den Vogelspinnenartigen der Bulbus und bei den entelegynen Spinnen lediglich der Embolus. Der Embolus ist bei den Vogelspinnenartigen und bei den haplogynen Spinnen kurz und gerade. Bei den entelegynen Spinnen, zu denen die meisten heute lebenden Arten gehören, ist er im Ruhezustand eingerollt, was sinnvoll ist, da er so vor Beschädigungen geschützt ist. Der Extremfall liegt bei den Männchen der Käscherspinnen (Familie Deinopidae) vor, wo er 20 mal eingerollt ist. Bei der Begattung wird der Embolus aufgedreht und dabei in die entsprechende Struktur der Epigyne eingeführt

Da bei allen Spinnen zwei Taster vorhanden sind, besitzen Spinnenmänner zwei aus Chitin bestehende sehr feste und zugleich bewegliche Kopulationsorgane. Sie werden meist beide bei der Paarung verwendet. Die doppelte Ausstattung hat zudem den Vorteil: Ist ein Pedipalpus verlorengegangen, ohne Funktion oder ohne Sperma, so bleibt noch der andere.

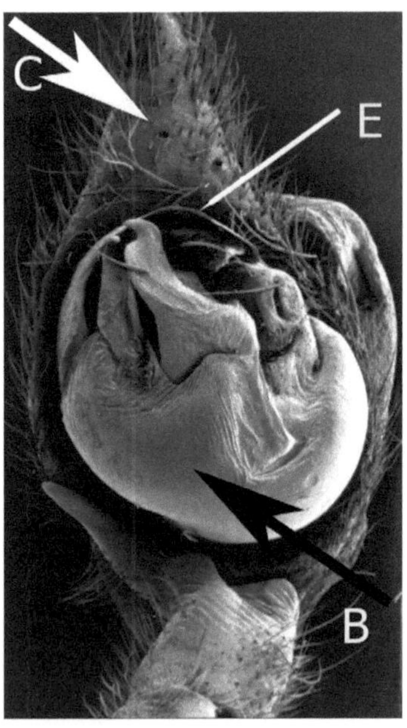

Je nach Zugehörigkeit zu einer Spinnenfamilie werden entweder beide Taster gleichzeitig oder einer nach dem anderen in die Geschlechtsöffnung(en) des Weibchens eingeführt. Bei solch einer *Insertion* brechen bei einigen Arten die Emboli regelmäßig ab und blockieren den Zugang für nachfolgende Rivalen.

Männliches Kopulationsorgan

Der auf der Unterseite des Cymbiums (C) befestigte Bulbus genitalis (B), hier von der Brautgeschenkspinne (*Pisaura mirabilis*), muss für eine erfolgreiche Kopulation an der Epigyne des Weibchen befestigt werden. Dann führt das Männchen den schlauchförmigen Embolus (E) ein. Durch ihn werden die zuvor vom Spermanetz aufgenommenen eingerollten inaktiven Spermien in einer der beiden Spermatheken des Weibchens abgelagert, wo sie bis zur Eiablage gespeichert werden (Foto aus Renner 2018).

Weibliche Geschlechtsorgane

Die Geschlechtsöffnung liegt bei allen Spinnenweibchen genau wie bei den Männchen vorne in der Mitte auf der Unterseite des Hinterleibs.

Bei Vogelspinnen und deren Verwandten sowie bei den *haplogynen* Spinnen (z. B. Speispinne *Scytodes thoracica*, Zitterspinne *Pholcus phalangioides*) gibt es nur diese *eine* Öffnung.

Alle anderen Spinnenarten besitzen eine feste Platte aus Chitin mit zwei Öffnungen über der Geschlechtsöffnung. Diese Struktur wird *Epigyne* genannt. Ihre Besitzer heißen *entelegyne* Spinnen. Hier kuppeln Fortsätze des männlichen Bulbus bei der Kopulation an. Durch die rechte oder linke *Begattungsöffnung* wird der rechte oder linke Embolus in den *Begattungsgang* eingeführt, der biszurSamentasche(*Spermathek, Receptaculum seminis*) vordringt. Dort deponiert das Männchen sein sekretumhülltes inaktives Sperma.

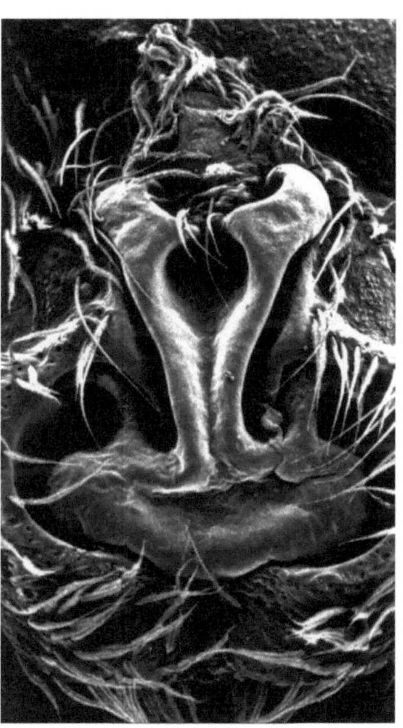

Weibliche Epigyne

Die Epigyne, hier von der Brautgeschenkspinne (*Pisaura mirabilis),* ist eine vorne auf der Unterseite des Hinterleibs gelegene Chitinplatte mit den beiden Begattungsöffnungen sowie Vorrichtungen zur Verankerung des männlichen Kopulationsorgans (Bulbus). (Foto aus Renner 2018).

Erst bei der Eiablage wird das Sperma vom Weibchen aktiviert und trifft über einen *Befruchtungsgang* auf die Eier in der äußeren Gebärmutter (*Uterus externus*). Dort werden diese befruchtet und relativ schnell durch die Geschlechtsöffnung auf die zuvor gesponnene Basalplatte des Kokons gelegt.

Die Frau - das starke Geschlecht

Wer hat hier das Sagen?

Bei den Spinnen haben die meist größeren und kräftigeren Weibchen das Sagen. Sie warten in ihren Verstecken oder Netzen auf die Männchen. Ist ein Mann eingetroffen und balzt sie an, kann *sie* entscheiden, ob sie ihn ranlässt, wie oft oder wie lange er darf und was danach geschieht. Das ist die Regel, zu der es natürlich auch Ausnahmen gibt, wovon wir noch hören werden.

Hat sie ihn zum Fressen gern?

Vielleicht fällt Ihnen jetzt genau das ein, was viele von uns glauben: »Spinnen, ach ja, da fressen doch die Weibchen ihre Männchen.«

So verallgemeinert stimmt das jedoch nicht. Bei den meisten Spinnenarten passiert *ihm* nichts, und er verlässt sie unverletzt nach der Paarung. So ist es, weil die Weibchen bei den meisten Arten auf ihre arteigenen Männchen gar nicht aggressiv reagieren, zumindest nicht beim ersten Mal und bei einem gesunden, jungen, balzenden Mann. In anderen Fällen überleben Männchen weibliche Attacken, weil sie auf der Hut sind und rechtzeitig fliehen. Ist das Männchen gleichgroß wie das Weibchen, dann kann *sie* es sein, die von *ihm* getötet und sogar zum Brautgeschenk verarbeitet wird.

Etwas anderes ist es, wenn das Paar in einem kleinen Terrarium eingesperrt ist und sie zu wenig gefüttert wurde. Da kann *er* ihr höchstens kurzfristig entkommen. So werden bei einigen gerne gehaltenden Vogelspinnenarten nicht selten Männchen nach der Paarung vom Weibchen erbeutet und verzehrt. Stellt sich die Frage, wie häufig das in ihrem natürlichen Lebensraum vorkommt. Doch wie auch immer, wenn ein Spinnenmann bei der Balz nur das *Eine* im Sinn hat oder gar total erregt gerade einen Taster eingeführt hat und Sperma überträgt, hat er bei einem plötzlich zupackenden Weibchen keine Chance.

Zusammenfassend lässt sich sagen, dass bei den meisten Spinnenarten weder ihm noch ihr beim Sex und davor sowie danach etwas zustößt. Das gilt zumindest für die erste Begattung. Bei folgenden Kopulationen kann die Sache schon anders aussehen. Bei einigen wenigen Arten jedoch kommt sexueller Kannibalismus häufig vor, ist sogar die Regel.

Einmal Sex und Sterben

Schwarze Witwen: Als Beispiel für in unseren Augen bedauernswerten Männchen fällt den meisten von uns sofort die Schwarze Witwe ein. Sie ist eine von derzeit 31 bekannten Arten der Gattung *Latrodectus* (Familie Theridiidae). Die einzelnen Witwenarten sind unterschiedlich gezeichnet, kommen weltweit in warmen Gebieten vor und ihre Bisse sind für uns relativ giftig. Witwen heißen diese Spinnen, weil sie nicht lange verheiratet sind, sprich: sich kurz paaren und danach oder dabei ihre Zwergmännchen einspinnen und verzehren. Also sind sie direkt nach der »Hochzeit« schon wieder Witwen. Dies trifft jedoch nur für einige Arten dieser Spinnengattung zu. Wir kennen diese Art von Kannibalismus von den Witwen aus Nordamerika und Australien (*Latrodectus geometricus, L. mactans).* Bei anderen Arten leben die Männchen sogar in den Netzen der Weibchen.

Wespenspinne: Weniger bekannt ist, dass die Weibchen der bei uns lebenden Wespenspinne (*Argiope* *bruennichi*, Familie Araneidae) ebenso mit ihren Männchen verfahren. Doch *ihm* kann natürlich nichts passieren, wenn er mit ihr während ihrer letzten Häutung, mit der sie geschlechtsreif wird, kopuliert. Dies ist eine Form von *opportunistischer Paarung*: Er nutzt die Gelegenheit, die sich ihm bietet. Hier fällt die Balz weg, und sie ist vollkommen wehrlos.

Raubspinnen: Bei den Raubspinnenarten (Familie Pisauridae), deren Männchen *keine* Brautgeschenke herstellen und ihre Weibchen auch nicht mit Seide umgarnen, werden Männchen oft Opfer von Weibchen. So geschieht es bei den relativ gut untersuchten Arten der in Eurasien und Nordamerika vorkommenden Gattung *Dolomedes* und der Gattung *Megadolomedes* aus Neuseeland und Australien. Diese Spinnen leben an Gewässern und fangen vom Ufer aus Beute von der Oberfläche weg. Männchen der heimischen Art *Dolomedes fimbriatus* nähern sich sehr langsam mit tastenden Vorderbeinen und zitterndem Hinterleib ihren Weibchen und springen nach der nur Sekunden dauernden Tastereinführung (Insertion) schnell ab. Dennoch werden 5% der Männchen schon bei der Annäherung von Weibchen erbeutet. Andere erwischt es nach der Paarung.

Männchentod vorprogrammiert: Die Regel ohne Ausnahme ist der Männchentod bei den Kugelspinnenarten *Tidarren argo* und *Echinotheridion gibberosum* (Familie Theridiidae).

Auch bei der Radnetzspinne *Araneus pallidus* ist der Männchentod vorprogrammiert: Er springt an ihre Epigyne, sein Körper klappt um, der Hinterleib landet vor ihren Cheliceren. Sie beißt hinein. Er kopuliert. Ihr Biss ist notwendig, denn ohne ihn findet er keinen Halt, funktioniert die Paarung nicht.

Ähnlich ist es bei einigen Witwen (*Latrodectus geometricus* und *L. hasselti*), wo die Kopulation nur erfolgreich ist, wenn sie ihm in den Hinterleib beißt.

Macht sexueller Kannibalismus einen Sinn?

Die weibliche Perspektive: Für das Spinnenweibchen kann die Antwort auf diese Frage auf den ersten Blick nur »Ja!« lauten, denn *sie* frisst *ihn*. Doch wie sieht es mit der Menge an Nährstoffen und dem Nährwert aus, die der Männchenkörper ihr liefert?

- **Hungrig**: Sexueller Kannibalismus macht für das Weibchen einen Sinn, wenn im Lebensraum Beute selten ist und es viele kleine oder einige relativ große Männchen gibt, die von den weiblichen Pheromonen angelockt von sich aus in ihr Netz kommen und nicht nur ihr Sperma, sondern auch ihren Körper mitbringen. Hier ist es nicht verwunderlich, wenn Weibchen Männchen fangen und auffressen, die ihre Schuldigkeit getan haben. Befindet sich bereits genügend Sperma aus vorausgegangenen Kopulationen in ihren Samentaschen (Spermatheken), so besteht keine Notwendigkeit einer Paarung. Also fängt sie alle ab diesem Zeitpunkt bei ihr auftauchenden Männchen und verspeist sie. Ist sie hingegen zu aggressiv gegen ihre arteigenen Männer, d. h. frisst sie jeden, der ihr zu nahe kommt, so bleibt sie unbegattet und keinen Nachwuchs. Dieser Fall wurde bei der Gerandeten Jagdspinne *Dolomedes fimbriatus* beobachtet.

- **Gesättigt**: Lebt die Spinnenart in einer von Insekten dicht besiedelten Gegend, die von Weibchen regelmäßig erbeutet werden, ist also Nahrung im Überfluss vorhanden, so spielt *ein* Männchen als Energielieferant keine große Rolle. Zudem ist klar, dass erbeutete Zwergmännchen bei Netzspinnen nicht mehr als Zusatznahrung sein können. Auch die Brautgeschenke einiger Raubspinnenarten (Familie Pisauridae) und der amerikanischen Langbeinigen Wasserspinnen (Familie Trechaleidae) dürften keine entscheidende Rolle für die *Menge* der herangereifenden Eier spielen. Erst recht sind die von Männchen bei der Kopulation in winzigen Mengen abgegebenen Sekrete der Zwergspinnen (Familie Linyphiidae, Unterfamilie Erigoninae) und Diebsspinnen der Gattung *Argyrodes* (Familie Theridiidae) mengenmäßig ohne Bedeutung, können jedoch spezielle für die Entwicklung der Eier förderliche Stoffe enthalten. So ist es bei der Zwergspinne *Oedothorax retusus*.

Strategien der Männchen: Da Spinnen Räuber sind und Weibchen viel Nahrung für die Eireifung benötigen, existiert ein großer Selektionsdruck auf die Männchen, die daher im Laufe der Evolution Strukturen und Verhaltensweisen entwickelt haben, um zur Kopulation zu gelangen und sich fortzupflanzen, d. h. ihre Gene einzubringen. Das gilt in noch stärkerem Maße bei Arten mit regelmäßigem weiblichen Kannibalismus.

- **Balz**: Männchen geben sich bei der Balz als arteigene an der Paarung interessierte Partner zu erkennen, nähern sich vorsichtig und flüchten am Ende der Kopulation.

- **Beinverlust**: Witwen-Männchen, die nicht aufgeben, auch wenn sie bei Attacken des Weibchens bereits mehrere Beine verloren haben, können länger kopulieren, dabei mehr Sperma übertragen und so mehr Eier als Rivalen befruchten.

- **Selbstaufopferung**: Die Opferung des Körpers für seine Kinder ist ein Extremfall von väterlicher Investition (*paternal investment*) in seinen Nachwuchs. Wie wir schon hörten, ist der Tod des Männchens bei einigen Spinnenarten für eine Paarung notwendig. Nur so kann *er* Vater werden. *Sie* bekommt ihn als Zugabe zu seinem Sperma.

- **»Vergewaltigung«**: Auch suchen männliche Radnetzspinnen wehrlose frisch gehäutete Weibchen auf, wie wir es schon von der Wespenspinne *Argiope bruennichi* hörten. Es wurde eingehend bei der tropischen Seidenspinne *Nephila fenestrata* untersucht.

- **Rivalen**: Männchen haben zudem gelernt, sich gegen Rivalen durchzusetzen, indem sie die von ihnen begatteten Weibchen bewachen, d. h. Rivalen verjagen bzw. von ihrem Netz fernhalten oder schon zuvor während der Kopulation das Sperma des Vorgängers entfernen.

Sperma

Spermanetz

Bevor sich ein Männchen auf Weibchensuche begibt, spinnt er ein *Spermanetz*. Es ist meist dreieckig. Speispinnen der Gattung *Scytodes* haben jedoch ihr Spermanetz auf einen einzigen Faden reduziert, den sie mit dem dritten Beinpaar festhalten. Innerhalb einer Art werden neben dreieckigen auch vier- und vieleckige Netze hergestellt, so von der Brautgeschenkspinne. Die Form richtet sich nach den Anheftungsmöglichkeiten der Aufhängefäden. Die Größe variiert ebenfalls, im Durchschnitt nehmen sie eine Fläche von 20 mm² ein und stehen schräg bis senkrecht im Raum, so dass die Spermaabgabe und -aufnahme mit dem Kopf nach oben bei dieser in der Krautschicht lebenden Spinne erfolgt.

Spermaabgabe und -aufnahme

Nach der Spermanetzherstellung gibt das Männchen einen Spermatropfen aus seiner vorne auf der Unterseite des Hinterleibs liegenden Geschlechtsöffnung ab, indem er diese so lange über die Seidenkante des Netzes reibt, bis Spermaflüssigkeit austritt. Das auf die Seide abgegebene Sperma tupft er mit beiden Tastern auf. Dabei dürften Kapillarkräfte eine wichtige Rolle spielen, da die Taster zuvor eingespeichelt werden. Die Spermien werden in eingerollter, inaktiver Form aufgenommen und zusammen mit Sekreten im blind endenden Samenschlauch (*Spermophor*) des Bulbus bis zur Kopulation gelagert.

Die erste Spermaaufnahme erfolgt bereits einige Tage nach der Häutung zum geschlechtsreifen Männchen (*Adulthäutung*). So stellen einige Männchen der Brautgeschenkspinne *Pisaura mirabilis* bereits am ersten Tag das erste Spermanetz her, die meisten innerhalb von vier Tagen. Typisch ist, dass bei der Aufnahme beide Taster abwechselnd auf die Unterseite des Netzes in den Tropfen tupfen und die Spermaaufnahme durch das Netz hindurch indirekt erfolgt.

Spermanetz der Brautgeschenkspinne (*Pisaura mirabilis*).

Andere Spinnenarten, z. B. Streckerspinnen der Gattung *Tetragnatha*, begeben auf die Unterseite des Netzes und tupfen den Spermatropfen direkt auf. Dieses alternierende Tupfen dauert bei der Brautgeschenkspinne im Durchschnitt 11 Minuten. Vogelspinnen tupfen sehr schnell über einen langen Zeitraum. Das Zwergmännchen der Kugelspinne *Tidarren argo* nimmt schon 5,5 Stunden nach der letzten Häutung einen riesengroßen Spermatropfen in seinen einzig verbliebenen Taster auf, was 1-2 Stunden dauert, während der Taster dabei ruhig eingetaucht bleibt.

In der Regel erfolgt die Spermaaufnahme *vor* der Weibchensuche. Männchen einiger Baldachinspinnenarten (Familie Linyphiidae) füllen ihre Palpen grundsätzlich erst *beim* Weibchen. Nach Kopulationen mit völliger Entleerung der Spermatophoren beider Taster erfolgt eine erneute Spermaaufnahme. Hierfür stellt das Männchen erneut ein Spermanetz her. Das tun Brautgeschenkmännchen auch in Anwesenheit eines Weibchens. Zudem spinnen sie von Zeit zu Zeit ohne vorangegangene Paarung Spermanetze, im Durchschnitt alle sieben Tage ein neues. Ihre Anzahl ist sehr variabel. Manche Männchen stellen nur eins, andere 55 Spermanetze in ihrem Leben her, im Mittel waren es bei mir im Labor 14, unabhängig davon, ob sie sich ein bis viermal paarten oder nicht. Zu beachten ist hier jedoch, dass Spermanetzherstellung nicht automatisch auch Spermaaufnahme bedeutet, denn die Männchen verlassen ihr Netz z. B. bei Störungen.

Spermien

Spinnenmännchen besitzen neben paarigen *Hoden* im Hinterleib *Drüsen*, deren Sekrete das Sperma einhüllen. Das Sperma gelangt über Samenleiter (*Vasa deferentia*) bis zur Geschlechtsöffnung. Die begeißelten Spermien werden in eingerollter Form in einer Schutzhülle gespeichert und bei der Kopulation in diesem Zustand übertragen. Diese löst sich erst bei der Eiablage des Weibchens auf. Bei Gliederspinnen und Vogelspinnen sind jeweils mehr als 20 Spermien in eine Sekretkapsel eingehüllt (*Coenospermium*), bei fast allen anderen Spinnen ist jedes einzelne Spermium in eine Kapsel gehüllt (*Cleistospermium*), bei einigen haplogynen Spinnen sind Spermienzellen sogar fusioniert (*Synspermium*).

Spinnenmänner auf Frauensuche

Er sucht sie

Bei nahezu allen Spinnenarten sind es die Männchen, die auf Weibchensuche gehen. Doch es gibt auch Ausnahmen. So ist es bei einigen *Allocosa*-Arten, die zur Familie Wolfspinnen gehören, genau umgekehrt. Hier macht *sie* sich auf die Suche nach ihm .

Männchen müssen *laufen*, um zu ihren arteigenen Weibchen zu kommen. Deshalb verwundert es nicht, dass sie oft langbeiniger und schlanker sind. Sie benötigen weniger Häutungen und werden so schneller geschlechtsreif als die arteigenen Weibchen. Ihre Hinterleiber sind schmaler, denn sie besitzen langgezogene Hoden anstelle von großen Eierstöcken. Frühreife Männchen sind mitunter im Vergleich zu ihren Weibchen sehr klein. Solche Zwergspinnenmännchen können genau wie Jungspinnen auch am Faden *fliegen* und so an weiter entfernten Orten auf Artgenossinnen treffen. Den Zeitraum im Herbst, in dem Landschaft und Luft von zahlreichen Spinnfäden bedeckt und erfüllt sind, nennen wir *Altweibersommer*.

Wie weit muss *er* laufen und wie findet er sie?

Bei dichter Besiedlung müssen Spinnenmännchen nicht weit laufen, um auf arteigene Weibchen zu treffen. Diese sollten jedoch keine Schwestern oder andere nahe Verwandte sein, denn bei der Paarung mit ihnen besteht die Gefahr der *Inzucht*.

Stellt sich die Frage, welche Strecken sie tatsächlich auf Partnersuche zurücklegen?

Der Engländer William S. Bristowe berechnete 1939 eine Wegstrecke von mehr als 31 Metern, die ein Männchen einer Netzspinne zurücklegen muss, um ein Weibchen *zufällig* zu finden.

Heute wissen wir, dass die Suche nicht ungezielt erfolgt, sondern die meisten Spinnenmännchen den von Weibchen in die Luft oder auf ihren Sicherungsfäden abgegebenen Duftstoffen (*Pheromone*) folgen. Wie weit sie tatsächlich laufen oder fliegen, ist noch offen.

Drei Variationen zum Auffinden des Partners lassen sich unterscheiden, was hier jeweils an einem Beispiel demonstriert werden soll:

1. Männchen der unbeweglich und farblich gut getarnt auf Blüten lauernden Veränderlichen Krabbenspinne *Misumena vatia* (Familie Thomisidae) folgen rein *mechanisch* den weiblichen Sicherungsfäden, die keine Pheromone enthalten.

2) Bei der stellenweise häufig im hohen Gras vorkommenden Brautgeschenkspinne (*Pisaura mirabilis*) lösen Sicherungsfäden der Weibchen bei Männchen nach Kontakt mit den Pedipalpen Erregung aus. Die weibliche Seide enthält *Kontaktsexpheromone*.

3) Netzspinnenweibchen, wie z. B. unsere Gartenkreuzspinne (*Araneus diadematus*), geben Duftstoffe in die Luft ab (*volatile Pheromone*) und werden so von Männchen ihrer Art gerochen und gefunden.

Vorsicht ist geboten

Theoretisch sind alle Spinnenmännchen in Gefahr, von ihren arteigenen Weibchen gefressen zu werden, denn Spinnen sind Räuber und fangen Beute bis zu ihrer Größe oder auch darüber hinaus. Doch Männchen, die ihre arteigenen Weibchen erkannt haben, verharren im Lauf und geben sich durch ihre *Balz* zu erkennen. Zugleich sind sie auf der Hut: Sie fliehen vor aggressiven Weibchen oder versuchen es zumindest. Dies geschieht *vor* einem Kontakt, jedoch auch direkt *nach* einer Paarung, wie es die Halter von Vogelspinnen kennen.

Männchen, die größer als ihre Weibchen sind, lassen sich generell nicht so leicht unterkriegen. Dies gilt sowohl für Auseinandersetzungen mit Rivalen (*agonistisches Verhalten*) als auch für die Paarung.

Zwergmännchen hingegen werden bei den Seidenspinnen (Gattung *Nephila*) von den Weibchen im Netz vor der Kopulation gar nicht weiter beachtet, kämpfen aber untereinander um den besten Platz in ihrer Nähe. Die kleinen Männchen einiger Witwenarten (Gattung *Latrodectus*, Familie Theridiidae) haben zudem Anpassungen entwickelt, um nach der ersten Tastereinführung auch noch die zweite zu schaffen und dabei beide Begattungstaschen (*Spermatheken*) mit Sperma zu füllen, bevor sie von ihr gepackt werden.

Balz

Wer balzt wen an?

Bei der Balz gibt sich das Männchen dem Weibchen als Angehöriger der eigenen Art zu erkennen, zeigt sich dabei von seiner besten Seite und versucht, sie in Paarungsstimmung zu bringen. Von Art zu Art ist die Balz unterschiedlich. An seinem Verhalten erkennt sie den arteigenen Partner. Denn auch Männchen nah verwandter Arten balzen artfremde Weibchen an. Das ist die erste und wichtigste Barriere, die eine Artkreuzung (*Bastardierung*) verhindert.

Meist erwählt *sie* ihn. Es gibt aber auch einige Arten, wo *er* einen Schlupfwinkel, der als Kokonkammer dienen wird, baut und sie bei ihm vorbeischaut und sich dann als die ideale Partnerin ausweisen muss. So ist es bei den Wolfspinnen der Gattung *Allocosa*.

Trommeln, Zupfen und Tanz

Nachtaktive Spinnenarten verständigen sich mit Vibrationen, also Schwingungen von Untergrund und Luft, wozu auch Töne gehören, die vor allem die Männchen durch erregtes Zittern, Klopfen mit den Tastern auf den Untergrund oder schnelles Reiben der Beine erzeugen. Vogelspinnenhalter kennen das nächtliche rhythmische Trommeln mit den Pedipalpen an den Terrarienscheiben der männlichen Tigerspinnen (*Poecilotheria*-Arten).

Bei Radnetzspinnen, wie unserer Gartenkreuzspinne (*Araneus diadematus*), heftet das Männchen einen besonderen *Balzfaden* an das Radnetz des Weibchens und lockt sie durch *Zupfen* auf den Faden, um sich dann dort in hängender Position mit ihr zu paaren.

Bei den Wolfspinnen winken die Männchen im Tageslicht mit Pedipalpen und Vorderbeinen in arttypischer Weise, was bereits 1926 von den englischen Spinnenforschern Bristowe und Locket vergleichend untersucht wurde. So geben sie sich optisch zu erkennen und zeigen zugleich ihre Fitness an. Doch erzeugen Wolfspinnen bei der Balz auch Töne durch *Trommeln* der Taster auf den Untergrund, durch Reiben von Chitinzapfen über Rillen (*Stridulation*) oder die Übertragung von Schwingungen ihres vor Erregung zitternden Hinterleibs über die Beine an den Untergrund (*Tremulation*). Für die Art *Hygrolycosa rubrofasciata* wurde nachgewiesen, dass sich Weibchen für *die* Männchen entscheiden, die mit dem Hinterleibsende am schnellsten auf trockenes Laub trommeln, was sehr anstrengend ist. Sie wählen so die fittesten Männer für die Kopulation aus, die gesund und kräftig sind und zudem am längsten leben und das beste Immunsystem haben. Mit ihren Genen geben diese Männchen ihre Qualitäten an den Nachwuchs weiter.

Bei den gut sehenden Springspinnen *tanzen* die Männchen bei der Balz, z. B. im Zickzack, oder sie winken mit dem ersten Beinpaar, aber auch mit speziell gefärbten anderen Beinen, z. B. mit dem dritten Paar. Da Springspinnen Farben sehen können, ist es nicht verwunderlich, dass *er ihr* z. B. seinen prächtig gefärbten Hinterleib präsentiert. Im Internet auf youtube kann man sich Balztänze anschauen, so z. B. den von Jürgen Otto gefilmten und mehr als 6 Millionen mal angeklickten Tanz einer in Westaustralien lebenden Pfauenspinne (Orange-fringed Peacock Spider *Maratus speciosus*): Er bewegt sich seitlich vor ihr hin- und her, streckt das besonders gezeichnete dritte Beinpaar senkrecht hoch, bewegt es arttypisch und präsentiert ihr seine nach vorne hochgeklappte, buntgefärbte Hinterleibsoberseite.

Auch Luchsspinnen (Familie Oxyopidae) balzen optisch, so die Männchen der in Amerika lebenden Art

Peucetia viridans, die zusätzlich zu Vibrationen des Hinterleibs und Trommeln mit den Palpen das erste und zweite Beinpaar abwechselnd heben und senken. Sie nehmen ihre Weibchen zuvor optisch aus einer Entfernung von bis zu 14 Zentimetern wahr.

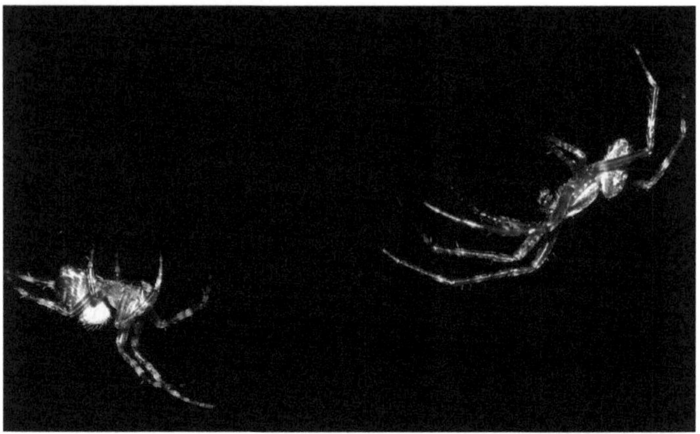

Balz am Faden: Ein Paar der Gartenkreuzspinne (*Araneus diadematus*) am vom Männchen gesponnenen Balzfaden, links das Weibchen, rechts das zupfende Männchen.

Von der besonderen Balz mit dem Anbieten von gestohlener oder selbst gefangener Beute bei der Herbstspinne *Metellina segmentata*, der Diebsspinne *Argyrodes elevatus*, Raubspinnen (Pisauridae) und Langbeinigen Wasserspinnen (Trechaleidae) hören wir noch.

Verführerische Männerdüfte

Noch nicht allzu lange ist bekannt, dass auch *Männchen* spezielle Duftstoffe (*Pheromone*) abgeben, um Weibchen anzumachen. Darauf deuten spezielle Drüsen in den verdickten Tibien der Vorderbeine bei männlichen Wolfspinnen der Art *Alopecosa cuneata* hin.

Mann gegen Mann

Agonistisches Verhalten

Kämpfen Individuen einer Art gegeneinander, so zeigen sie *agonistisches* Verhalten. Der Kampf ist meist *ritualisiert*, d. h. die Gegner töten sich nicht, sondern drohen einander und messen ihre Stärke.

Meist sind es bei den Spinnen die Männchen, die um den Besitz, besser gesagt, um den Zugang zu einem Weibchen kämpfen. Der Sieger versucht, *sie* anschließend zu begatten. Der Verlierer räumt das Feld oder wartet in der Nähe auf die erstbeste Gelegenheit, um doch noch zum Zug zu kommen. Allerdings kommt es auch vor, dass der Rivale auf das Paar springt und so die Kopulation unterbricht. Auch kann es einem weiteren Männchen in der Zwischenzeit gelingen, erfolgreich bei ihr seinen Taster einführen, ganz nach dem Motto: Wenn zwei sich streiten, freut sich der Dritte.

Wie inzwischen bekannt ist, kämpfen auch Weibchen gegen Artgenossinnen, hier jedoch um Reviere.

Drohen und Kämpfen

Schauen wir uns das Verhalten bei Vertretern einiger bekannten Spinnenfamilien an:

Baldachinspinnen: Die Männchen der überall bei uns häufigen Baldachinspinne *Linyphia triangularis* bedrohen sich mit weit geöffneten Cheliceren. Der Größere stößt den Kleineren weg, verbleibt im Netz des Weibchens, die wiederum ihr Netz gegen Rivalinnen verteidigt und dabei auch größere besiegt.

Brautgeschenkspinne: Finden sich zwei Männchen von *Pisaura mirabilis* bei einem Weibchen ein, so bieten beide ihr Brautgeschenk an. Sobald sich jedoch einer der Rivalen regt, kommt es zum Kampf. Im Gerangel mit Fangkorbbildung aus 16 Beinen kann dabei ein Brautgeschenk verlorengehen, oder aber ein Spinnenmann nimmt dem anderen das Geschenk ab und spinnt es anschließend mit seinem zusammen und setzt die Balz fort, während sich der Verlierer unten in der Krautschicht versteckt.

Seidenspinnen: Bei den Seidenspinnen der Gattung *Nephila* gibt es unterschiedlich große *Zwergmännchen*. Die größeren besetzen und verteidigen die für eine Kopulation günstige Position im Weibchennetz - ihr gegenüber auf der anderen Seite der Nabe oder oberhalb von ihr - und verjagen die kleineren Konkurrenten. Betrachten wir einmal die Art *Nephila edulis*. Hier paaren sich die kleinen Männchen heimlich, unbemerkt von den großen Rivalen. Sie kopulieren einige Minuten lang, während die großen nur wenige Sekunden ihren Taster einführen. Die Kleinen geben mehr Sperma ab und zeugen mehr Nachwuchs, kommen allerdings seltener zum Zug. Und so erklärt es sich, dass heutzutage kleinere listige und größere stärkere Männchen existieren, denn beide vererben ihre Eigenschaften weiter und haben sich in der Evolution durchgesetzt.

Springspinnen: Bei den besonders gut sehenden Springspinnen (z. B. *Phidippus*) heben die Männchen ihre Vorderbeine und öffnen die Cheliceren, drohen also meist nur und kämpfen selten direkt. Sieger ist in der Regel der Aggressivere, in der Nähe seines seidenen Nachtschlupfwinkels dagegen der Bewohner. So ist es auch bei den mit besonders langen, metallisch glänzenden Cheliceren (Grundglieder und Klauen) ausgestatteten *Myrmarachne*-Männchen. Zum Ausklappen der Klauen müssen die Grundglieder gespreizt werden.

Wolfspinnen: Auch die Männchen der gut sehenden tagaktiven Wolfspinnen der Gattung *Pardosa* zeigen spezielle Drohstellungen, kämpfen aber auch direkt. Der Aggressivere gewinnt auch hier. Bei ihnen bedrohen sich auch die Weibchen untereinander und beißen nur selten zu.

Paarung

Kopulation und Insertion

Bei der *Kopulation* führt das Spinnenmännchen entweder den ganzen *Bulbus* oder nur einen sehr langen schlauchförmigen Teil, den *Embolus*, in die weibliche Geschlechtsöffnung ein. Dieser Vorgang wird *Insertion* genannt. Dann gibt er sein zuvor vom Spermanetz aufgesaugtes und im Samenschlauch (*Spermophor*) im Innern des Bulbus gespeichertes Sperma in ihre Samentaschen (*Spermatheken*) ab.

Beide Taster zugleich oder nacheinander

Männchen der Zitterspinnen (Familie Pholcidae), Speispinnen (Familie Scytodidae) und Sechsaugenspinnen (Familie Dysderidae) sowie Gliederspinnen führen bei der Paarung *beide* Bulben zugleich beim Weibchen ein. Ihr Sperma gelangt durch Sekretabgabe in den *externen Uterus* und bleibt dort bis zur Eiablage.

Anders ist es bei der Mehrzahl der Spinnenarten. Hierzu gehören die Vogelspinnenartigen und die modernen Spinnen mit komplizierten Begattungsorganen und einer Chitinplatte (Epigyne) über den Geschlechtsöffnungen, die *entelegyne Spinnen* genannt werden. Bei all diesen Arten verwendet das Männchen zunächst nur *einen* Taster, den anderen nach Möglichkeit anschließend.

Bei Vogelspinnen und ihren Verwandten trifft der Embolus des rechten Tasters die linke Spermathek des Weibchens, der linke die rechte *(kontralaterale Insertion)*, da sich beide Partner aufgerichtet gegenüberstehen (s. u.).

Bei den entelegynen Spinnen wird der Kopulationsapparat durch Blutdruckerhöhung aus seiner Ruhelage gedreht, an der Epigyne des Weibchens verankert und der Embolus eingeführt. Ob es gelungen ist, sieht man am Auf- und Abschwellen der Tasterblasen (*Hämatodochae*). Das Männchen führt seinen rechten Embolus in die rechte Epigynenöffnung des Weibchens ein, den linken in die linke (*äquilaterale Insertion*). Beispiele sind die Brautgeschenkspinne *Pisaura mirabilis*, Wolfspinnen (Familie Lysosidae) und Riesenkrabbenspinnenmänner (Familie Sparassidae). Sie entleeren auf diese Weise einen Taster nach dem anderen in die beiden im Innern liegenden Spermatheken des Weibchens.

Kopulationsstellungen

Spinnen paaren sich in unterschiedlicher Körperlage zueinander, es gibt verschiedene Kopulationsstellungen. Theoretisch können Spinnenmännchen von vorne, von hinten, von unten oder von oben mit ihrem Taster die vorne auf der Unterseite des Hinterleibs gelegene Geschlechtsöffnung des Weibchens erreichen. Die Kopulationsstellung ist arttypisch und meist auch gattungs- und familientypisch, d. h. kommt nur in einer Form bei einer Art, Gattung oder Familie vor.

Übersichten mit vielen Beispielen und vier Stellungstypen gaben die Spinnenforscher Ulrich Gerhardt 1921 sowie Otto von Helversen 1976) Alle Positionen stimmen dahingehend überein, dass *er* sich *ihr* balzend von vorne nähert und sie dann hochdrückt oder über sie bzw. unter sie klettert. Hier sind nun die um die Position bei Spinnen mit Brautgeschenkübergabe erweiterten Grundpositionen:

Typ 1: Ursprüngliche Laufspinnen: Bei Gliederspinnen, Vogelspinnen und ihren Verwandten sowie einigen haplogynen Spinnen stehen sich Männchen und Weibchen frontal gegenüber. Vogelspinnenpaare sind mit den vorderen Beinen in Kontakt. Viele Vogelspinnenarten besitzen Fortsätze (*Apophysen*) am drittletzten Beinglied (Tibia) des ersten Beinpaares.

Kommt *sie* ihm aus ihrem Versteck entgegen und

öffnet ihre Cheliceren, so verhakt *er* seine beiden Vorderbeine mit den Apophysen daran und stemmt sie beim Vorwärtsgehen hoch. Aufgerichtet ist der Weg zu ihrer Geschlechtsöffnung vorne auf der Unterseite des Hinterleibs frei. Er führt einen der beiden Taster ein. Sie klappt nach hinten weg, erstarrt für Sekunden, erwacht und - er springt davon und versucht sich in Sicherheit zu bringen. So ist es z. B. bei der Riesenvogelspinne *Lasiodora parahybana*. Bei anderen Arten verläuft die Trennung friedlich, z. B. bei der Trinidad-Baumvogelspinne *Psalmopoeus cambridgei* und bei der Venezuela-Ornament-Vogelspinne *Psalmopoeus irminia*.

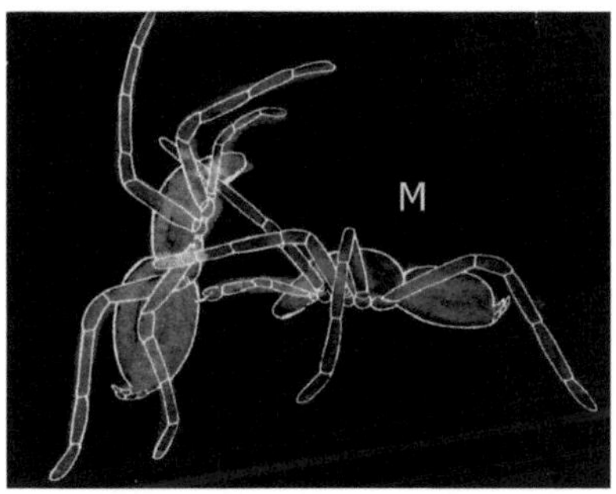

Typ 1: Männliche Vogelspinne (M) inseriert einen Taster beim hochgestemmten Weibchen (nur die Gliedmaßen einer Seite sind eingezeichnet, nach von Helversen 1976).

Typ 2: Netzspinnen: Gartenkreuzspinnen (*Araneus diadematus*) sind auf dem ans Radnetz des Weibchens befestigten *Balzfaden* des Männchens einander zugekehrt. Beide hängen mit dem Bauch nach oben. Auch hier muss *er* auf ihre Unterseite. Je nach Größe befindet sich dann sein Hinterleib vor ihren Cheliceren. Sie könnte zubeißen - bevor oder während er einen Taster einführt bzw. nachdem er sie begattet hat. Bei einigen Arten kommt das häufig oder regelmäßig vor, bei anderen hingegen selten oder nie.

Bei anderen netzbauenden Spinnen gibt es keinen Balzfaden. So ist es z. B. bei Baldachinspinnen (Familie

Linyphiidae). Im Internet bei Wikipedia kann sich der Interessierte nach Eingabe »Spinnentiere« die Kopulation einer Baldachinspinne (*Neriene radiata*) anschauen.

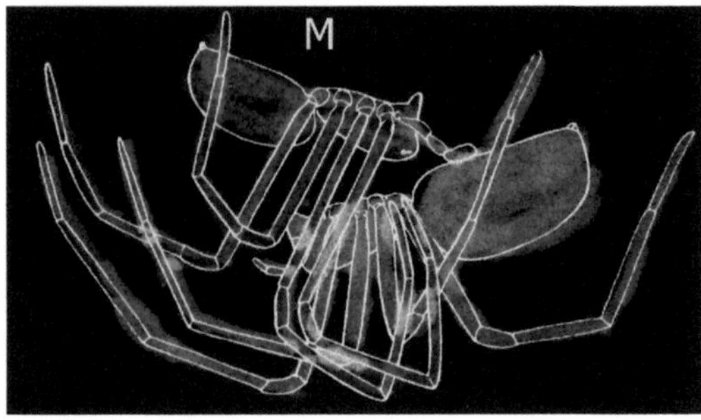

Typ 2: Männliche Baldachinspinne (M) inseriert einen Taster beim am Faden hängenden, aufgerichteten Weibchen (nach von Helversen 1976).

Typ 3: Moderne Laufspinnen: Das Männchen besteigt den Vorderkörper des Weibchens von vorn und neigt sich dann nach rechts oder links über ihren Hinterleib, den sie ihm zudreht. Dort führt er einen Taster ein. Danach wechselt er zur anderen Seite und inseriert den zweiten Taster.

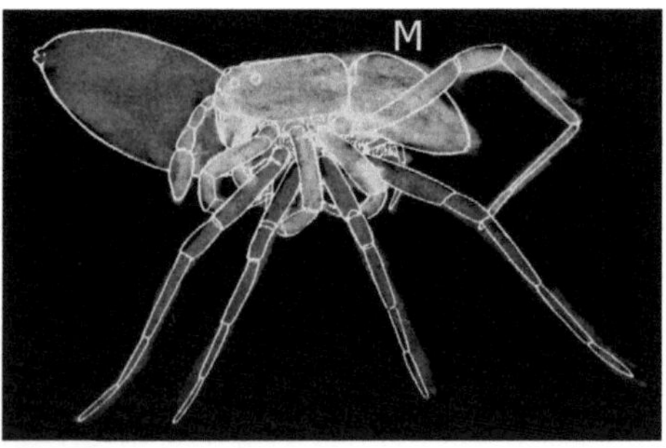

Typ 3: Männliche Wolfspinne (M) ist auf den Rücken des Weibchens (W) geklettert, umklammert sie mit seinem ersten bis dritten Beinpaar und führt seinen rechten Taster (Bulbus) auf der rechten Weibchenseite ein, die sie ihm zugedreht hat (nach von Helversen 1976).

So ist es bei Wolfspinnen (Familie Lycosidae), Riesenkrabbenspinnen (Familie Sparassidae), Springspinnen (Familie Salticidae) und Krabbenspinnen (Familie Thomisidae).

Typ 4: Paarungen im Gespinstsack des Weibchen: Das Männchen nähert sich dem Weibchen von vorne, dreht sich dann um, sodass er ihr seinen Bauch zuwendet, schiebt sich unter sie und kann einen Taster nach dem anderen einführen, ohne seine Stellung wechseln zu müssen, z. B. der Dornfinger *Cheiracanthium punctorium* (Familie Eutichuridae).

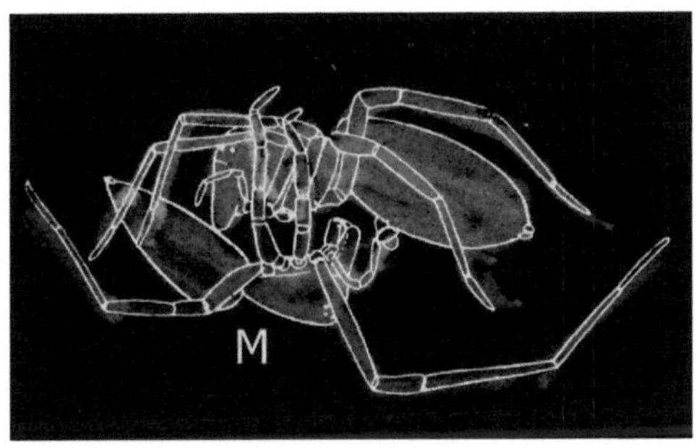

Typ 4: Männlicher Dornfinger der Gattung *Cheiracanthium* (M) inseriert erst einen, dann den anderen Taster innerhalb des Gespinstes beim Weibchen (nach von Helversen 1976).

5) **Spinnen mit Brautgeschenken:** Versteht sich, dass es bei der Vielzahl von Spinnenarten zahlreiche Variationen zu diesen vier Grundformen gibt. So haben Paare der heimischen Brautgeschenkspinne *Pisaura mirabilis,* die in der Krautschicht senkrecht sitzen, sie kopfunter und er ihr angepasst mit dem Vorderkörper nach oben, das Brautgeschenk zwischen sich. Er stützt sich mit seinen Beinen an diesem ab und klettert auf ihrer Unterseite hoch zu ihr. Auch hier sitzen nun beide Partner Bauch an Bauch (Typ 4), doch begibt er sich wieder zum Geschenk zurück, bevor er auf die andere Seite wechselt, wie wir das vom Typ 3 her kennen.

Kopulationsstellung bei der Brautgeschenkspinne *Pisaura mirabilis*, rechts das Männchen, links das Weibchen, dazwischen in den Cheliceren kaum sichtbar das Brautgeschenk.

Ein Männchen einer Langbeinigen Wasserspinne (Familie Trechaleidae) hingegen klettert nach Annahme des Brautgeschenks durch das Weibchen auf ihren Rücken (Typ 3), jedoch nicht außen über ihre Beine, sondern zwischen dem ersten und zweiten Bein hindurch.

Wie Kreuzungen verhindert werden

Erkennen des Artgenossen. Bastardierungen werden bereits vor dem körperlichen Kontakt auf folgende Weise verhindert: Männchen werden durch arttypische weibliche *Pheromone* angelockt und weisen sich bei der Balz durch ihr Verhalten und männliche Duftstoffe nicht nur als arteigene Partner aus, sondern demonstrieren zugleich ihre Vitalität und Eignung als potentielle Väter.

Weibchen weisen Männchen nah verwandter Arten vor einem Kontakt ab, lassen sie nicht lange kopulieren oder aber erbeuten sie schon bei der Annäherung.

Zudem kommen eng miteinander verwandte Arten mit fast identischen Geschlechtsorganen jahreszeitlich und ökologisch getrennt im gleichen Gebiet vor. In diesen Fällen treffen Männchen der einen Art erst gar nicht auf Weibchen der anderen.

Das Schlüssel-Schloss-Prinzip. Grundsätzlich gilt bei der Kopulation der *entelegynen* Spinnen, also bei den meisten Arten, bei denen Weibchen eine Epigyne besitzen, das *Schlüssel-Schloss-Prinzip*: Nur artgleiche Begattungsorgane mit all ihren verschiedenen Haken am Bulbus des Männchens und Befestigungsstrukuren an der Epigyne des Weibchens passen wie Schlüssel und Schloss zusammen. Sie haben sich im Laufe der Evolution aus einfachen Strukturen entwickelt. Eine Kreuzung verschiedener Art, die zu Hybriden führt, wird so verhindert. Und weil die Genitalstrukturen arttypisch sind, werden sie zur Artbestimmung benutzt.

Und dennoch kann es gelegentlich zu Kopulationen nah verwandter Arten kommen, wenn sie aufeinandertreffen, was auch durch Experimente mit betäubten Weibchen nachgewiesen wurde. Inzwischen wurden auch unterschiedlich ausgeprägte Genitalien bei verschiedenen Individuen *einer* Spinnenart gefunden. Dies könnte bedeuten, dass die Artbestimmung nach Genitalstrukturen doch nicht so sicher ist, wie bisher angenommen wurde, und dass mehr oder weniger große Variationen vorkommen. Vielleicht handelt es sich in diesen Fällen aber auch tatsächlich um verschiedene Unterarten oder sogar Arten.

Springspinnen besitzen relativ einfache und wenig variable Genitalien. Die optische Balz entscheidet, ob sie ihn akzeptiert. So ist es hier sinnvoll, diese bei der Artbestimmung heranzuziehen.

Bei Spinnen mit einfacher Geschlechtsöffnung und geraden Emboli, also bei allen Vogelspinnenartigen (Mygalomorphae) und den haplogynen Spinnen (s. Kapitel *Verwandte und Ahnen, Spinnentiere heute*), kann es selbstverständlich kein Schlüssel-Schloss-Prinzip geben. Doch auch hier gibt es nur äußerst selten Hybriden, denn die Weibchen lassen Kopulationen mit artfremden Männchen nicht zu.

Zusammenfassend lässt sich sagen: Da die Artbestimmung anhand der Genitalien nicht immer eindeutig ist, ist es sinnvoll, die vorausgehende Balz und weitere artspezifische Verhaltensweisen neben anderen morphologischen (körperlichen) Merkmalen zu berücksichtigen. Das Problem ist jedoch, dass vielfach nur ein bis wenige Spinnenexemplare in Alkohol vorliegen. Neue Möglichkeiten ergeben sich jedoch durch das *DNA-Barcoding*, das Beobachtungen zum Paarungsverhalten und die Betrachtung der Genitalstrukturen für die Artbestimmung ersetzt, zumindest aber ergänzt (mehr s. Kapitel: *Artenzahl und Spinnennamen, DNA-Barcoding*).

Kopulationsdauer - Definitionen

Die *Paarungsdauer* ist von Art zu Art verschieden, zudem individuell und situationsbedingt unterschiedlich lang. Auch hängt sie vom Ernährungszustand und vorangegangenen Begattungen des Weibchens ab. Wir können beobachten, wie lange Männchen und Weibchen nach erfolgreicher Balz in Körperkontakt bleiben, also ein Paar bilden, bis sie sich mehr oder weniger friedlich trennen bzw. sie ihn erbeutet. Bei Paarungen mit Brautgeschenk ist dies die *Brautgeschenkhaltedauer*.

Wichtiger für die Spermaübertragung ist, wie lange ein Männchen in welche Geschlechtsöffnung des Weibchens wie oft seinen Taster einführt (*Insertionsdauer* und *Insertionszahl*). Die *Kopulationsdauer* ist die Summe aller Insertionen.

Tatsächlich entscheidend für die Befruchtung der Eier bei der Ablage ist natürlich die *Spermamenge* und die Qualität des übertragenen Spermas. Zudem können zumindest bei einigen Arten Männchen Sperma ihres Vorgängers entfernen und Weibchen selbst die Befruchtung steuern.

Erst der Sex und später die Befruchtung

Die *Befruchtung* der Eier erfolgt bei allen Spinnen nicht während der Kopulation, sondern erst bei ihrer Ablage. Zuvor müssen die Eier in den Eierstöcken heranreifen. Hierfür muss das Weibchen genügend Beute fangen und fressen. Ihr Hinterleib schwillt an.

Das Sperma wird bis dahin in den beiden *Spermatheken* gespeichert. Erst bei der Eiablage gelangt es über die beiden *Befruchtungsgänge* zu den Eiern. So ist es bei den entelegynen Spinnen, also z. B. bei unserer Gartenkreuzspinne und der Brautgeschenkspinne.

Bei Vogelspinnenartigen sowie haplogynen Spinnen (z. B. Speispinnen, Zitterspinnen) wird das Sperma in einer am Ende des Eileiters liegenden Ausbuchtung, dem *Uterus externus* (*Bursa copulatrix*), gelagert. Die Befruchtung erfolgt bei ihnen ebenfalls erst während der Eiablage. Diese werden durch den nach außen führenden Begattungsgang auf die zuvor gesponnene Basisplatte des Kokons gelegt.

Wer tut es wie oft?

Wie häufig paart *er* sich?

Die meisten Spinnenmännchen können sich mehrmals in ihrem bisweilen sehr kurzem oder aber auch z. B. bei Vogelspinnen - monatelangem Erwachsenenleben paaren. Sie leben in *Promiskuität*, haben mit häufig wechselnden Partnern Geschlechtsverkehr. Das bedeutet: Ein Männchen sucht ein Weibchen, balzt, paart sich mit ihr, verlässt sie wieder, sucht das nächste Weibchen auf, paart sich, verlässt sie usw.

Begattet ein Männchen mehrere Weibchen, so ist er polygyn. *Polygynie* ist der Fachbegriff für Vielweiberei im Gegensatz zur *Polyandrie* (Vielmännerei). Bekannter ist der Begriff *Polygamie*, die Vielehe, in der beide, Mann und Frau Sex mit vielen Frauen / Männern haben.

Im Labor kann man mithilfe *eines* Männchens Nachwuchs von einer größeren Zahl von Weibchen erhalten.

Wie aber ist es im natürlichen Lebensraum der Spinnen? Im Freiland gibt es zahlreiche Feinde inklusive Artgenossen, wobei tagaktive Vögel bei nächtlicher Partnersuche schon einmal wegfallen, nachtaktive Feinde wie Spitzmäuse hinzukommen. Zudem kann die Suche nach *ihr* je nach Entfernung mehr oder weniger energie- und zeitaufwendig sein, sodass es für ihn effektiver sein kann, an einem Ort zu bleiben, also *einer* Partnerin treu zu sein. So kann er sie, da er früher geschlechtsreif wurde, bereits bei ihrer Adulthäutung, der Häutung zur Geschlechtsreife mit ausgebildeter Epigyne, begatten oder sie bewachen, d. h. Rivalen vertreiben. So ist es bei Netzbewohnern.

Männliche Laufspinnenarten, wo beide Geschlechter annähernd gleich groß sind und die in dichten Populationen leben wie etwa unsere kleinen bodenbewohnenden Wolfspinnen (*Pardosa*-Arten) sowie die in der Krautschicht lebende Brautgeschenkspinne *Pisaura mirabilis,* paaren sich mehrmals mit verschiedenen Weibchen. So ist es sicherlich auch bei vielen Arten aus anderen Spinnenfamilien.

Freilanduntersuchungen an einigen wenigen Arten (z. B. *Agelenopsis aperta, Latrodectus hasselti, Misumena vatia, Nephila fenestrata, Stegodyphus lineatus*) haben jedoch gezeigt, dass sich Männchen durchschnittlich nur ein bis zweimal in ihrem Leben paaren. Von einem Individuum zum anderen gibt es große Unterschiede: Der eine kommt mehrmals zum Zug, der andere einmal, der dritte nie.

Wie häufig paart *sie* sich?

Die Kopulationshäufigkeit von Weibchen in ihrem natürlichen Lebensraum ist bei fast allen Arten unbekannt. Die meisten dürften sich mehrmals mit verschiedenen

Männchen paaren. Doch das kommt auf die Siedlungsdichte und die Umweltbedingungen an. So wurde bei einer Freilanduntersuchung an der Wespenspinne *Argiope bruennichi festgestellt, dass sich die* Weibchen im Durchschnitt nur 1,3 mal, die meisten nur einmal paarten.

Monogyn - Ein Paar

Hier bleibt ein Paar zusammen bzw. er in ihrer Nähe. Dabei kann *er* mehrmals mit ihr kopulieren, sofern *sie* es zulässt. Er ist *monogyn*. *Monogynie* lohnt sich für ihn, wenn er so mehr Nachwuchs zeugen kann als wenn er mehrere Weibchen aufsucht. Und bei einem Männchenüberschuss ist das sicher günstig.

Männchen der Arten, die niemals Paarungen überleben, sind selbstverständlich *monogyn*. Denn sie haben nur eine Chance, einen oder beide Taster bei *einem* Weibchen zu inserieren. Hierzu gehören einige Witwenarten der Gattung *Latrodectus* sowie die Art *Tidarren argo*.

Mate guarding - Er lässt keinen anderen an sie ran

»Mate guarding« lautet der englische Fachbegriff, auf Deutsch: den Partner bewachend. Gemeint ist bei Spinnen, dass ein Männchen nach der Paarung eine Zeitlang beim Weibchen verbleibt und Rivalen vertreibt, um Vater all ihrer Kinder zu werden. Er bleibt ihr treu, paart sich öfter mit ihr, ist *monogyn*.

Ein Beispiel ist die bei uns häufige Gemeine Baldachinspinne *Linyphia triangularis*, Spinne des Jahres 2014, deren Männchen vergrößerte Cheliceren besitzen, die sie im Kampf mit Rivalen einsetzen. Angelockt werden sie durch von der Netzseide in die Luft abgegebene *Pheromone* des Weibchens. Diese Luftlockstoffe bilden sich ständig durch Zersetzung von Kontaktsexpheromonen an den Seidenfäden neu. Bei dieser Art ist das Männchen dominant, wird niemals von ihr angegriffen, nimmt sich sogar Beute aus ihrem Netz. Kurz vor der Paarung zerstört er den größten Teil ihres Netzes. Sie lässt es geschehen und gibt sich ihm hin. Die Netzzerstörung verhindert die weitere Abgabe von Lockstoffen, sodass Rivalen erst gar nicht angelockt werden.

Einer oder mehrere Männer

Statt von *polygam* zu verwenden, der für beide Geschlechtspartner gilt, sollten wir hier den Begriff *polyandrisch* verwenden, da es sich um das Weibchen handelt, das viele Männer hat. Das Zusammenleben mit *einem* Männchen kommt bei Spinnen selten vor, man nennt es *monoandrisch*.

Weibchen verhalten sich je nach Zugehörigkeit zu einer Art unterschiedlich. Zudem gibt es individuelle Variationen: Nicht jede ist die Glückliche bzw. Unglückliche, die am laufenden Band von »Verehrern« bedrängt wird. Bei den meisten Spinnenarten paaren sich die Weibchen mehrmals mit mehreren Männchen. Wie häufig genau, wissen wir meist nicht (s. o.).

Monoandrisch ist die Tapezierspinne *Atypus affinis*. Bei dieser Art sucht *er* ihren Seidenschlauch auf, klopft an, beißt sich rein, paart sich mit ihr und verbringt in ihrem Gespinst den Rest seines Lebens, so lange, bis sie ihn letztendlich doch noch auffrisst.

Ist das Weibchen arttypisch an keiner weiteren Paarung interessiert und reagiert auf Neuankömmlinge aggressiv, so gibt es in ihrem Leben auch nur Sex mit einem Männchen. So verhält es sich bei der Sackspinne *Clubiona cambridgei* (Familie: Clubionidae).

Wenn *sie* keine Sexpheromone mehr ausscheidet, wird kein Männchen mehr angelockt und eine Kopulation unwahrscheinlich. Dafür kann das erste Männchen verantwortlich sein, etwa durch Abriss ihres Netzes (bei

Baldachinspinnen, s. o.) oder nach erfolgter Kopulation durch Substanzen in der Spermaflüssigkeit.

Verschließt das erste Männchen ihre inneren Genitalien mit einem *Begattungszeichen* (*Mating plug*), so kann es für sie zwar weiteren Sex geben - sie ist polyandrisch -, der aber mehr oder weniger erfolglos verläuft, was Tastereinführungen (Insertionen) und vor allem die Spermaabgabe betrifft.

First-male sperm priority - Jungfrauen gefragt

Paaren sich Weibchen mit mehreren Männchen, so stellt sich die Frage, wer die Eier befruchtet. Wer also wird Vater der meisten oder aller Jungen aus dem ersten und evtl. aus weiteren Eikokons?

Die Theorie hierzu ist einfach: Aufgrund des Aufbaus der inneren weiblichen Geschlechtsorgane ist bei allen *entelegynen Spinnen,* deren Weibchen zwei Begattungsöffnungen zusätzlich zur Geschlechtsöffnung besitzen, zu erwarten, dass der *erste* Mann den Hauptgewinn als Erzeuger gezogen hat. Sein Sperma liegt so günstig in den Spermatheken, dass es nach Aktivierung durch das Weibchen als erstes durch die Befruchtungsgänge zum *Uterus externus* gelangt und dort die Eier bei der Ablage befruchtet. Der englische Fachbegriff hierzu lautet: *First-male sperm priority* oder *First-male sperm precedence*. Ist das Sperma verbraucht, kommt das des zweiten Männchens an die Reihe. Dies kann ein anderes gewesen sein oder aber dasselbe bei einer zweiten Begattung mit Füllung derselben Spermathek.

Nehmen wir als Beispiel *Pisaura mirabilis*: Hier wurde festgestellt, dass das erste Männchen 70 Prozent der Eier befruchtet. Es handelt sich also um einen klaren Fall von first-mal sperm priority, wunderbar die Theorie bestätigend, denn die Brautgeschenkspinne besitzt eine Epigyne. Doch auch ein viertes Männchen befruchtet noch ein Viertel der Eier, was auf eine gewisse Spermamischung (*sperm mixing*) schließen lässt, wie Inger Drengsgaard und Sören Toft herausfanden. Für die Männchen bedeutet das, nicht nur so früh wie möglich ein unbegattetes Weibchen zu erwischen und so lange wie möglich zu kopulieren, sondern auch so häufig wie möglich. Oder anders formuliert: Auch später lohnt es sich für *ihn*, es bei *ihr* zu versuchen.

Last-male sperm priority - Die Letzten werden die Ersten sein

Aufgrund des einfachen Aufbaus der inneren weiblichen Geschlechtsorgane von Vogelspinnenartigen und haplogynen Spinnen, die keine zusätzlichen Begattungsöffnungen und -gänge besitzen, liegt das durch die Geschlechtsöffnung *zuletzt* eingebrachte Sperma für die Befruchtung der Eier während der Ablage am günstigsten. Von weiblichen Sekreten aktiviert tritt es als erstes aus den *Spermatheken* aus und befruchtet als erstes bei der Ablage die Eier im *Uterus externus*. Das *letzte* Männchen kann also die meisten Eier befruchten, das erste die wenigsten. Das ist die Theorie.

Ein typischer Fall hierfür ist die Streckerspinne *Tetragnatha extensa* (Familie Tetragnathidae). Bei dieser Art befruchtet das letzte Männchen die meisten Eier. So weit, so gut. Doch zählen Streckerspinnen gar nicht zu den haplogynen, sondern zu den entelegynen Spinnen, besitzen jedoch sekundär vereinfachte Genitalien.

Bei den haplogynen Zitterspinnen (Familie Pholcidae) sollte der Theorie nach das letzte Männchen die meisten Eier befruchten. Doch so ist es nicht!

Sperm mixing - Mehrere Väter zugleich

Sperma von mehreren Männchen bzw. mehreren Kopulationen eines Männchens kann sich in den inneren weiblichen Genitalien, innerhalb der Spermatheken oder im Uterus externus, vermischen.

Von der Spermavermischung bei der entelegynen Brautgeschenkspinne *Pisaura mirabilis* hörten wir bereits (s. o.). Unsere Große Zitterspinne (*Pholcus phalangioides*) zählt zu den haplogynen Spinnen, besitzt aber entgegen der Theorie keine einfachen inneren Genitalien, wie man früher dachte. Hier vermischt sich das Sperma mehrerer Männchen, wie Gabriele Uhl herausfand. Es findet *sperm mixing* statt. Eine Konsequenz: Männchen bewachen »ihre« Weibchen nicht, mit denen sie sich gepaart haben, denn das lohnt sich nicht. Diese Spermavermischung kommt auch bei anderen Zitterspinnen vor, wie z. B. der Art *Physocyclus globosus*.

Spermavermischung unmöglich

Im Gegensatz zu den meisten Spinnenarten hüllen die haplogynen Zwergsechsaugenspinnen (Familie Oonopidae) das Sperma in Sekretpäckchen ein, um eine Vermischung zu verhindern (s. u. unter *Spermasack*).

Mating plugs - Begattungszeichen - Keuschheitsgürtel auf Spinnenart

Begattungszeichen, Begattungspropfen, englisch *mating plugs*, bestehen bei Spinnen entweder aus vollständigen männlichen Kopulationsorganen (Pedipalpen), Teilen davon (abgebrochene Emboli), aus speziellen Sekreten oder aus einer Unmasse von Sperma. Damit verschließt das Männchen, das sein Sperma in eine Samentasche (*Spermathek*) deponiert hat, mehr oder weniger effektiv eine Geschlechtsöffnung des Weibchen, um nachfolgenden Rivalen den Zugang zu verwehren bzw. sie daran zu hindern, Sperma abzugeben. So wird allein *er* Vater zahlreicher Kinder, gibt also seine Gene an die nächste Generation weiter. Logischerweise bedeutet das für ihn, als erster am Drücker, sprich bei ihr zu sein. Hierbei ist jedoch zu beachten, dass die meisten Spinnenweibchen zwei Begattungsöffnungen mit zwei Spermatheken besitzen. Also muss sich Männchen Nummer 1 bemühen, auf jeder Seite einen Taster einzuführen, Sperma abzugeben und den Zugang für einen Konkurrenten zu blockieren.

Abgebrochene Emboli: *Mating plugs* aus abgebrochenen Emboli wurden bei Wespenspinnen der Gattung *Argiope* (Familie Araneidae), Seidenspinnen der Gattung *Nephila* (Familie Araneidae) und Witwen der Gattung *Latrodectus* (Familie Theridiidae) näher untersucht. Dabei wurde dieses Verhalten bei Arten mit sexuellem Kannibalismus und seltenen Paarungsmöglichkeiten für Männchen festgestellt.

Das Zwergmännchen einer Witwe bricht das Endstück seines langen dünnen gebogenen Embolus nach Spermaabgabe ab. Wenn er diesen genau an den Eingang zur Spermathek des Weibchens platziert, ist der Zugang perfekt verstopft. Möglich wird das durch das Schlüssel-Schloss-Prinzip: Weil die Begattungsorgane beider Geschlechter genau aufeinander abgestimmt und oft höchst kompliziert aufgebaut sind, ist der Zugang zur Spermathek nur schmal. Deshalb genügt bereits ein abgebrochener Embolus, um den Zugang für einen Rivalen zu blockieren.

An unserer heimischen Wespenspinne *Argiope bruennichi* wurde mit jeweils zwei Männchen bei einem Weibchen getestet, wie effektiv so ein Verschluss ist. Fast immer war der Verschluss perfekt, d. h. das zweite Männchen hatte keine Chance, Vater zu werden.

Auch bei der Seidenspinne *Nephila fenestrata* sichern die abgebrochenen Emboli die Vaterschaft. Bei der verwandten Art *Nephila plumipes* hingegen brechen die Männchen zwar ebenfalls ihre Emboli ab. Dennoch können Rivalen anschließend in dieselbe Geschlechtsöffnung ihren Taster einführen und Sperma übertragen.

Es gibt also sehr effektive und weniger wirksame *mating plugs* aus abgebrochenen Emboli.

Sekrete: Männliche Diebsspinnen der Gattung *Argyrodes* (Familie Kugelspinnen Theridiidae) verschließen am Ende der Insertion die Begattungsöffnung des Weibchens mit einem Pfropfen erstarrenden Sekrets.

Näher untersucht wurden solche Begattungspropfen bei Zwergspinnen (Familie Linyphiidae, Unterfamilie Erigoninae). So verschließt das nur 2 mm große Männchen der bei uns heimischen Zwergspinne *Oedothorax retusus* die Geschlechtsöffnungen seines 3 mm großen Weibchens nach der Abgabe von Sperma mit flüssigem Material, das erst aushärten muss. Ist es noch weich, also kurz nach der Paarung, so hindert es einen Rivalen nicht am Eindringen seines Embolus. Einen Tag alte gut gehärtete Pfropfen blockieren optimal. Dies gilt auch für möglichst große plugs. Selbst wenn es einem zweiten Männchen bei nicht optimalem Verschluss gelingt zu inserieren, schafft er es nicht, all sein Sperma im Weibchen unterzubringen, ist also auch so gegenüber seinem Vorgänger im Nachteil. Optimal für ein Männchen dieser Art ist es somit, sein Sperma in beide Epigynenöffnungen einzubringen, diese jeweils mit einem großen Pfropfen abzudichten und dafür zu sorgen, dass ein Rivale nicht so schnell zum Zug kommt.

Voll Sperma gestopft: Die Männchen von *Tidarren argo* (Familie Theridiidae) geben mit dem einzigen ihnen noch verbliebenen vom Männchen selbst abgetrennten Taster so viel Sperma ab, dass ein Nachfolger keine Chance hat, sein eigenes dort noch unterzubringen. Allerdings bleibt für einen linkshändigen Rivalen (mit linkem Taster) noch die zweite Spermathek, falls der Vorgänger ein Rechtshänder war und umgekehrt.

Weibchen verschließen Zugang: Erst vor kurzem wurde entdeckt, dass *Weibchen* der von Indien bis China und auf den Philippinen sowie in Australien vorkommenden Seidenspinne *Nephila pilipes* (Familie Araneidae) ihre Geschlechtsöffnungen selbst verschließen. Auch bei dieser Art stehen Zwergmännchen im Wettbewerb um die riesengroßen polygamen Weibchen und brechen bei der Kopulation ihre Emboli ab, damit nachfolgende Rivalen erfolglos bleiben. Hier verschließen jedoch direkt nach der Eiablage Weibchen mit eigenen »plugs« ihre Geschlechtsöffnung und verhindern so weitere ungewollte Kopulationen.

Spermaentfernung durch Rivalen: Sind die weiblichen Spermatheken bzw. der Uterus externus bei einer ersten Kopulation nicht vollständig gefüllt, so kann das erste Männchen ein zweites Mal Sperma hinzufügen. Die gilt natürlich auch für einen nachfolgende Rivalen. Dieser kann bei der Abgabe das Sperma seines Vorgängers zur Seite schieben oder herausdrücken, sodass die meisten oder alle Eier bei der Ablage durch sein eigenes befruchtet werden. Inwieweit das wie oft bei welcher Art vorkommt, ist noch ungeklärt. Zudem ist unklar, ob *er* es ist oder doch eher *sie*, die das Sperma z. B. durch Aktivierung ihrer Sekrete entfernt.

Spermasack: Bei der Zwergsechsaugenspinne *Silhouettella loricatula* (Familie Oonopidae) wurde bei einer erneuten Begattung die Abgabe eines Spermasacks, in den *sie* die Spermienflüssigkeit einhüllt, beobachtet. Doch offen ist, ob dies durch die rhythmischen Bewegungen *seines* Tasters während der Insertion oder durch *ihre* Sekrete geschieht.

Haken, Bisse, Fesseln und K.-o.-Düfte

Männchen brauchen Halt

Während der Paarung halten sich Spinnenmännchen an den Weibchen mit Beinen oder Cheliceren fest.

Tun sie das, damit sie nicht gefressen werden, wie immer wieder zu lesen ist? Oder handelt es sich hier um eine der Lebensweise angepasste typische Kopulationsstellung, ohne die eine Tasterinsertion nicht möglich ist bzw. nicht optimal verlaufen kann?

Tibiaapophysen: Die Männchen verschiedener Vogelspinnenarten (z. B. *Lasiodora parahybana, Psalmopoeus cambridgei*) besitzen an der Tibia, dem drittletzten Glied des ersten Beines, einen seitlichen Auswuchs mit Namen *Tibiaapophyse*. In diese »Astgabel« aus Bein und Fortsatz greift ein paarungswilliges Weibchen mit ihren hochgeklappten Chelicerenklauen und hakt sich so ein. Dann stemmt *er* sie hoch, um an ihre vorne auf dem Bauch liegende Geschlechtsöffnung zu gelangen. In diesem Augenblick kann er nicht von ihr gepackt werden, davor und danach aber sehr wohl. Unbefruchtete Weibchen sollten keinen Grund haben, ihn schon vorher zu verspeisen, es sei denn, er ist altersschwach, riecht / schmeckt nicht gesund oder ist nicht von derselben Art. Doch warum sollte ein hungriges bereits begattete Weibchen ihn nicht erbeuten und fressen? Bei manchen Arten sind Männchen also *danach* sehr wohl gefährdet und versuchen, sich rechtzeitig in Sicherheit zu bringen, was ihnen nicht immer gelingt. Aus weiblicher Sicht haben sie ihre Schuldigkeit getan, ihr Sperma ist gespeichert, und die Proteine eines großen Männchens lassen zahlreiche Eier schneller reifen.

Cheliceren: Bei den heimischen Streckerspinnen der Gattung *Tetragnatha* (Familie Tetragnathidae) und *Pachygnatha* verhaken beide Geschlechter ihre Chelicerenklaue. Das ist die für alle Angehörigen dieser Familie typische Kopulationsstellung. Hierzu liest man jedoch immer wieder: Er hält ihre Klauen fest, damit sie ihn nicht beißen kann. Nun, zuvor könnte sie es problemlos. Doch will sie ja Nachwuchs, wozu Sperma nötig ist. Bei der Kopulation kann sie ihn nicht packen. Doch danach könnte sie es, tut es aber nicht.

Positionieren durch Biss: Bei der in Frankreich, Spanien, Portugal und Algerien vorkommenden Radnetzspinne *Araneus pallidus* klappt das Männchen nach dem Sprung an ihre Epigyne um, sodass sein Hinterleib direkt vor ihren Cheliceren landet. Sie beißt hinein und beginnt zu fressen, während er sie begattet. Wie Experimente zeigten, verankert ihr Biss ihn an ihr, eine Notwendigkeit, damit er seinen Taster einführen kann.

Ausrichten am Brautgeschenk: Bei *Pisaura mirabilis* und anderen Raubspinnenarten (Familie Pisauridae) sowie bei den Langbeinigen Wasserspinnen (Familie Trechaleidae) beißen Weibchen in die ihnen angebotenen Brautgeschenke. Während sie frisst, klettert er an ihr hinauf. Bei nicht umsponnener sperriger Beute gibt es bei der Brautgeschenkspinne Orientierungsprobleme: Er versucht, an falscher Stelle zu inserieren.

Verhakte Cheliceren geben Halt: **Streckerspinnenpaar** (*Tetragnatha* sp.) im Netz hängend bei der Begattung, rechts das Weibchen. Sie halten sich mit ihren großen Cheliceren aneinander fest. Auffällig sind weiterhin die langen Taster des Männchens, die nötig sind, um bei dieser Stellung ihre Geschlechtsöffnungen zu erreichen. Der linke Taster ist inseriert, die Tasterblasen schwellen gerade an (Pfeil).

Kopffortsätze: Bei einigen Zwergspinnenarten beißt das Weibchen in den Kopffortsatz des Männchens und löst damit seine Kopulationsaktivitäten aus. Bei vielen Arten nimmt sie dort *Sekrete* von ihm auf, während er einen Taster nach dem anderen einführt.

Fesseln aus Seide

Die Männchen heimischer Krabbenspinnen (*Xysticus*-Arten) »fesseln« ihre Weibchen vor der Paarung mit Fäden an den Untergrund, was im Englischen *tying down* heißt. Wirklich gefesselt ist *sie* dabei allerdings nicht, denn sie befreit sich nach der Kopulation selbst. Vermutlich versetzt solch ein *Brautschleier* (*bridal veil*) sie in einen Zustand der Ruhe und gibt ihr zugleich durch die daran haftenden Pheromone Auskunft über seine Qualitäten.

Weniger bekannt ist, dass auch Männchen aus anderen Familien ihre Weibchen »umgarnen«, d. h. die Beine der Weibchen über- bzw. umspinnen. Das machen *Ancylometes bogotensis* (Familie Ctenidae), Seidenspinnen der Gattung *Nephila* (Familie Araneidae) sowie mindestens drei Raubspinnenarten (Familie Pisauridae), von denen ich hier kurz berichten will: *Pisaurina mira* lebt in den USA und in Kanada. *Sie* hängt frei am Sicherungsfaden an einem Zweig. *Er* spinnt ihre Vorderbeine zusammen, dreht sie dabei mit Beinen und Palpen um die eigene Achse und umklammert ihre Hinterbeine bei der Einführung seines Tasters. *Tetragonophthalma vulpina* kommt in West- und Zentralafrika vor. Auch hier fesseln die Männchen mit einigen Fäden die Beine von Weibchen. *Thalassius spinosissimus* lebt in Südafrika: Paarungen finden in den von Weibchen hergestellten Gespinsten statt, wo die Männchen die Vorderbeine der Weibchen im Tibiabereich umspinnen.

Katalepsie: Erstarrt ist sie

Die Weibchen der bei uns heimischen Labyrinthspinne (*Agelena labyrinthica*) aus der Familie der Trichternetzspinnen (Agelenidae) verfallen bei der Balz der Männchen in eine Starre (*Katalepsie*): Sie reagieren nicht auf Reize und liegen mit angezogenen Beinen da, als wären sie tot. *Er* packt sie nun mit seinen Cheliceren und trägt sie zum Ausgang der Röhre hinaus. Draußen zwängt er sich von vorne her z. B. unter ihre rechte Seite, dreht ihren Hinterleib zu sich hin und führt den rechten Taster ein. Eine einzige Insertion dauert nur Sekunden, doch es sind zahllose innerhalb von 1,5 Stunden. Anschließend begibt er sich auf ihre linke Seite und inseriert dort auf dieselbe Weise. Nach der Kopulation erwacht sie aus der Starre und versucht ihn zu erbeuten.

Katalepsie und sein langer Embolus

Auch bei der mit der Labyrinthspinne nah verwandten Art *Histopona torpida*, die in unseren Wäldern am Boden unter Holzstücken und Steinen ihre kleinen Trichternetze spinnt, trägt *er* sie aus der Röhre und legt die Regungslose auf die Netzmatte vor der Röhre ab. Abwechselnd führt er den rechten und linken Taster für jeweils 3 bis 4 Minuten ein. Was auf den ersten Blick auffällt, ist sein großer Embolus, der in einer doppelten Spirale locker um den Bulbus gewickelt ungefähr so lang wie das Männchen selbst ist. Er wird in eine ihrer Begattungsöffnungen in der Epigyne hineingedreht, was nicht so einfach ist. Nach dem Herausziehen muss er sein Riesenorgan mit Hilfe seiner Cheliceren erst einmal in die richtige Ruheposition bringen, bevor er sich auf ihre andere Seite begibt und den anderen Taster einführt. Irgendwann wird sie munter, tut ihm aber nichts.

Katalepsie durch K.-o.-Düfte!

Männchen der in den USA und in Mexiko vorkommenden Baldachinspinne *Agelenopsis aperta* wirbeln durch das kräftige Trommeln ihrer Pedipalpen bei der Balz ein von ihnen abgegebenes K.-o.-Pheromon auf, welches ihre Weibchen erstarren, in Katalepsie fallen lässt. Dann kopuliert er. Sie bleibt eine Zeitlang weggetreten. Keinem passiert etwas. Lebhaftere, kräftigere Männer sind dabei erfolgreicher. Vermutlich setzen auch

Wespenspinne *Argiope bruennichi*: **Männchen kopuliert mit frisch gehäutetem Weibchen** (Fotos: Michael Zink).

die Männchen der heimischen Baldachinspinnen (Familie Linyphiidae) solche Chemikalien ein.

Opportunistische Kopulationen

Die Gelegenheit nutzen

Opportunistische Kopulationen finden statt, wenn *er* die günstige Gelegenheit ausnutzt, in der *sie* gänzlich wehrlos ist. So paaren sich Männchen mit Weibchen, während diese fressen oder sich häuten.

Adulthäutung: Eine Auswahl eines geeigneten Partners ist dem Weibchen nicht möglich. Es handelt sich hierbei um erzwungene Kopulationen. *Vergewaltigung* nennen wir dieses Verhalten bei uns Menschen.

Wespenspinnenmännchen (*Argiope bruennichi*) paaren sich auch mit frisch gehäuteten Weibchen. Diese können sich nicht wehren, müssen es zulassen, da ihre neue Körperhülle noch weich ist. Bei der amerikanischen Art *Argiope aurantia* paaren sich die Zwergmännchen *meistens* bei ihrer Adulthäutung. Auch die Männchen der australischen und neuseeländischen Jagdspinnen (Pisauridae) der Gattung *Megadolomedes* tun dies.

Bei der soziallebenden Kugelspinne *Achaearanea wau* (Familie Theridiidae) versuchen bis zu 15 Männchen auf einmal mit einem einzigen sich zur Geschlechtsreife häutenden Weibchen zu kopulieren. Einigen gelingt es auch zwei- bis dreimal. Dieses Verhalten konnte Yael D. Lubin in Panama bei über 24% aller Adulthäutungen von Weibchen beobachten.

Mahlzeit: Männchen einiger Spinnenarten kommen unbeschadet davon, wenn sie sich mit gerade fressenden oder beim Beutefang befindlichen Weibchen paaren. Das kommt bei Radnetzspinnen (Familie Araneidae) und Seidenspinnen (Familie Araneidae) häufig vor, aber auch bei Raubspinnen (Familie Pisauridae), wie *Dolomedes fimbriatus*, bei der sie vielleicht gerade einen Rivalen verzehrt.

Bei manchen Arten beginnt das Männchen erst mit der Balz, sobald Beute im Netz des Weibchens ist. So ist es bei der Herbstspinne *Metellina segmentata*, bei der in den Tropen vorkommenden Kräuselradnetzspinne *Zosis geniculata* sowie bei Seidenspinnenarten der Gattung *Nephila (N. brasiliensis, N. inaurata, N. plumipes).*

Selbstmord und Tasteramputation

Purzelbaum und Selbstaufopferung

Die Zwergmännchen zweier Witwenarten (*Latrodectus geometricus, Latrodectus hasselti*), opfern sich bei der Kopulation, um erfolgreich zu sein, d. h. ihr Sperma zu übertragen.

Und das geht so: Er führt zunächst seinen Taster bei ihr ein und macht dann einen regelrechten Purzelbaum, an dessen Ende nach einer 180° Drehung die

Oberseite seines Hinterleibs direkt vor ihren Cheliceren liegt. Sie beißt zu, er überträgt mit einem Taster sein Sperma. Manche Männchen überleben diesen einzigen Akt ihres Leben nicht, andere lösen sich, balzen erneut und führen auf dieselbe Weise den zweiten Taster in ihre andere Geschlechtsöffnung ein. Dann werden auch die meisten von ihnen von den Weibchen verspeist. Ihre *beiden* Spermatheken zu füllen, ist von Vorteil für ihn, erhöht *seine* Chancen, Vater vieler Kinder zu werden, allerdings eben nur bei dieser *Einen*. Andere Weibchen kann er nun einmal nicht mehr aufsuchen.

Verblüffend ist, wie lange die australische Witwe (*Latrodectus hasselti*) an ihm frisst, ohne dass er stirbt. Erst 2005 wurde das Rätsel gelöst: Er schnürt seinen Hinterleib genau an der Stelle ein, in der sie beißt. Das verhindert einen allzu frühen Tod und ermöglicht ihm sogar eine zweite Chance, sein Sperma bei ihr unterzubringen. Allerdings paaren sich Weibchen mit mehreren Männchen und können dabei jeweils entscheiden, wie lange er darf. Andererseits wiederum bricht ein großer Teil seines Kopulationsapparates bei der Begattung ab, bleibt in ihr und blockiert für folgende Rivalen den Zugang zu ihrer Spermathek.

Bei der in Nordamerika und Israel vorkommenden Art *Latrodectus hesperus* gibt es übrigens diese Spezialanpassung des Männchens nicht. Sie ist hier auch nicht nötig, denn meistens passiert ihm nichts.

Tasteramputation durch ihn und sie

Bei der Gattung *Tidarren* und bei der nahe verwandten auf den Kanarischen Inseln vorkommenden Art *Echinotheridion gibberosum*, die zu den Kugelspinnen (Familie Theridiidae) gehören, amputiert das Zwergmännchen nach seiner vorletzten Häutung einen seiner beiden Pedipalpen selbst. Bei der folgenden Häutung zum geschlechtsreifen Männchen, der Adulthäutung, besitzt *er* somit nur noch *einen* rechten oder linken Taster. So muss er alles auf eine Karte setzen: Er kopuliert nur einmal mit *einem* Taster, in den er eine sehr großen Spermamenge vom Spermanetz aufnimmt, die bei der Begattung eine ihrer beiden Spermatheken vollständig füllt. Bei den meisten bisher untersuchten Arten der Gattung *Tidarren* beendet *sie* die Kopulation nach wenigen Minuten, streift ihn von der Epigyne ab und frisst ihn auf. So ist es z. B. bei der Art *Tidarren cuneolatum*.

Bei *Echinotheridion gibberosum* und bei *Tidarren argo* wird es noch bizarrer: Das Männchen spinnt einen Faden, an dem die Kopulation stattfindet. Bei der Paarung stirbt er *ohne* ihr Zutun, sobald er seinen Taster in ihrer Epigyne verankert hat.

Das *Echinotheridion*-Weibchen ist zunächst erstarrt (kataleptisch), wickelt ihn aber nach 4 Minuten mit Fäden ein und dreht ihn dabei mit ihren Beinen.

Tidarren argo-Weibchen drehen ihre Männchen sofort ab. Wie auch immer, *sein* fest verankerter Taster bricht dabei ab und bleibt für einige Stunden in ihr stecken, bis sie ihn entfernt.

Bei der in Amerika und Westindien vorkommenden Art *Tidarren sisyphoides* stirbt das Männchen ebenfalls bei der Insertion seines Tasters, bleibt aber dennoch über 2 Stunden an ihrer Epigyne hängen, bis sie ihn abstreift, *ohne* ihn zu fressen.

In all diesen Fällen erlaubt das sein Verhalten ihm einen langen Kontakt der Genitalien. Kurz nach der Entmannung ist bereits das meiste Sperma übertragen. Hinzu kommt noch ein dichtes Sekret als Füllstoff. Ob die Spermaübergabe weitergeht, obwohl das Männchen tot ist und bereits verzehrt wird, ist noch unklar. Auf jeden Fall ist ihre Epigyne für Stunden blockiert, kein Rivale kommt in dieser Zeit zum Zug. Ist eine Spermathek gefüllt, so schwindet bei ihr das Interesse an

Männern: Nur noch 10% der Weibchen von *Tidarren argo* wollen sich ein zweites Mal paaren.

Gewaltanwendung für die Vaterschaft

Kokondiebstahl, um Vater zu werden

Die Weibchen der in Europa und Nordafrika lebenden Röhrenspinne *Stegodyphus lineatus* (Familie Eresidae) paaren sich mit mehreren Männchen und stellen nach Verlust einen neuen Kokon her, wie dies zahlreiche andere Spinnenarten auch tun.

Einzigartig nach bisherigen Kenntnissen ist jedoch, dass Männchen Kokons stehlen und vernichten, um Weibchen wieder paarungsbereit zu machen. Er packt ihren Kokon mit seinen Cheliceren, trägt ihn zum Schlupfwinkeleingang und lässt ihn hinunterfallen. Der Kokon geht verloren. Befanden sich in ihm befruchtete Eier oder Larven, so sterben sie. Er hat sie indirekt getötet. Es handelt sich also um einen besonderen Fall der Kindstötung (*Infantizid*).

Weibchen können nach erneuter Paarung einen zweiten Kokon herstellen, der sich aber erst spät entwickelt, da viel Zeit bis zur zweiten Eiablage vergeht. Zudem enthält er weniger Eier. Und diese können erst gelegt werden, wenn die Weibchen genügend Beute fangen. Deshalb verteidigen Weibchen ihre Kokons, jagen Männchen vom Nest weg, verletzen sie oder töten sie und fressen sie auf.

Traumatische Begattung - Stiche mit dem Embolus in den Hinterleib

2009 wurde eine traumatische Begattung bei Spinnen beschrieben: Das Männchen der in Israel vorkommenden Sechsaugenspinne *Harpactea sadistica* (Familie Dysderidae) führt seine Bulben nicht in ihre Geschlechtsöffnung ein, sondern ergreift das Weibchen mit den Cheliceren am Hinterleib und durchbohrt dann mit den kurzen Emboli seiner Taster abwechselnd mehrmals ihren Hinterleib. Dabei injiziert er sein Sperma direkt in ihre Eierstöcke. Dort erfolgt sofort die Befruchtung der Eier. Sie legt dann Embryonen ab. Seine Vaterschaft kann ihm kein Rivale mehr nehmen.

Vergewaltigung!?

Ich verstehe darunter, dass das Männchen das Weibchen gegen ihren Willen begattet und das *nicht* die Regel im Fortpflanzungsverhalten der Art ist. Opportunistische Paarungen zählen bei dieser Definition somit dazu. Der arttypische Einsatz von K.o.-Duft bei der Balz und traumatische Besamungen fallen nicht darunter.

Ein *Pisaura mirabilis*-Männchen, das ohne Brautgeschenk auf ein Weibchen trifft, sucht nach Beute oder nach einem Objekt, um daraus ein Brautgeschenk herzustellen. Findet er beim Experiment im Labor nichts, so kann er mit seinen Beinen versuchen, das sich fest an den Untergrund drückende Weibchen hochzuhebeln, um mit einem Taster an ihre Epigyne zu gelangen. Dabei hat er jedoch Probleme bei der Orientierung: Er sucht mit seinen Bulben zeitweise auch an ihrem Vorderkörper nach einer Geschlechtsöffnung. Es gelingen ihm kurze Insertionen, weil *sie* in Ermangelung eines Geschenks in eins seiner Beine (3. Beinpaar) beißt, die sonst das Brautgeschenk umklammert halten. Er stirbt daran nicht, verliert auch kein Bein, und es entwickelt sich sogar Nachwuchs, Sperma wird also übertragen.

Diese Situation stellt jedoch einen Extremfall dar, der im Freiland nicht vorkommen dürfte. Trifft dort ein Männchen ohne Beute bzw. Brautgeschenk auf ein Weibchen, so findet er erregt in Kreisen laufend sicherlich ein zur Herstellung eines Brautgeschenks geeignetes Objekt, das auch eine trockene Heidekrautblüte sein kann, die er dann sofort dicht mit Seide umspinnt, sofern er nicht ein Beutetier fangen oder ein Brautgeschenk von einem Rivalen stehlen kann.

Von Zwergen und Riesen

Zwergmännchen

Die kleinen bis winzigen Männchen einiger Spinnenarten werden *Zwergmännchen* genannt.

Solche frühreifen Zwerge gibt es innerhalb der Familie Kugelspinnen (Theridiidae) bei der Schwarzen Witwe und ihren Verwandten (*Latrodectus*-Arten) sowie bei Arten der Gattungen *Echinotheridion* und *Tidarren*, die bekannt sind durch ihr bizarres Sexualverhalten mit Selbstamputation von Genitalien und der Entmannung durch das Weibchen bei der Paarung (s. o.).

Am auffälligsten ist der Größenunterschied bei Radnetzspinnen (Familie Araneidae), wozu auch die Seidenspinnen der Gattung *Nephila* gezählt werden. Auch bei der heimischen Wespenspinne (*Argiope bruennichi*) und weiteren Arten ihrer Gattung sowie bei *Herrennia oz* in Australien und den in der Neuen Welt vorkommenden Gattungen *Gasteracantha* und *Micrathena* werden die Männchen nicht groß.

Ebenso gibt es unter den Krabbenspinnen (Familie Thomisidae) relativ kleine Männchen, z. B. bei der Veränderlichen Krabbenspinne *Misumena vatia* und bei *Thomisus onustus*. Hier sind die Männchen nur 3-5 bzw. 2-4 mm groß, die Weibchen jedoch 7-10 mm. Bei der von Indien bis Australien vorkommenden Art *Thomisus spectabilis* sind es 2,5 gegenüber 11 mm.

All diese kleinen Männer werden schneller erwachsen als ihre Schwestern, machen also weniger Häutungen durch, bis sie geschlechtsreif sind. So häutet sich das Kugelspinnenmännchen der Gattung *Tidarren* nur dreimal und ist schon nach 41 Tagen geschlechtsreif, während Weibchen 4-5 Häutungen durchmachen und dazu 65 Tage brauchen. Früher geschlechtsreif bedeutet frühere Weibchensuche. *Inzucht* durch Paarungen mit Schwestern wird so zeitlich ausgeschlossen.

Zwergmännchen einer Art sind zudem unterschiedlich groß, kämpfen gegeneinander und verfolgen dabei je nach Größe unterschiedliche Paarungsstrategien.

Riesenweibchen

Da bei der Gattung *Nephila* im Laufe der Evolution nicht die Männchen geschrumpft sind, sondern die Weibchen immer größer wurden, sollten wir hier nicht von *Zwergmännchen* sondern von *Riesenweibchen* sprechen.

Riesenweibchen einer Seidenspinne (*Nephila*-Art aus Sri Lanka) **mit** siebenbeinigem **Zwergmännchen** auf ihrem Netz.

Wir sprechen in all diesen Fällen mit Zwergmännchen und normal großen bis riesengroßen Weibchen von *Sexualdimorphismus*, weil sich die Geschlechter abgesehen von den Genitalien im Körperbau unterscheiden.

Wespenspinnensex aus ihrer und seiner Sicht

Wie wir schon hörten, sind auch bei unserer heimischen Wespenspinne (*Argiope bruennichi*) sowie bei verwandten Arten der Gattung *Argiope* die Männchen um einiges kleiner als ihre Weibchen. Sie werden zudem häufig bei der Paarung verzehrt. Also hat *er* nur *einmal* im Leben eine Chance, sein Sperma abzugeben. Wird er von ihr eingewickelt, ehe er zum Zug kommt, kann er sich nicht fortpflanzen.

Männchen dieser Arten sind *monogam,* genauer gesagt *monogyn*. Weibchen hingegen paaren sich mit mehreren Männchen, sie sind *polygam*, genauer gesagt *polyandrisch*. Sie sind zunächst daran interessiert, genügend Sperma zur Befruchtung aller Eier zu bekommen. Dafür würde auch *ein* Männchen genügen. Doch die fittesten Männer bringen das beste Erbgut mit. Warum sollten sie sich also mit dem Erstbesten abgeben?

Für ein Männchen ist es optimal, Vater möglichst vieler gesunder Kinder zu werden. Doch wenn auch Rivalen ihr Sperma in die Spermatheken abgeben, stellt sich die Frage, wer jetzt wie viele Kinder zeugt.

Nicht nur die Spermien eines Männchens konkurrieren jetzt untereinander bei der Befruchtung der bis zu 400 Eier pro Kokon, sondern auch die Spermien mehrerer Männchen. Die Evolution fördert hierbei durch Selektion die Fortpflanzung von Männchen, die es schaffen, Rivalen von ihrem Weibchen fernzuhalten, denn ihre Gene werden mittels ihrer Spermien an den Nachwuchs vermehrt weitergegeben.

Wir hörten bereits davon, dass bei den Männchen dieser Art ein Teil des eingedrungenen Embolus bei der Einführung des Tasters abbricht und so den Weg für nachfolgende Rivalen blockiert. Diese können dann kein Sperma deponieren. Da das Weibchen zwei Begattungsöffnungen besitzt, muss das Männchen sich bemühen, auf beiden Seiten zu inserieren, was nur möglich ist, wenn er eine erste Attacke von ihr überlebt.

Gar nicht in das skizierte Bild der sich häufig paarenden Weibchen und der um die Befruchtungsrate konkurrierenden Männchen passt ein neuerer Befund von Stefanie Zimmer an einer Freilandpopulation, wo sich die Weibchen im Durchschnitt nur 1,3 mal paarten, meist nur einmal. Wie aktiv Männchen nach Weibchen suchten, sie fanden und kopulieren konnten, hing hier von der Pheromonverteilung, der Windstärke und der Dichte jungfräulicher Weibchen ab. Unter anderen Bedingungen könnte es jedoch häufiger zu Kopulationen kommen.

Dominante Männer

Einmal umgekehrt: *Er* frisst *sie*

Dass Männchen von ihren arteigenen Weibchen gefressen werden, ist die erste Assoziation von Laien beim Stichwort »Spinne«. Regelmäßig geschieht das jedoch nur bei einigen Arten.

Doch sind auch einige umgekehrte Fälle bekannt, in denen *er sie* tötete und verspeiste, so bei der amerikanischen Springspinne *Phidippus johnsoni*, bei der heimischen Gerandeten Jagdspinne *Dolomedes fimbriatus* und bei Zitterspinnen der Gattung *Pholcus*. Männchen der Wasserspinne (*Argyroneta aquatica*) paaren sich am liebsten mit größeren Weibchen, fressen jedoch die, die kleiner als sie selbst sind.

Alte Weiber sind zum Fressen da, junge Frauen für den Sex

2013 wurde publik, dass Männchen der bei uns an Bäumen lebenden und bereits 1897 beschriebenen Plattbauchspinne *Micaria sociabilis* (Familie Gnaphosidae) regelmäßig arteigene Weibchen erbeuten. Bei dieser Art gibt es zweimal im Jahr Nachwuchs. Männchen können sich mit alten im Frühling geschlüpften oder mit jungen

Weibchen paaren. Große Männchen sind aggressiver als kleinere: Sie greifen Weibchen häufiger an, egal ob diese groß oder klein, alt oder jung waren. Männchen aller Größen fangen und fressen jedoch alte Weibchen häufiger als junge.

Vertauschte Geschlechterrollen: *Er* lockt *sie* und wählt aus

Männchen der an der Sandküste Uruguays lebenden Wolfspinnenarten *Allocosa brasiliensis* und *Allocosa alticeps* erbeuten auffallend viele Weibchen. Wegen geringem und schwankendem Beuteangebots fangen beide Arten, was sie nur kriegen können. Ihr Beutespektrum umfasst neben Fliegen auch Ameisen und Spinnen, wobei sie auch kannibalisch sind, also Artgenossen fressen. In diesem extremen Lebensraum sind die Geschlechterrollen vertauscht: Männchen sind größer als Weibchen und verteidigen die von *ihnen* gegrabenen Höhlen, in die die Weibchen ihre Kokons ablegen. Hier gibt *er* ein Sexpheromon in die Luft ab, womit er *sie* anlockt. Ältere Weibchen werden von Männchen häufig gefressen, jungfräuliche Weibchen bei Paarungen bevorzugt.

Friedvolles Miteinander

Abgesehen von Müttern mit ihren Kindern und den sozialen Arten leben Männchen und Weibchen bei nur wenigen Spinnenarten regelmäßig zusammen. Einige Beispiele:

So lebt das bei uns heimische, große und kräftige Ammen-Dornfinger-Männchen (*Cheiracanthium punctorium*) in ihrem Gespinst, das sie als Tagesversteck herstellt.

Bei den Tapezierspinnen der Gattung *Atypus* beißt er sich durch ihren Fangschlauch und lebt bei ihr, bis er schließlich stirbt und von ihr verzehrt wird.

Und auch das Wasserspinnenpaar (*Argyroneta aquatica*) bewohnt gemeinsam die seidene, luftgefüllte Taucherglocke, wobei anzumerken bleibt, dass hier große Männchen durchaus Weibchen aus ihrer Glocke jagen oder sie fressen.

Selbst unter den wegen ihres Männermordens bekannten Witwen gibt es Arten (*Latrodectus curacaviensis*, *L. hesperus*, *L. revivensis*), bei denen die Zwergmännchen friedlich im Netz ihrer Weibchen leben und an ihrer Beute fressen.

Bei einigen Zitterspinnenarten (Familie *Pholcidae*) überlassen die dominanten Männchen sogar ihren Weibchen die eigene Beute.

Beutediebstahl für die Braut

Im Tierreich überreichen bei einigen Arten Männchen ihren Weibchen Geschenke. Wir kennen dieses Verhalten von den Tanzfliegen (Familie Empididae), Skorpionsfliegen (Gattung *Panorpa*) und Mückenhaften (Familie Bittacidae) unter den Insekten. Doch auch Spinnenmännchen bieten Beute oder Sekrete an. Zwei Möglichkeiten sind realisiert:

- Die Männchen fangen die für Geschenke verwendete Beute selbst.

- In Netzen kommen Männchen der Netzinhaberin zuvor oder verjagen sie, d. h. stehlen ihr die Beute.

In beiden Fällen umspinnt *er* die Beute.

Beuteklau aus ihrem Netz: Die Herbstspinne

Oft warten mehrere Männchen der Herbstspinne (*Metellina segmentata*) (Familie Tetragnathidae) am Radnetzrand eines Weibchens darauf, dass sich darin ein Insekt verfängt. Dann heißt es: Hinlaufen, der Erste sein, die Beute umspinnen und die Netzinhaberin durch Zupfen am selbst gesponnenen Balzfaden anzulocken.

Fitte Männchen, die so groß wie Weibchen sind, jagen diesen sogar die Beute ab. Und das geht so: *Er* schlägt mit den Vorderbeinen nach ihr, bis sie die Flucht ergreift. Es kommt auch zu Kämpfen zwischen Männchen, wobei meist die größeren siegen und ihre unterlegenen Rivalen sogar einspinnen und zum Anlocken des Weibchens verwenden.

Ein paarungswilliges Weibchen kostet kurz am »Brautgeschenk« und hängt sich dann mit dem Bauch nach oben am Balzfaden auf.

In späterer Jahreszeit fressen alte Männchen und Weibchen gemeinsam an der eingesponnenen Beute.

Balz der Herbstspinne (*Metellina segmentata*). Männchen (rechts) balzt Weibchen mit gestohlener Beute an.

Auch Kopulationen mit Ersatzobjekten und ohne Werbeobjekt wurden beobachtet. Ersatzobjekte funktionieren aber nur, wenn sie vom Männchen zuvor eingesponnen wurden. Hier könnten Pheromone an der Seide des Männchens das Weibchen beim Betasten und / oder Hineinbeißen paarungswillig machen.

Diebsspinne stiehlt Beute aus artfremdem Netz

Diebsspinnenmännchen der Gattung *Argyrodes* (Familie Theridiidae) bieten ihren Weibchen während der

Paarung Sekrete an, so auch die in Mexiko vorkommende Art *Argyrodes elevatus*.

2010 beobachteten Biologen jedoch, wie ein Männchen zunächst ein Beutetier aus dem Netz einer in Kolonien lebenden Radnetzspinne (*Metepeira incrassata*) stahl, diese darauf einem arteigenen Weibchen anbot, wartete, bis sie zu fressen begann, und sich dann mit ihr paarte, während sie fraß.

Der »Kavalier« überlässt ihr seine Beute

Bei den in Costa Rica und Kolumbien vorkommenden Zitterspinnen der Gattungen *Modisimus*, *Priscula* (Familie Pholcidae) leben Männchen und Weibchen friedlich in Netzen zusammen. *Er* ist dominant, somit kann sie ihn nicht fressen. Doch nutzt er das nicht aus, klaut ihr keine Beute aus dem Netz zur eigenen Ernährung, wie es die Herbstspinnenmännchen tun, sondern verhält sich ganz als »Kavalier«, d. h. er überlässt ihr oft die *eigene* Beute. So bindet er sie an sich und kann mehr Eier befruchten, als wenn er sie nur einmal begatten und dann verlassen würde.

Die Brautgeschenkspinne

Bei Spinnen kannte man bis vor einigen Jahren nur eine einzige Art, die *Brautgeschenke* überreicht. Es handelt sich um unsere heimische *Pisaura mirabilis*. Inzwischen sind Brautgeschenke auch bei anderen Arten der Raubspinnen (Pisauridae) sowie bei Langbeinigen Wasserspinnen (Trechaleidae) entdeckt worden.

Was ist ein Brautgeschenk? - Eine Definition

Ein Brautgeschenk ist die Beute eines Männchens, die mehr oder weniger umsponnen eine Zeitlang von ihm in den Cheliceren getragen wird. Es setzt sich aus den Bestandteilen Beute und Gespinst zusammen.

Brautgeschenke werden zu unterschiedlichen Zeiten angefertigt: *Pisaura mirabilis*-Männchen stellen einige

Tage nach ihrer letzten Häutung ohne Anwesenheit von Weibchen solche Geschenke her, die auch aus Fraßresten bestehen können. *Thaumasia*-Männchen hingegen umspinnen ihre Beute erst beim Weibchen.

Die Funktion »Brautgeschenk« haben diese zu Kugeln oder ellipsoiden Körpern umsponnenen Beutetiere allerdings erst, wenn sie Weibchen angeboten und von ihnen angenommen werden. Brautgeschenke ermöglichen somit Männchen die Paarung mit arteigenen Weibchen. Sie sind fester Bestandteil der Balz.

Brautgeschenkinhalte bei *Pisaura mirabilis*

Brautgeschenkspinnenmänner sind relativ häufig mit Beute anzutreffen, die frisch und fressbar oder auch gänzlich wertlos sein kann. Ihre Brautgeschenke enthalten ein bis mehrere Beutetiere, aber auch Fraßreste. So wurden Wanzen und Zikaden, Rüsselkäfer und Käferlarven, Schmetterlingslarven, Fliegen und Schwebfliegenlarven sowie Weberknechte und Spinnen inklusive Artgenossen als Beutebestandteile gefunden.

Sie oder *er* wird zum Brautgeschenk

Im Labor sah ich Aggressionen von *Pisaura mirabilis*-Männchen *ohne* Brautgeschenk, die kleinere Weibchen umklammerten und besonders auf flügelschlagende Fliegen in den Fängen der Weibchen reagierten. Sie bissen ihre Artgenossinen jedoch nicht, waren also auf der Suche nach einer Beute, um sie *ihr* umsponnen als Brautgeschenk überreichen zu können.

Drei Fälle sind jedoch bekannt, in denen eine Brautgeschenkspinne selbst zum Geschenk wurde:

- Ein erregtes Männchen packte ein Bein des Weibchens. Sie warf es ab (*Autotomie*). Er umspann es.

- Im zweiten Fall fing *er* sie und umspann *sie* zum Brautgeschenk, was auch bei der japanischen Verwandten *Pisaura lama* beobachtet wurde. Und das bedeutete: großes Geschenk - keine Braut mehr da.

- Im dritten Fall erbeutete ein Männchen einen altersschwachen Rivalen und fertigte aus ihm ein Brautgeschenk, das er erfolgreich einem Weibchen anbot.

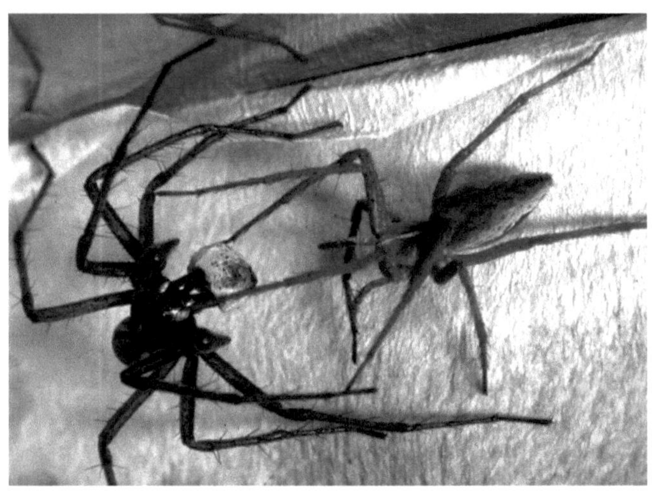

Pisaura mirabilis-Weibchen tastet sich an das vom Männchen hochgehaltene Brautgeschenk heran.

Anbieten und Annahme des Brautgeschenks

Das *Pisaura mirabilis*-Männchen bietet sein Brautgeschenk dem Weibchen mit vom Untergrund abgehobenem Vorderkörper, zur Seite gestreckten Pedipalpen und erhobenem ersten Beinpaar an. Er präsentiert ihr das Brautgeschenk auf eine Art, bei der sie unbehindert von Extremitäten direkt mit ihren Cheliceren zugreifen kann. An senkrechter Unterlage befindet *sie* sich kopfunter oberhalb von *ihm*. Er hat sich ihrer Position angepasst und steht ihr zugewandt unterhalb von ihr.

Sie reagiert entweder nicht oder streckt das erste Beinpaar nach vorne hoch. So erhält sie über die dort liegenden Trichobothrien ständig Informationen über seine Aktivitäten.

Er bietet weiterhin still sein Brautgeschenk an oder unterbricht dies mit gelegentlichem *Beinereiben*. Reagiert sie noch immer nicht, so umspinnt er selbst ein bereits dicht weiß umsponnenes Brautgeschenk erneut. Vielleicht soll es so attraktiver werden, weil seine Seide Pheromone enthält, die sein Geschenk und somit indirekt auch ihn unwiderstehlich machen.

Ist sie interessiert, tastet sie sich mit dem ersten Beinpaar langsam an den unterhalb wartenden Spinnenmann heran. Sie kommt dabei entweder direkt mit dem Brautgeschenk in Beinkontakt oder findet es durch Abtasten seiner weit zur Seite gestreckten vorderen Beinpaare und dirigiert sich so selbst ins Zentrum. Kaum haben ihre dabei auf- und abtastenden Pedipalpen das Brautgeschenk berührt, greift sie auch schon mit ihren Cheliceren zu und beginnt zu fressen.

Beide Geschlechtspartner sind nun über das Brautgeschenk als Brücke miteinander verbunden.

Die vier Phasen der Kopulation

Es lassen sich vier Phasen *nach* der Balz, dem Anbieten des Brautgeschenks mit Beinereiben, bei der Kopulation unterscheiden:

1) Eine ruhige Phase: Beide Partner stehen sich unbeweglich gegenüber und halten das Brautgeschenk in den Cheliceren. Sie frisst. Er hält seine Pedipalpen nach vorne gestreckt erhoben, was sehr kraftaufwendig sein muss, denn sie sinken immer wieder langsam nach unten. Oder hat dies eine Signal- bzw. chemische Funktion?

2) Eine aktive Phase: Er löst ruckend seine Chelicerenklauen aus dem Brautgeschenk. Da sie über dieses mit ihm verbunden ist, wird sie heftig geschüttelt und hebt einige Beine vom Untergrund ab. Noch während des Ruckens krümmt er sein Hinterleibsende zum Brautgeschenk hin ein, löst seine Cheliceren und heftet einen Sicherungsfaden an. Anschließend legt er sein 3. Beinpaar von beiden Seiten an das Brautgeschenk, klettert entweder rechts oder links an diesem und an ihr empor und hat nun freien Zugang zur Epigyne. Jetzt tastet er mit dem rechten Taster auf ihrer rechten Seite oder mit dem linken auf ihrer linken nach der Begattungsöffnung und verankert ihn. Währenddessen liegt der nicht aktive Taster mit der Spitze am Brautgeschenk.

Kopulation von *Pisaura mirabilis:* Blick auf den Bauch des Weibchens und den Rücken des Männchens, der seinen linken Taster inseriert hat, beide Hämatodochae sind geschwollen. Er stützt sich an ihren Beinen ab, die frei in der Luft mit den Hinterbeinen verankert an einer Borke hängt.

3) Eine ruhige Phase: Sie frisst am Brautgeschenk und er begattet sie. Beide sitzen still, wobei sie sich mit ein bis fünf Beinen gegenseitig abstützen. Der Embolus eines männlichen Tasters ist in eine Begattungsöffnung eingeführt (inseriert). Deutlich kann man das Auf- und Abschwellen der beiden Tasterblasen (*Hämatodochae*) sehen - das Kriterium für eine erfolgreiche Insertion, denn sie drehen den Embolus in die weibliche Geschlechtsöffnung hinein. Insertionen können sehr kurz sein, d. h. nur wenige Sekunden lang dauern, gewöhnlich aber viele Minuten, wobei der von mir beobachtete Rekord bei über 58 Minuten für eine Tastereinführung lag.

4) Eine aktive Phase: in der er ihre Unterseite verlässt und das Brautgeschenk erneut mit den Cheliceren ergreift. Beide halten es nun wieder (s. Phase 1). Im Anschluss folgt die Einführung des anderen Tasters (Phasen 2 & 3). Beide Taster können mehrfach inseriert werden.

Trennung und Brautgeschenk-Eroberung

Die Trennung geht meistens vom Weibchen aus: Sie läuft plötzlich davon oder vollführt eine blitzschnelle ruckartige Bewegung zur Seite. Dies geschieht oft, während er noch unter ihr weilt und gerade versucht, einen Taster einzuführen, oder ihn noch inseriert hat. Er verliert den Kontakt und fällt zu Boden. Es gibt aber für sie noch eine andere Möglichkeit, das Brautgeschenk für sich zu gewinnen: Sie bildet mit einer größeren Zahl von Beinen einen für den Beutefang typischen Fangkorb um das Brautgeschenk und erobert es so. Auch *er* kann mit Fangkorbbildung reagieren, sodass beide den Halt am Untergrund verlieren und abstürzen. Noch während sie fallen oder erst am Boden erfolgt die Trennung, und einer von beiden läuft mit dem Brautgeschenk davon.

Gelegentlich entreißt *er* ohne ersichtlichen Grund sein Brautgeschenk ihren Cheliceren.

Die Trennung kann aber auch sehr friedlich verlaufen, das Geschenk verbleibt dabei bei ihr.

Nicht immer führen Davonlaufen oder Fangkorbbildung des Weibchens zur endgültigen Trennung. So lässt sich öfter ein gerade noch inserierendes Männchen nach blitzschnellem Ergreifen des Brautgeschenks vom davonlaufenden Weibchen wegschleppen, wobei seine Beine gerade gestreckt, die Palpen jedoch erhoben sind. Das Beinestrecken dürfte den Transport in der Krautschicht erleichtern. Mit den erhobenden Pedipalpen bekommt er sicherlich Informationen über sie. Vielleicht gibt er auch dabei Pheromone ab, um sie zu beruhigen. Mit diesem Verhalten erspart er sich, sie zu suchen, ihr das Brautgeschenk neu anzubieten und zu warten, bis sie es ergreift. Auch kommen in dieser Zeit keine Rivalen zum Zug. Das Wegschleppenlassen heißt für ihn, umgangssprachlich formuliert, am Drücker zu beiben. Denn sobald sie wieder zur Ruhe gekommen und frisst, richtet er sich wieder auf und bemüht sich um weitere Insertionen, die auch meist gelingen. Männchen erhöhen so ihre Kopulationsdauer, können mehr Sperma übertragen und mehr Eier befruchten.

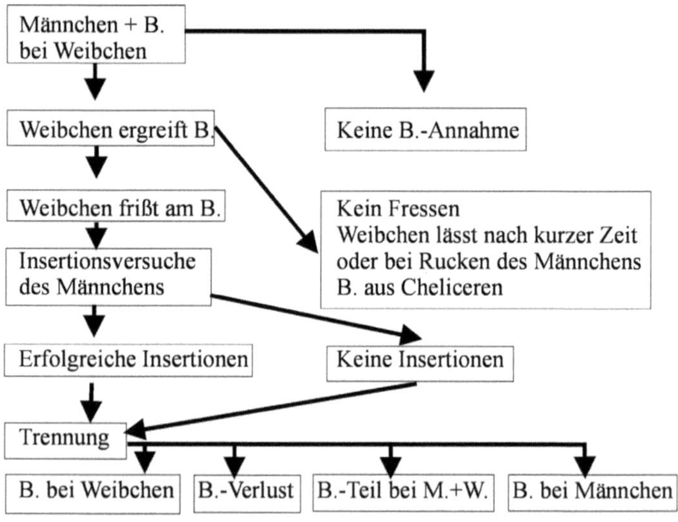

Kopulationsablauf und **Verbleib des Brautgeschenks** bei *Pisaura mirabilis* (B. Brautgeschenk, M. Männchen, W. Weibchen).

Nach der Paarung

Am Ende der Paarung verbleibt das Brautgeschenk in zwei Dritteln aller Fälle bei *ihr*. Anschließend verzehrt sie es bis auf ungenießbare Reste.

Erobert *er* sein Brautgeschenk zurück, so spinnt er dieses am Untergrund fest und putzt zunächst Beine und Pedipalpen. So hat er es zur Hand, kann es bei Störungen schnell wieder mit den Cheliceren aufnehmen, wenn etwa ein Weibchen oder ein Rivale auftaucht. Das Festspinnen an den Untergrund verhindert zudem den Verlust bei erneuter Spermaaufnahme, die direkt nach der Kopulation oder aber auch später stattfinden kann.

Nach dem Putzen kann er sein Geschenk von Neuem umspinnen und es noch einmal demselben oder einem anderen Weibchen anbieten.

Dass sein Brautgeschenk durch den Fraß des Weibchens Nährstoffe eingebüßt hat, ist offensichtlich. Doch auch er kann daran fressen und es als eine Art *Wegproviant* verwenden. Optimieren kann er sein zerfressenes Geschenk, indem er Beute hinzufängt oder ein frisches dicht umsponnenes von einem Rivalen erobert und beide zusammenspinnt.

Paarungsablauf aus Weibchensicht

Für das Weibchen beginnt das Paarungsverhalten mit der Wahrnehmung des Männchens und der Reaktion auf das angebote Brautgeschenk: Ablehnung oder Annahme. Für sie ist es wichtig, dass sie möglichst genügend Sperma zur Befruchtung der Eier bei der Ablage von fitten Männern bekommt. Sie muss in erster Linie bis zur Kokonherstellung möglichst viele Nährstoffe aus selbst gefangener Beute sowie zusätzlich aus Brautgeschenken und auch aus gefangenen Männchen aufnehmen, um genügend Eier zu produzieren und die lange Kokontragezeit ohne Nahrungsaufnahme zu überstehen.

Paarungsverhalten: Der männliche Part

1) Spermanetzherstellung, -aufnahme

2) Beutefang

3) Brautgeschenkherstellung

4) Weibchensuche mit Brautgeschenk

5) Balz = Anbieten des Brautgeschenks

6) Paarung = Kopulation

7) Trennung mit / ohne Brautgeschenk

Brautgeschenk-Variationen

Die im Freiland eingesammelten Brautgeschenke sind meist relativ klein. Entscheidend für die Größe ist die Beute, da das Gespinst nur eine dünne Schicht darstellt. Insbesondere die langen Gliedmaßen, Beine bei Spinnen und Flügel bei Insekten, nehmen viel Raum ein, wären aber beim Transport durch die dichtbewachsene Krautschicht hinderlich. Sie werden jedoch durch das Umspinnen eng an den Rumpf gedrückt, sodass ein kugelförmiges oder ellipsoides Paket entsteht, indem sich durchaus noch lebende Beute befinden kann. Je nach Beuteart, -zustand und -zahl entstehen unterschiedliche große Brautgeschenke.

Brautgeschenk-Funktionen

Die Tabelle zeigt die vermuteten und tatsächlichen Funktionen des Brautgeschenks von *Pisaura mirabilis.*

Die immer wieder zu lesende Funktion »Schutz« vor dem aggressiven Weibchen ist unzutreffend. Nur in Ausnahmefällen retten sich Männchen mit blitzschnellem Drehen vor heranpreschenden und dann ins Brautgeschenk beißenden Weibchen.

Zutreffend ist in erster Linie die Funktion **Vermittlungsobjekt**: Das Brautgeschenk ist fester Bestandteil der Paarung, d. h. Männchen stellen es her, transportieren es, bieten es an. Weibchen erwarten es, tasten danach, beißen hinein und lassen so lange die Paarung zu, wie sie am Fressen sind.

Größere Männchen mit größeren Geschenken, die also gute Beutejäger und / oder gut darin sind, ihren Rivalen Geschenke zu stehlen, dürfen länger ihre Taster einführen, übertragen mehr Sperma, werden Väter von mehr Kindern, die vermutlich auch wiederum fitter als andere sind. Sie haben einen größeren Paarungserfolg als kleinere nicht so erfolgreiche Beutefänger.

Funktionen des Brautgeschenks (B.) bei *Pisaura mirabilis*

1) **Vermittlungsobjekt** zwischen den Geschlechtern (Männchen bietet an, Weibchen tastet danach und greift zu). Die typische Kopulationsstellung entsteht, dabei dient ihm das Brautgeschenk (B.) als Stütze und zur Orientierung hin zu ihrer Epigyne.
2) **Männliche Paarungsanstrengung** (*male mating effort*): Das B. verbessert seinen Kopulationserfolg: längere Insertionen, mehr Spermaübertragung, mehr Nachwuchs bei größerem, dicht umsponnenen B.
3) **Zusatznahrung** für das Weibchen neben dem eigenen Beutefang = geringe väterliche Investition = *paternal investment*, aber nachwuchsfördernde Stoffe in der Seide?
4) **Schutzobjekt** des Männchens gegenüber dem Weibchen: gelegentlich bei Attacken vor der Annahme - selten aber auch Ursache für Verletzung des Männchens.
5) **Wegzehrung** des Männchens auf Weibchensuche (hps. Beuteanteil).
6) **Transportmittel** für die Beute (Seidenhülle), Festspinnen und Umspinnen zur Kugelform oder zum Ellipsoid = Anpassung an den Lebensraum Krautschicht. Vergrößern durch weitere Beutefänge.

Brautgeschenke machen sicherlich nur einen geringen Teil der Beute von Weibchen aus, der jedoch variabel sein dürfte. Sie sind nur **Zusatznahrung**. Wieviel Beute Weibchen im Freiland selbst fangen und wie viele Brautgeschenke sie erhalten und fressen, ist unbekannt. Was die Nährstoffe betrifft, bekommen sie diese zum größten Teil aus selbst gefangener Beute, zu der auch altersschwache Männchen gehören dürften.

Denkbar wäre es, dass in der Seide der Männchen zusätzliche Nährstoffe sind. Es könnten aber auch beruhigende Substanzen sein.

Zudem fressen auch Männchen an ihren Brautgeschenken, die sie durch Hinzufang weiterer Beutetiere wieder vergrößern können. Sie haben somit auf Weibchensuche und in Ruhezeiten ihren **Proviant** dabei.

Mit welchem Geschenk gibt es am meisten Nachwuchs?

Mit verschiedensten Arten von Brautgeschenken aus umsponnenen Fliegen, Heimchen und anderen Gliedertieren, aber auch aus trockenen Resten, Heidekrautblüten sowie frischen Fliegen und sogar ohne Brautgeschenk können sich Männchen fortpflanzen.

So gelang es einem Männchen *ohne* Brautgeschenk bei mir im Labor, einen Taster 31 Sekunden lang einzuführen - und es gab Nachwuchs, es war ihm also in dieser kurzen Zeit gelungen, Sperma zu übertragen.

Und doch kommt es auf die *Art* des Geschenks an, wie erfolgreich die Männchen sind. Daher suchen Männchen ohne Geschenk in Weibchennähe eifrig nach Beute oder geeignetem Ersatz, in dem sie in Kreisen laufend mit den Vorderbeinen über den Boden tasten. Grundsätzlich ist es so: Je länger die Kopulationen dauern, um so mehr Eier werden befruchtet. Und die längsten Kopulationen mit mehreren Insertionen beider Taster schaffen Männchen nur mit dicht umsponnenen mittelgroßen Geschenken, die sie z. B. aus einer frisch gefangenen Goldfliege hergestellt haben. Mit winzigen Geschenken aus einer Fruchtfliege, mit frisch gefangenen Fliegen ohne Gespinst und ohne Brautgeschenk lassen Weibchen nur kurze Insertionen zu bzw. schaffen es Männchen mit Gewalt nur kurz, einen Taster einzuführen und Sperma abzugeben. Die Abbildung zeigt die vier Wege auf, wie ein Männchen *ohne* Brautgeschenk in Weibchennähe zur Kopulation gelangt.

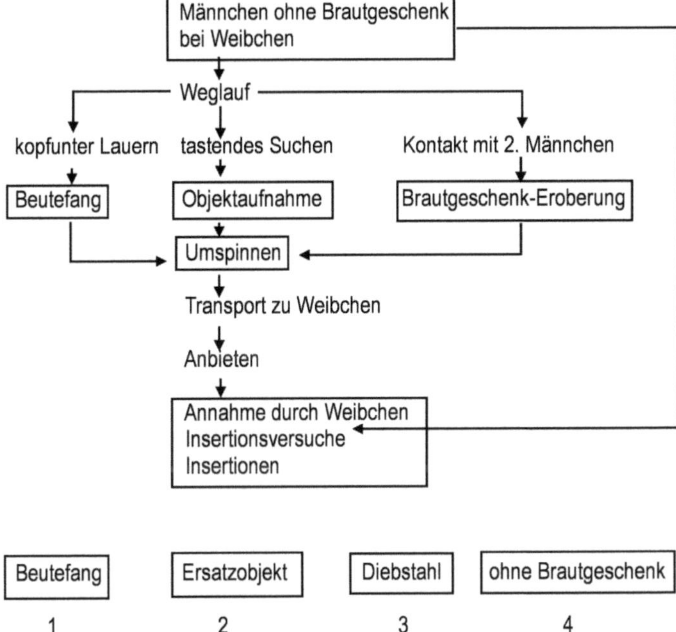

Vier Wege für ein *Pisaura mirabilis*-Männchen ohne Brautgeschenk zur Kopulation.

Zwei Männchen bei einem Weibchen

Was geschieht, wenn sich *zwei Pisaura mirabilis*-Männchen bei *einem* Weibchen eingefunden haben?

Bieten sie geduldig ihre Geschenke an, bis *sie* sich für eins und somit für einen entscheidet?

Ja und nein!

Beide Männchen bieten ihre Geschenke an, gehen aber auch aufeinander los, beißen sich und stehlen sich die Brautgeschenke. Größere Männchen bewachen Weibchen, selbst ohne Brautgeschenk, indem sie den Rivalen immer wieder verjagen.

Dieses *agonistische Verhalten* ist nicht verwunderlich, denn jeder Spinnenmann will sich fortpflanzen. Warum sollte er dem Rivalen den Vortritt lassen und leer ausgehen, d. h. gar keinen Nachwuchs bzw. weniger Kinder zeugen? Denn der Erste befruchtet bei der Ablage die meisten Eier mit seinem im Weibchen gespeicherten Sperma (*first-male sperm priority*).

Abgesehen vom Kampf der Rivalen um Brautgeschenk und Zugang zum Weibchen lassen sich besondere sexuelle Verhaltensweisen zwischen den drei Brautgeschenkspinnen beobachten: das Anbieten des Brautgeschenks neben dem kopulierendem Paar und ein »Flotter Dreier« mit wechselnden Paarungsversuchen beider Männchen an einem Weibchen. Auch Missverständnisse auf Seite der Männchen kommen vor: Begattungsversuche am Rivalen nachdem der eine vom anderen am Brautgeschenk hängend weggeschleppt wurde. Meist paart sich jedoch nur *ein* Männchen mit dem Weibchen, weil er dominant ist und seinen Rivalen verjagt. In zwei von mir beobachteten Fällen kopulierten beide Männer mit ihr, einmal nacheinander, das andere Mal bildete sich eine Dreiergruppe aus.

Ein kopulierendes Weibchen reagiert auf einen Neuankömmling entweder gar nicht, frisst also weiter am Brautgeschenk, oder wehrt Männchen 2 mit Beinschlägen ab. Diese Bewegungen können schon zum Ende der Insertion des ersten Männchens führen, erst recht eine Beutefanghandlung mit Sprung nach dem Neuankömmling. Dabei erobert sie das Brautgeschenk gänzlich für sich und verzehrt es anschließend oder schleppt das daran hängende erste Männchen mit sich. Er richtet sich, nachdem wieder Ruhe eingekehrt ist, auf und setzt seine Paarung fort.

Brautgeschenk-Diebstahl

Bei jeder sechsten von mir beobachteten männlichen Begegnung umklammerten sich beide Männchen in einem aus zwei Fangkörben gebildeten Knäuel. In über 60 % der Fälle blieb dabei das Brautgeschenk beim Besitzer, in einem Drittel kam es zur Eroberung durch den Rivalen, in den restlichen Fällen ging es verloren.

Brautgeschenkspinnen-Männchen versuchen die zeit- und energiesparende Taktik Klauen statt Selberfangen und Von-Anfang-an-Umspinnen. Das nennt sich *»gift robbery«*. Auf diese Weise können sie auch ein vorhandenes Geschenk durch Zusammenspinnen vergrößern. Es entsteht ein *Doppelbrautgeschenk.*

Freilandbrautgeschenke bestehen aus ein bis mehreren Beutetieren oder -resten. Sie können durch eigene Hinzufänge von Beute oder Eroberung von Brautgeschenken von Rivalen entstanden sein.

Nicht nur der erfolgreiche Jäger, sondern auch der dominante große *Pisaura mirabilis*-Mann hat nach Kämpfen mit einem Rivalen als Gewinner ein großes Geschenk parat, an dem *sie* lange fressen kann, während er sich mit ihr paart. Der Verlierer hat nichts und kommt auch nicht ans Weibchen ran. Bei kleinen Beutetieren klappt das gut. Bei großen Geschenken aus z. B. zwei umsponnenen Goldfliegen gibt es schon mehr Probleme. Hierbei kommt es vor, dass ein Männchen vergisst, die beiden Brautgeschenke fest zusammenzuspinnen. Das führt u. U. zum Verlust der gewonnenen Fliege beim Transport. Bei ihr mag er das Zusammenspinnen unterlassen, weil sie schon zugreift. Nun frisst sie an der einen Hälfte, er bietet die andere an. Jetzt muss er entweder lange warten, bis sie die Reste fallenlässt und auch sein Geschenk ergreift. Die andere Strategie ist, nach einiger Zeit vergeblichen Anbietens sein eigenes Geschenk loszulassen und das des Weibchens zu ergreifen, um sich mit ihr zu paaren. Hat er alles richtig gemacht und wurde sein Doppelbrautgeschenk von ihr akzeptiert, so kann er wegen der Größe Probleme haben, ihre Epigyne zu finden, wie das auch nach der Übergabe von nicht umsponnenen Goldfliegen wegen der abstehenden Flügel geschieht.

Frieden und Sex unter Männern

Nicht nur aggressiv, sondern auch friedlich untereinander verhalten sich Männchen in der Nähe eines Weibchens. So betasten sie sich längere Zeit mit den Vorderbeinen und trennen sich dann wieder. Oder aber sie versuchen sich abwechselnd zu begatten. Wahrscheinlich wird das Gegenüber wegen der vorhandenen weiblichen Sexpheromone mit einem Weibchen verwechselt.

Friedlich untereinander verhalten sich ältere Männchen bei älteren Weibchen, die ihren Kokon weggeworfen haben und das Brautgeschenk zwar ergreifen, aber häufig dann wieder loslassen. Diese Männchen versuchen häufiger mit dem Rivalen zu kopulieren, lassen sogar ihr Geschenk dafür fallen.

Brautgeschenke bei Raubspinnen

Stellen alle *Pisaura*-Arten Brautgeschenke her?

Am längsten bekannt und am besten untersucht ist das Paarungsverhalten mit Brautgeschenk bei *Pisaura mirabilis*. 1884 beschrieb der Niederländer Alexander van Hasselt das Umspinnen einer Fliege durch ein Männchen als *Anomalie* im Sexualleben der Spinnen.

Derzeit sind weltweit 13 *Pisaura*-Arten bekannt. Offen ist, ob es bei allen Brautgeschenke gibt.

Pisaura lama: 1987 veröffentlichte Yasuhiro Itakura Beobachtungen zum Paarungsverhalten dieser Art

in Japan, die auch in China, Korea und Russland vorkommt. Männchen stellen Brautgeschenke aus Beute
her. Ohne diese versuchen sie meist nicht zu kopulieren. Einmal jedoch gelang es auch ohne Geschenk 19
Minuten lang, dann packte sie zu. Weibchen mit Beute
lassen diese fallen, ergreifen das Brautgeschenk und
fressen später an ihrer eigenen Beute weiter. In einem
anderen Fall ging die Begegnung der Geschlechter für
sie schlecht aus: Er biss und tötete sie und stellte aus
ihr sein Brautgeschenk her.

Pisaura quadrilineata: Männchen dieser auf den
kanarischen Inseln vorkommenden Art traf Günter
Schmidt immer nur mit Beute ohne Gespinst an. Da
stellt sich die Frage: Fehlt bei dieser Art die Seide beim
Geschenk oder umspinnt das Männchen seine Beute
erst in Anwesenheit des Weibchens, wie das *Thaumasia*-Männchen (s. u.) tun? Denn Balz und Paarung dieser *Pisaura*-Art sind noch unbekannt.

Falls das Brautgeschenk typisch für die Gattung *Pisaura* ist, müssten die Männchen aller 13 Arten Brautgeschenke herstellen und anbieten.

Brautgeschenke bei Raubspinnen anderer Gat-
tungen

Inklusive der Gattung *Pisaura* hat die Familie
Pisauridae (Raubspinnen) nach derzeitigem Kenntnisstand 51 Gattungen mit 356 Arten. Zumindest einige
Arten der Gattung *Pisaura* paaren sich mit Brautgeschenk, wie wir jetzt wissen. Doch wie sieht es bei den
46 anderen Gattungen aus?

Und die kurze Antwort lautet: Balz und Kopulation
der meisten Arten sind noch unbekannt. Von einigen
Arten weiß man immerhin, dass Seide bei der Paarung
eine Rolle spielt: Hier spinnen Männchen vor der Kopulation die Beine der Weibchen zusammen. Bei anderen
Arten ohne Brautgeschenk und Seidenfesseln kommt es

häufiger zu sexuellem Kannibalismus, d. h. Erbeutung von Männchen durch Weibchen (z. B. bei der Gattung *Dolomedes*). Und doch gab es in den letzten Jahrzehnten weitere Brautgeschenkentdeckungen bei asiatischen und amerikanischen Pisauriden, die hier kurz vorgestellt werden sollen:

Perenethis fascigera: Wiederum war es der Japaner Yasuhiro Itakura, der 1988 das Brautgeschenk bei dieser Art entdeckte. Er beobachtete erregtes Beinereiben der Männchen, Umspinnen der Beute mit Seide und Anbieten. Männchen ohne Beute nahmen nach Weibchenkontakt Insektenreste auf und stellten daraus durch Umspinnen Brautgeschenke her. Sie konnten jedoch keinen Taster beim Weibchen einführen, also auch kein Sperma übertragen. Alle Paarungen beendete das Weibchen, indem es plötzlich weglief. Eine Trennung, bei der das Weibchen das Brautgeschenk aufgefressen hatte, verlief aggressiv. Der Autor fasst zusammen, dass sich sowohl Männchen als auch Weibchen mehrmals paaren und Weibchen dies nur mit brautgeschenktragenden Männchen tun.

***Thaumasia*-Arten:** Bei dieser Gattung umspinnen die Männchen ihre Beute im Unterschied zu *Pisaura mirabilis*-Männchen nur in Anwesenheit von Weibchen dicht weiß zu Brautgeschenken.

Entdeckt habe ich diese Brautgeschenke Ende 1983 bei einigen von Wolfgang Nentwig aus Panama erhaltenen Exemplaren der Art *Thaumasia argenteonotata*, die damals noch *Thaumasia uncata* hieß. Abends zu Weibchen gesetzte Männchen umspannen erregt Fruchtfliegen dicht weiß mit Seide. Sie stellten Brautgeschenke her. Auffallend ist bei solch einem Brautgeschenk ein dickes *Seidenpaket* auf der Fruchtfliege. Leider konnte ich keine Paarung beobachten. Doch waren am nächsten Morgen die Brautgeschenke verschwunden. Die Weibchen stellten später Kokons her, trugen sie in den

Cheliceren mit sich und Junge schlüpften. Paarungen hatten also unbemerkt in der Nacht stattgefunden.

Zwei Männchen der Raubspinne *Thaumasia argenteo-notata* mit ihren enorm großen Bulben an den Pedipalpen **und ein Weibchen** sitzen friedlich an einer Tradeskantie. Das linke Männchen hat gerade eine Fruchtfliege gefangen.

Brautgeschenk der Raubspinne *Thaumasia argenteo-notata:* Ein Männchen hält eine dicht umsponnene Fruchtflie-ge, sein Brautgeschenk, in den Cheliceren.

Erst 2009 beschrieb Rommel Bastos Pereira den Paarungsablauf bei der Art *Thaumasia heterogyna*. Anbieten des Brautgeschenks und das Zugreifen des Weibchens laufen so ab, wie wir es von *Pisaura mirabilis* her kennen, nur dass alles in der Horizontalen stattfindet, was auch bei unserer Brautgeschenkspinne funktioniert. Jeder Taster wird einmal eingeführt. Trennungen verlaufen friedlich: Sie drückt ihn einfach weg und behält das Brautgeschenk, woran sie während der Kopulation gefressen hat. Männchen ohne Beute balzen und paaren sich nicht. Brautgeschenke sind also ein *Muss*, und Männchen können sich mit größerem Geschenk länger paaren und bekommen mehr Nachwuchs. Es gibt übrigens bei dieser Art wie auch bei der von mir beobachteten *Thaumasia argenteonotata* keinerlei Aggressionen zwischen den Geschlechtern. Als weiteren Unterschied zu *Pisaura* werden von *Thaumasia heterogyna* Geschenke erst nach Beutefang in Weibchenanwesenheit hergestellt. Beide Geschlechter leben friedlich zusammen, oft sogar auf demselben Pflanzenblatt und lauern auf ins Wasser gefallene Beutetiere.

Tinus peregrinus: Der Amerikaner James Carico traf einmal zwei Männchen dieser Art in Arizona mit seidenen Beutepaketen in den Cheliceren an. Mehr ist über das Paarungsverhalten dieser Art nicht bekannt.

Brautgeschenke bei Langbeinigen Wasserspinnen

Die Familie der Langbeinigen Wasserspinnen (Trechaleidae) hat nach derzeitigem Kenntnisstand 120 Arten in 16 Gattungen. Erst seit wenigen Jahren ist bekannt, dass Arten der Gattungen *Dossenus* und *Paradossenus* sowie *Paratrechalea* und *Trechalea* aus Mittel- und Südamerika Brautgeschenke herstellen. Sie bewohnen wie die zu den Raubspinnen (Familie Pisauridae) gehörenden *Dolomedes*- und *Thaumasia*-Arten Uferbereiche von Gewässern. Im Unterschied zu Raubspinnen tragen sie ihre Kokons nicht in den Cheliceren, sondern an den Spinnwarzen angeheftet mit sich, wie wir es von Wolfspinnen (Familie Lycosidae) kennen.

Die Entdeckung der Brautgeschenke

2005 berichtete der Brasilianer Estevam da Silva von einem Brautgeschenk bei *Trechalea bucculenta*. Bis 2009 wurden Balz und Kopulationen bei *Trechalea amazonica* und *Trechalea tirimbina* sowie *Paratrechalea azul* und *Paratrechalea ornata* beschrieben. Inzwischen gibt es Beobachtungen und Untersuchungen von weiteren brautgeschenkherstellenden Arten dieser Familie .

Balz und Kopulation bei *Paratrechalea*

Das Männchen bietet sein Geschenk an. Ein empfängnisbereites Weibchen dreht sich ihm zu und beißt mit ihren Cheliceren in seine von ihm dicht weiß umsponnene Beute. Er klettert zwischen ihrem ersten und zweiten Bein auf ihren Rücken und tastet von oben nach ihrer ihm zugedrehten Begattungsöffnung der Epigyne. Er hält dabei das Brautgeschenk mit dem dritten Beinpaar fest. Sie frisst. Er führt einen Taster kurz ein, kehrt zum Brautgeschenk zurück, beißt hinein und begibt sich auf die andere Seite, wo er den anderen Taster einführt. Die Trennung geht von ihr aus, wobei sie meist das Brautgeschenk für sich erobert. Gefährdet ist bei der Paarung weder er durch sie, noch umgekehrt. Es gibt zwischen Paaren keinen Kannibalismus.

Brautgeschenke im Kino

Im Film *Arac Attack* springen mehrere kleine wie Wespenspinnen gefärbte Spinnenmänner in einem großen Terrarium auf dem Boden herum. Es soll sich um Radnetzspinnen handeln, von einem Netz ist hier allerdings nichts zu sehen, und sie verhalten sich wie Springspinnen. Sie fangen »Käfer« (bugs, also Krabbeltiere) und spinnen sie weiß mit Seide ein, sodass ellipsoide Brautgeschenke entstehen. Drei Männchen legen ihre Geschenke vor den Höhleneingang der nun auftauchenden dreimal so großen Spinnenfrau, vom Züchter »Consuela« genannt: schwarz mit roten Punkten auf dem Hinterleib - eine schwarze Witwe. Die Drei treten zurück. Sie wählt das mittlere Geschenk, indem sie reinbeißt. Und dann muss der junge Spinnenfan weg, seine Uhr piepst, der Züchter wird gebissen, die mutierten Spinnen entkommen. Und ich frage mich, woher *Consuela* weiß, wer der Überbringer des ausgewählten Geschenks ist, mit dem sie sich anschließend paart. Hier könnte der Seidengeruch eine Rolle spielen. Nimmt er ihre Wahl wahr? Darf er sich ihr nun wieder nähern? Wie erfolgt dann wo die Paarung? Vermutlich im Dunkeln bei ihr in der Höhle. Vom Sex sehen wir nichts im Film. Nun ja, es geht hier in erster Linie um Action und Humor. Andererseits irre ich mich hier vielleicht gänzlich und gehe vom Verhalten unserer Brautgeschenkspinne und ihrer Verwandten aus. Es könnte sich gar nicht um Brautgeschenke, sondern um Nahrungsbeschaffung oder Ehrerbietung einer Spinnenfrau gegenüber handeln, die schon wegen ihrer Größe anbetungswürdig ist, und zudem noch eine Schwarze Witwe, die ihre Zwergmännchen gerne verspeist. Da ist es allemal für ein Männchen besser, ein Geschenk zu liefern statt selbst gefressen zu werden. So lautet der Kommentar zur Szene im Film ja auch: »Frauen frühstücken gerne im Bett«.

»Kopf«sekrete

Bei einigen Spinnenarten produzieren die Männchen Sekrete, die von den Weibchen bei der Paarung aufgenommen werden. Sie kostet an seiner Kopfregion. Wir sprechen hier von *gustatorischer Balz*, zugleich von *nuptial feeding*, dem Füttern der Braut.

Der Vorteil der Sekreterzeugung gegenüber Braut-geschenken (*nuptial gifts*) liegt auf der Hand: Was er im »Kopf« hat, also immer bei sich trägt, muss er nicht erst fangen und umspinnen oder vom Rivalen erobern.

»Liebes«tränke bei Zwergspinnen

Die meist nur 2-3 mm großen Männchen einiger in der Laubstreu im Wald lebenden heimischen Zwerg-spinnenarten (Familie Linyphiidae, Unterfamilie Erigoninae) geben spezielle Drüsensekrete in Gruben an »Kopf«fortsätzen ab.

Männchen und Weibchen unterscheiden sich daher oft stark in ihrem Körperbau (*Sexualdimorphismus*).

Bei der Paarung beißt das Weibchen in diese Kopf-strukturen und nimmt die vom Männchen erzeugten Substanzen auf. *Er* beginnt erst mit der Tastereinführung, wenn *sie* zugebissen hat. Je nach Art bleiben die Paare unterschiedlich lang zusammen, während sie saugt und er seine Taster abwechselnd in die beiden Geschlechtsöffnungen einführt.

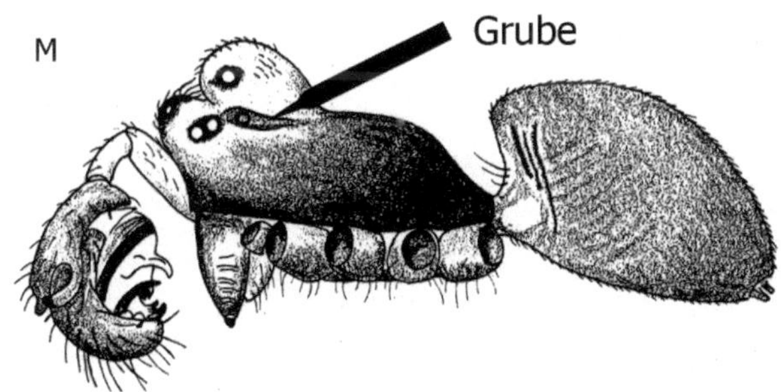

Kopffortsatz beim Männchen (M) **der** heimischen **Zwerg-spinne** *Diplocephalus latifrons*. Auffällig bei dieser nur 1,5-1,8 mm großen Spinne ist der gespalten erscheinende Kopfbereich des Vorderkörpers, ein »Doppelkopf« (= *Diplocephalus*) mit den Augen und einer Grube, in die das Weibchen bei der Kopulation greift, und der große Bulbus, das Begattungsorgan (verändert aus Schlegelmilch 1974).

Bereits 1931 beschrieb William Bristowe den Biss eines Zwergspinnenweibchens in den Kopffortsatz des Männchens. Somit war klar, dass diese Gebilde eine wichtige Rolle bei der Paarung spielen.

Brigitte Schlegelmilch beobachtete 1974 Balz und Paarungen von 8 Arten aus 7 Gattungen, u. a. von *Diplocephalus latifrons* (Diplocephalus = Doppelkopf).

Bei dieser Art springt das Weibchen während der Balz des Männchens plötzlich auf ihn zu und beißt in die Kopfgruben. Erwischt sie diese nicht auf Anhieb, greift sie nach. Manchmal tritt schon vor dem Sprung Speichel an ihrem Mund aus. Riecht sie das Sekret?

Er inseriert sofort einen Taster für ca. 40 Minuten, dann nach zehnminütiger Pause den zweiten ebensolang. In anderen Fällen lassen die Weibchen nur eine Insertion zu. Während der Kopulation betrillert sie mit ihren Tastern seine Kopffortsätze, speichelt sie ein und saugt die Flüssigkeit auf. Einmal lief sie davon und schleppte das Männchen mit sich, wie wir es von *Pisaura mirabilis* her kennen, wo er von ihr am Brautgeschenk hängend transportiert wird. Hier gab es anschließend Probleme, weil sie nun den freien Taster statt des Kopffortsatzes einspeichelte und vorsichtig hineinbiss.

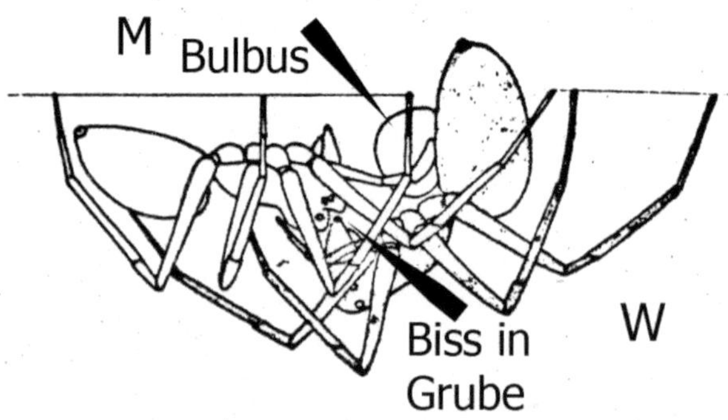

Kopulation mit Liebestrank der Zwergspinne *Diplocephalus latifrons*. Das Weibchen (W) beißt in die Grube des Männchens (M) (verändert aus Schlegelmilch 1974).

Funktionen der Kopfstrukturen und Sekrete

Wie bei den Brautgeschenken, so wurde auch über die Funktion der Kopfstrukturen und der abgegebenen Sekrete gerätselt, sprich: Ideen und Hypothesen wurden aufgestellt, diskutiert und wieder verworfen oder aber haben sich schließlich doch bestätigt.

1) Beschwichtigung: Eine zunächst angenommene Beschwichtigung ist unzutreffend. Um *vor* einem Kontakt zu wirken, müssten die Sekrete über die Luft als Pheromone zu ihr gelangen, um ihn vor einer direkten Attacke zu beschützen. Während oder nach der Paarung könnte die Drüsenflüssigkeit allerdings beruhigend oder aggressionsmindernd wirken. Doch die Weibchen aller bisher untersuchten Zwergspinnenarten verhalten sich gegenüber ihren Männchen in der Regel friedlich.

2) Verankerung und **Bisskontakt:** Für den reibungslosen Ablauf der Kopulation ist das Zugreifen des Weibchens, also die Verankerung des Paares aneinander wichtig. Der Kopf-Mund-Kontakt ist Voraussetzung für die Kopulation.

3) Gustatorische Balz: Durch Gewebeuntersuchungen wurde in der Arbeitsgruppe von Gabriele Uhl festgestellt, dass die Männchen der Zwergspinne *Oedothorax retusus* direkt nach der Kopulation weniger Sekrete in ihren Drüsen am Kopf besitzen als zuvor und drei Tage später. Somit ist klar, dass diese Substanzen für eine gustatorische, also über den Geschmackssinn wirkende Balz und Paarung wichtig sind und nicht etwa als volatile Pheromone, also durch die Luft wirken.

- **Aphrodisiakum**: Eine aphrodisische Wirkung des Sekrets ist denkbar. Es könnte das Weibchen betören, in Ekstase versetzen, träumen lassen.

- **Anti-Aphrodisiakum:** Auch könnten die Sekrete die zukünftige Paarungswilligkeit des Weibchen reduzieren, würden also gerade umgekehrt, nämlich als Anti-

Aphrodisiakum wirken und ihre Bereitschaft für weitere Kopulationen mit nachfolgenden Männchen reduzieren.

- **Nahrung** und **fördernde Zusatzstoffe**: Wegen der geringen Mengen spielen die Sekrete für die direkte Ernährung der Weibchen keine Rolle. Sie enthalten jedoch spezielle für die Entwicklung der Eier förderliche Stoffe, zumindest bei der Art *Oedothorax retusus*: Hier produzierten Weibchen, die sich eine Minute mit Männchen mit Sekretabgabe paarten, mehr Eier als diejenigen, die bei der Kopulation an der Sekretaufnahme gehindert wurden. Sekreterzeugende Spinnenmänner können somit mehr Kinder zeugen. Ihre Sekretproduktion und -abgabe zahlt sich aus.

Sekrete bei Diebsspinnen

Diebsspinnen der Gattung *Argyrodes* (Familie Theridiidae, Unterfamilie Argyrodinae) leben an und in den Netzen von Radnetzspinnen (Gattungen: *Argiope*, *Cyrtophora*) und Seidenspinnen (Gattung *Nephila*) und stehlen deren Beute. Sie sind Schmarotzer, genauer gesagt *Kleptoparasiten*. Doch fangen sie auch die kleinen Beutetiere, die die große Netzinhaberin selbst verschmäht, schmarotzen in diesem Fall also nicht. Manchmal erbeuten sie allerdings auch die Inhaberin selbst (mehr s. Beutefang und Beutespektrum: Spezialisten).

Männliche Diebsspinnen geben an ihren mit speziellen Haaren besetzten Scheitelkegeln Sekrete für die Weibchen bei der Paarung ab, wie wir das schon von Zwergspinnen her kennen. Bei der mexikanischen Art *Argyrodes elevatus* darf er länger kopulieren, wenn sie am Sekret saugen darf. Somit üben Weibchen einen starken Selektionsdruck auf Männchen mit (genügend / viel / besonderem?) Sekret aus.

Gefühle bei Spinnen?

Er nimmt *ihren* Duft wahr und ...

Was geht in einem Spinnenmann vor, der auf *ihre* Duftspur gestoßen ist oder gar ihre Beine, ihren Körper kurz berührt hat?

Seine äußere Erregung, das Zittern seines Hinterleibs, Rucken und Zucken nehmen wir wahr. Doch was *in* ihm vorgeht, bleibt uns verborgen.

Er kommt zu *ihr*, und was tut *sie*?

Und wie sieht es bei *ihr* aus? Was empfindet *sie*, wenn sie zitternd aus ihrem Versteck dem ersten Spinnenmann ihres Lebens entgegentritt? Kann sie es nicht erwarten, endlich begattet zu werden? Dieser Eindruck entsteht bisweilen tatsächlich bei der Trinidad-Baumvogelspinne (*Psalmopoeus cambridgei*).

Doch wir können weiter fragen: »Denkt« die Brautgeschenkspinne (*Pisaura mirabilis*) nur ans Fressen, nachdem sie sein Geschenk angenommen hat? Sicherlich nimmt sie mit ihren Sinnen wahr, was *er* da *wo* gerade tut? Was empfindet sie dabei?

Und was geht in der Wespenspinne (*Argiope bruennichi*) vor, wenn sie in ihren kleinen Mann beißt?

Was empfindet das Weibchen von *Agelenopsis aperta* kurz vor, während und nach ihrer Starre (*Katalepsie*), ausgelöst durch seine von ihm bei der Balz in die Luft gewirbelten Pheromone?

Wir wissen nicht, was in Spinnen gefühlsmäßig vor sich geht. Fest steht: Jede Spinnenart ist anders. Und alle Spinnen sind Individuen, d. h. jedes Tier ist genetisch einzigartig und hat andere Erfahrungen, verhält sich anders. So gibt es bei der Brautgeschenkspinne unter den Männchen die reinsten »Schisser«, die auf die kleinste Bewegung von ihr davonlaufen. Andere kennen da nichts, gehen einfach ran und versuchen es auch ohne Geschenk.

Ein Leben lang ein Paar?

Dass sich ein Spinnenpaar viele Jahre lang liebt, ist schon einmal rein zeitlich bei den meisten Arten nicht möglich. Denn sie werden überhaupt nur ein bis zwei Jahre alt, wovon sie nur einige Wochen bis Monate geschlechtsreif sind. Bis zum Lebensende könnten sie allerdings friedlich beieinander sein.

Bei den Vogelspinnen und ihren Verwandten können die Weibchen viele Jahre, ja sogar Jahrzehnte alt werden, aber auch die Männchen einige Jahre. Doch auch hier taucht er nur kurz zur Paarung auf und verlässt sie sofort wieder bzw. wird von ihr gebissen und verzehrt. Da hat sie ihn wohl nur zum Fressen gern. Eine tiefe, lang anhaltende Beziehung kann so nicht entstehen.

Jedoch gibt es einige Spinnenarten, wo ein Paar längere Zeit zusammen in einem Gespinst lebt. Ein Beispiel dafür ist der bei uns heimische Ammen-Dornfinger (*Cheiracanthium punctorium*).

Bei den in Seidenröhren in Eurasien verbreiteten Tapezierspinnen der Gattung *Atypus* sucht das Männchen das Weibchen auf, lebt bei ihr, paart sich, stirbt und wird erst dann von ihr gefressen: Nährstoffe für ihre und seine Kinder.

Das Wasserspinnenpaar (*Argyroneta aquatica*) wohnt in der Taucherglocke zusammen.

Bei sozialen Spinnen leben Männchen als Minderheit unter zahlreichen Weibchen im Gemeinschaftsnest.

Liebe auf den ersten Blick?

Liebe auf den ersten Blick wäre wörtlich genommen bei den gut sehenden Springspinnen (Familie Salticidae) und Wolfspinnen (Familie Lycosidae) möglich.

Bei den nachtaktiven und den meisten anderen Arten wäre es eher eine Liebe auf den ersten Duft und / oder ein Dahinschmelzen beim Wahrnehmen der von ihm beim Trommeln der Taster und des zuckenden Hinterleibs erzeugten Schwingungen von Untergrund und Luft. Und für ihn dürfte es der erste Palpen-Bein-Kontakt mit ihrer Seide und die erste Berührung ihres Körpers sein, das ihn in Entzücken versetzt. Nun ja, seine Erregung sehen wir, seine Gefühle kennen wir nicht.

Zuneigung

Ein Hinweis auf so etwas wie Zuneigung wurde inzwischen bei einer Speispinne (Gattung *Scytodes*) entdeckt: Hier bevorzugen Weibchen manche Männchen nach deren Geruch. Sie sind ihnen sympathischer, könnte man sagen. Paaren sie sich mit diesen, so legen sie mehr und größere Eier mit höherer Schlupfrate, bekommen also mehr Kinder, als wenn sie sich mit geruchlich weniger attraktiven Männchen paaren würden.

Die große Spinnenliebe - Gibt es sie?

Was die große Liebe betrifft, ist das für die meisten Spinnenmännchen unwahrscheinlich, denn sie sind *polygyn*, d. h. versuchen sich möglichst mit vielen Weibchen zu paaren. So ist die herrschende Meinung.

Männchen anderer Arten versuchen es immer wieder bei der *Einen*. Eine Erklärung von Biologen dafür lautet: Er tut es, muss es tun, weil es seine einzige Chance ist, Vater zu werden, denn eine andere wird er in seinem kurzen Leben nicht mehr finden. So ist es bei den Zwergmännchen der Witwen (Gattung *Latrodectus*). Extremfälle sind die Männchen einiger Zwergspinnenarten (Gattungen *Echinotheridion, Tidarren*), die nur einmal im Leben eine Chance haben, ihren einzig verbliebenen Taster einzuführen

Zusammenfassend lässt sich sagen: Menschenliebe kennen Spinnen natürlich nicht. Doch Spinnenliebe?

Gefühle haben Spinnen sicherlich: Männchen und Weibchen spüren sich, fühlen sich mit all ihren Sinnen. Männchen und Weibchen zittern vor Erregung, wenn sie sich treffen. Spinnengefühle sind real.

Von Müttern und Kindern

Befruchtung der Eier

Die Befruchtung der Eier durch Spermien erfolgt nicht direkt nach der Begattung wie bei den meisten Tieren, sondern erst zum Zeitpunkt ihrer Ablage (Ausnahme: *Harpactea sadistica,* Familie Dysderidae).

Direkt nach der Ablage auf die Basalplatte des Kokons teilen sich die Eizellen bereits und entwickeln sich zu Embryonen. Die Befruchtung findet zuvor im Innern des Weibchens statt, und zwar in der äußeren Gebärmutter, dem *Uterus externus*. In diesen gelangen die in den paarigen Eierstöcken (*Ovarien*) heranreifenden Eier über die beiden Eileiter (*Ovidukte*). So weit, so gut. Doch wie kommen die Spermien nun zu den Eiern?

Das in den beiden Samentaschen (*Spermatheken*) bzw. im *Uterus externus* seit der Kopulation mit einem oder mehreren Männchen gelagerte Sperma wird durch weibliche Sekrete aktiviert: Die Spermien entrollen sich, schwimmen zu den Eiern und verschmelzen mit ihnen, befruchten sie.

Struktur der weiblichen Genitalien

Einfach bei Vogelspinnenartigen und haplogynen Spinnen: Sie besitzen *eine* Geschlechtsöffnung, durch die Begattung und Eiablage erfolgen.

Kompliziert bei entelegynen Spinnen: Sie besitzen eine *Epigyne*, darunter die Geschlechtsöffnung für die Eiablage sowie zwei Begattungsöffnungen mit jeweils einem Begattungsgang zu einer Spermathek.

Kann *sie* die Befruchtung steuern?

Ihre Wahl: Ein Spinnenweibchen kann wählen, ob sie eine Begattung zulässt oder verweigert. Sie bestimmt also, wer Vater ihrer Kinder wird. Und sie paart sich nur *einmal*, es gibt also nur *einen* Vater für ihre Kinder. Männchen, die es nach dem ersten versuchen, werden von ihr gefressen. Und das gilt immer und für alle Spinnenarten, dachte man früher und glauben es noch heute die meisten Menschen, die sich nicht näher mit Spinnen befassen. Doch inzwischen wissen wir, dass alles nicht so einfach ist.

Mehrere Kopulationen: Weibchen vieler Arten paaren sich mit mehreren Männchen. Diese haben verschiedene Strategien, um zum Zug zu kommen, ohne dass sie etwas dagegen tun kann. So können Netzspinnen (z. B. *Argiope bruennichi*) in wehrlosem Zustand beim Häuten begattet werden, Männchen der Brautgeschenkspinne *Pisaura mirabilis* versuchen es notfalls sogar ohne Geschenk mit Gewalt (s. Kapitel *Spinnensex*).

Wer wird Vater?

Was *er* tun kann: Je nach Struktur der weiblichen Genitalien kann das erste oder letzte Männchen im Vorteil sein, weil seine Spermien als erste am Zug sind, wenn die Eier abgelegt werden, oder aber es findet eine Durchmischung der Spermien statt. Zudem kann er den Zugang zu ihren Genitalien verstopfen bzw. blockieren, evtl. auch das Sperma seiner Vorgänger entfernen oder verdrängen.

Ihre Rolle: Noch wenig erforscht ist, inwieweit Weibchen nach der Begattung noch Einfluss darauf nehmen können, wessen Sperma die meisten oder gar all ihre Eier bei der Ablage befruchtet. Auf den ersten Blick hin ist alles ganz einfach: Die Struktur ihrer Genitalien gibt vor, wie das Resultat aussehen muss (s. o.).

Zwei Beispiele sollen zeigen, dass es anders sein kann: So wurde kürzlich nachgewiesen, dass bei der in unseren Wohnungen lebenden Großen Zitterspinne (*Pholcus phalangioides*) nicht das letzte Männchen alle Eier befruchtet, wie von der einfachen Genitalstruktur her zu erwarten ist, sondern eine *Spermavermischung* stattfindet. Doch wie kommt es dazu?

Bei der nur Millimeter großen, von Europa bis Zentralasien, in Nordafrika und auf den Kanarischen Inseln lebenden Zwergsechsaugenspinne *Silhouettella loricatula* (Familie Oonopidae) hüllt das Weibchen das in der Spermathek befindliche Sperma in einen *Sekretbeutel* ein. So wird eine *Spermavermischung verhindert*. Bei einer erneuten Begattung wurde die Ausscheidung solch eines Spermabeutels beobachtet. Doch wer war dafür verantwortlich? Geschah sie durch *ihre* Sekrete bzw. Muskelbewegungen oder durch die rhythmischen Bewegungen *seines* Tasters während der Insertion? Auch könnte *er* indirekt, etwa durch Massage / Aktivierung ihrer Drüsen, für die Spermaaustreibung seines Vorgängers verantwortlich sein.

Eikokons

Alle Spinnen legen Eier. Anzahl und Größe der Eier sind von Art zu Art verschieden.

Spinneneier werden niemals einzeln in die Erde abgelegt, wie es bei Grillen üblich ist, oder gar mit einem Legebohrer in ein anderes Lebewesen, wie es Schlupfwespen, jedoch auch Spinnen und Spinnenmonster in Horrorfilmen tun.

Spinnenweibchen legen ihre reifen Eier auf einmal ab und umspinnen sie, so dass ein *Eikokon* (*egg sac* oder *egg case*) aus Spinnenseide entsteht, vereinfacht *Kokon* genannt.

Je nach Spinnenart, Ernährung, Klima stellen Spinnenweibchen einen, zwei oder weitere Kokons her.

Größere Weibchen einer Art legen mehr Eier in ihren ersten Kokon ab als kleinere. Die Eizahl nimmt von Kokon zu Kokon ab. Innerhalb der Kokons herrschen für die Eientwicklung günstige, relativ konstante Bedingungen, was Feuchtigkeit und Temperatur betrifft.

Ei- und Jungenzahl

Eizahl pro Kokon: Kleine Spinnenarten haben wenig Nachkommen. So legt die nur 0,9 mm große Panzerspinne *Monoblemma muchmorei* (Armoured Spiders, Familie Tetrablemmidae) aus Puerto Rico nur ein einziges Ei in ihren Kokon. Die an Häusern lebende nur 2 mm große Zwergsechsaugenspinne *Oonops domesticus* (Familie Oonopidae) legt 2 Eier auf einmal ab.

Bei Kreuzspinnen hingegen sind es fast 1000 Eier, bei Kammspinnen der Gattung *Cupiennius* wurden zwischen 1500 bis 2500 Stück gezählt. Die Brautgeschenkspinne (*Pisaura mirabilis*) legt in ihren ersten Kokon bis zu 311 Eier und kann im Labor bis zu 5 Kokons mit abnehmender Eizahl legen, stellt aber draußen in der Natur zeitlich bedingt nur ein oder zwei Kokons her. Wie bei ihr hängt auch die Eizahl pro Kokon bei der Gerandeten Jagdspinne (*Dolomedes fimbriatus*) von der Weibchengröße ab: Im Mittel sind es 436 im Freiland. Vogelspinnen legen je nach Art entweder sehr viele kleine Eier oder eine geringere Zahl größerer Eier in einen Kokon.

Unbefruchtete Eier: Eizahl ist natürlich nicht gleich Jungenzahl, denn nicht immer entwickeln sich alle Eier eines Kokons. Die wahrscheinlichste Ursache dafür ist, dass sie nicht befruchtet wurden, denn bei den meisten Spinnenarten erfolgt die *Embryogenese* (Keimesentwicklung) nur bei befruchteten Eiern.

Parthenogenese: Bei einigen Spinnenarten existieren keine Männchen. Sie sind auch gar nicht nötig, denn die Eier entwickeln sich ohne Befruchtung. Wir sprechen hier von *Parthenogenese.*

So wurden bei der tropischen Art *Theotima minutissima* (Familie Ochyroceratidae) bisher noch keine Männchen gefunden. Aus den Eiern dieser Art entwickelten sich im Labor ausschließlich Weibchen. Bei der Gattung *Pithyophantes* (Familie Linyphiidae) enthielten einige sich entwickelnde Eier nur den halben Chromosomensatz. Sie waren somit nicht befruchtet worden. Auch bei weiteren Arten wurden bisher keine Männchen gefunden, so bei *Triaeris stenaspis* (Familie Oonopidae). Hier wäre es jedoch möglich, dass sie doch existieren und eine Befruchtung zur Embryogenese notwendig ist.

Brutverlust: Entelegyne Spinnen stellen im Gegensatz zu Vogelspinnen im Labor auch Kokons her, ohne dass es zuvor zu einer Paarung kam. Hier kommt es zu einem Totalverlust: Es entwickeln sich gar keine Jungen. Bei manchen Spinnenarten fressen Junge bereits im Kokon unentwickelte Eier, die unbefruchtet blieben, ja, von der Mutter als erste Nahrung bereitgestellt wurden. Kokonparasiten können den gesamten Nachwuchs fressen. Ungünstige Klimabedingungen (zu trocken, zu feucht, zu heiß, zu kalt) vernichten ebenfalls die gesamte Brut. Junge können sich dann aber in einem 2. Kokon entwickeln, sofern noch Sperma in den Receptacula semines bzw. der Spermathek des Weibchens gespeichert ist.

Kokonarten

Die Kokonhülle besteht bei Zitterspinnen (Familie Pholcidae) nur aus wenigen Fäden, bei den meisten Spinnenarten jedoch aus einem dichten Gespinst. Kokons sind kugelrund (z. B. bei Raubspinnen, Pisauridae) oder scheibenförmig (bei Wolfspinnen, Lycosidae), weiß oder grau, auch mit Erde getarnt. Zusätzlich gibt es bei einigen Arten Extraseide als Wärmeisolierung für die Überwinterung (z. B. bei der Wespenspinne *Argiope bruennichi*). Die Sackspinne *Agroeca brunnea* (Familie Clubionidae) hängt ihren Kokon an einem dünnen Stiel auf, der unterhalb der Eikammer eine getrennte Häutungskammer im Innern aufweist. Springspinnen (Familie Salticidae) bewachen ihre nur wenig umsponnenen Eier in ihrem seidenen Schlupfwinkel, in dem sie sich für die Nacht zurückziehen. Dieser wird dann zum

Einest. Der geringe Umspinngrad bei diesen und den Zitterspinnen ist nicht ursprünglich, wie man meinen könnte, sondern abgeleitet, d. h. die Seidenmenge wurde reduziert.

Kokonbestandteile und -herstellung

Vogelspinnenweibchen ziehen sich zunächst in ein Versteck zurück, wo sie sich einspinnen. Einige Zeit vor der Eiablage fangen sie keine Beute mehr. Netzspinnen fertigen ihre Kokons in ihrem Gespinst und deponieren sie getarnt in Netznähe.

Die Gartenkreuzspinne *Araneus diadematus* stellt ihren Kokon im Herbst her und stirbt danach. Ihr Kokon wird meist als Beispiel für die Phasen bei der Herstellung und die Bestandteile eines Kokons angeführt: Zunächst webt sie eine horizontale Scheibe, die *Basalplatte*, ringsum fügt sie einen *Randwall* aus Seide hinzu, legt die Eier von unten hinein und überspinnt sie, bis eine *Deckplatte* entstanden ist. Mit lockerer Fadenwolle umspinnt sie schließlich ihren Kokon und hängt ihn mit an der Vegetation befestigten Seidenfäden auf.

Die in der Krautschicht lebende Brautgeschenkspinne *Pisaura mirabilis* spinnt zunächst einige Aufhängefäden und verfährt anschließend bei der Herstellung der Basalplatte, des Randwalls und der Eiablage wie die Kreuzspinne. Dann überspinnt sie kreuz und quer die verbleibende Öffnung mit Fäden, gibt dabei aber auch ganze Seidenpakete auf einmal ab. Sie reißt den Kokon schließlich von der Unterlage und überspinnt ihn mit weißer Seide, indem sie ihn zwischen den Palpen und dem dritten Beinpaar rotieren lässt. Jetzt ergreift sie ihn mit den Cheliceren und trägt ihn so mit sich, wie dies alle Arten der Raubspinnen (Familie Pisauridae) tun.

Fürsorgliche Mütter

Spinnen sorgen auf unterschiedliche Weise für ihren Nachwuchs. Alle Weibchen stellen für ihre Eier Schutzhüllen aus Seide her - Kokons. Diese deponieren sie an für die Entwicklung der Jungen günstigen Stellen. Je nach Familienzugehörigkeit kümmern sie sich anschließend gar nicht bzw. mehr oder weniger um ihren Nachwuchs. Sie sorgen für die Brut vor oder betreiben Brutpflege.

Vorsorge

Tarnen und Verstecken: Kokons werden getarnt in klimatisch günstigen Bereichen aufgehängt: im Schlupfwinkel, dem Versteck für die Nacht bei Springspinnen bzw. in der Erdhöhle, dem Tagesversteck für viele grabende Vogelspinnen und ihre Verwandten.

Ein gänzlich ungewöhnliches Verhalten legen dabei die Weibchen der in Südaustralien lebenden Gattung *Ticopa* an den Tag. Diese gehören zur Familie der Corinnidae, sehen aber im Gegensatz zu ihren Verwandten gar nicht ameisenähnlich aus. Sie graben ein Loch in den losen Sand und lassen durch Drehen ein halbkugelförmiges Gebilde ähnlich einer henkellosen Tasse entstehen, die sie mit Seide auskleiden. In diese Kammer legen sie ihre Eier.

Einige Spinnenarten stellen ihren im Kokon schlüpfenden Kinder Eier zur Verfügung, die ihrer Ernährung dienen (*Oophagie, Eikannibalismus*).

Brutpflege

Kümmern sich Spinnenmütter um ihren Nachwuchs, so spricht man von *Brutpflege*. Diese reicht von der Kokonbetreuung und dem Bewachen der Jungen bis hin zum Fang von Beute und Füttern der Kinder und dem Überlassen des eigenen schon vorverdauten Körpers.

So tragen Wolfspinnen und Langbeinige Wasserspinnen ihren Kokon an den Spinnwarzen angeheftet mit sich
(Familien Lycosidae, Trechaleidae). Raubspinnen transportieren ihn in den Cheliceren (Familie Pisauridae). In
beiden Fällen tun sie es, um ihn optimalen Klimabedingungen auszusetzen und vor Feinden in Sicherheit
bringen zu können. Zudem beißen sie ihre Kokons auf,
damit ihre Jungen schlüpfen können.

Eine **Brautgeschenkspinne** (*Pisaura mirabilis*) sonnt sich **mit**
ihrem großen runden **Kokon** unter dem Körper auf einem Blatt.
Sie hält ihn mit ihren Cheliceren und den langen Pedipalpen
fest. Zusätzlich hat sie noch einen Sicherungsfaden daran befestigt, um ihn ja nicht zu verlieren.

Andere Spinnenarten leben mit ihrem Nachwuchs
in einem Versteck zusammen, füttern sie mit Beutebestandteilen oder mit einem Mix aus vorverdauter
Nahrung und speziellen Sekreten. Andere Spinnenmütter gehen noch einen Schritt weiter: Sie stellen ihren
toten schon von innen teilweise aufgelösten Körper den
Kindern zur Verfügung (*Matriphagie*) (s. Kapitel *Soziale
Spinnen*).

Was tun die Väter für ihre Kinder?

Bei Spinnen kümmern sich in der Regel nur die Mütter um ihren Nachwuchs. Die Väter leben oft gar nicht mehr, wenn ihre Kinder zur Welt kommen, auch wenn sie nicht, von wem auch immer, gefressen wurden.

Männchen sind lediglich als Geschlechtspartner tätig: Sie befruchten der Eier der Weibchen. So pflanzen sie sich fort, geben ihre Gene und mit ihnen ihr Aussehen und ihre Fähigkeiten an ihren Nachwuchs weiter.

Erst kürzlich wurde allerdings entdeckt, dass sich bei der amerikanischen Radnetzspinne *Manogea porracea* (Familie Araneidae) die Männchen mit um den Nachwuchs kümmern: Sie schützen Kokons vor Regen und Junge vor Fressfeinden.

Wie Spinnen wachsen

Häutungen

Um zu wachsen, müssen Spinnen ihre alte Haut abwerfen, weil sie ein festes Außenskelett aus Chitin besitzen, das nicht mitwächst. Spinnen wachsen deshalb nicht kontinuierlich so wie wir, sondern schubweise von Häutung zu Häutung.

Häufigkeit: Wenn junge Spinnen genügend Beute machen, häuten sie sich in Abständen von wenigen Tagen. Das andere Extrem sind ältere Vogelspinnenweibchen. Sie häuten sich nur noch einmal im Jahr oder alle zwei Jahre. Einige Tage bis Wochen vor der Häutung fangen Spinnen keine Beute mehr. Sie sind während der Häutung, die bei kleinen Spinnen nur 10 min dauert, bei großen Vogelspinnen jedoch einige Stunden, gänzlich wehrlos. Deshalb ziehen sich viele Arten zuvor in ihren Schlupfwinkel zurück oder spinnen sich ein.

Häutungsvorgang: Große Vogelspinnen legen sich auf den Rücken, bevor die Häutung beginnt. Radnetzspinnen und Raubspinnen hängen sich an einem

Faden auf. Die neue Körperhülle liegt bereits vor Häutungsbeginn zusammengefaltet unter der alten Haut. Durch erhöhten Herzschlag wird vermehrt Blut in den Vorderkörper gepumpt. Der zuvor schon etwas von innen aufgelöste *Carapax* (Rückenplatte) löst sich vom Vorderkörper und klappt auf. Dann löst sich die Hülle des Hinterleibs seitlich ab. Schließlich werden die Beine aus der alten Hülle gezogen. Es dauert einige Zeit, bis die neue Körperhülle festgeworden ist und die Spinne wieder laufen kann. Die alte Haut bleibt zurück. Sie heißt *Exuvie*.

Neue Haare und neue Beine: Das Beste an den Häutungen ist, dass Spinnen danach wieder eine neue Haut mit allen Sinneshaaren und Farben besitzen. Außerdem können sie von Häutung zu Häutung verlorene Beine, Pedipalpen und Cheliceren ersetzen. Dies gilt auch für verlorene Brennhaare am Hinterleib. Durch eine Häutung können so junge und weibliche Vogelspinnen in Südamerika auf einen Schlag ihre Glatze loswerden und sich wieder verteidigen.

Einmal Jungfrau - und immer wieder: Spinnen häuten sich nicht mehr, wenn sie geschlechtsreif sind. Das ist die Regel. Das gilt für alle Männchen ebenso wie für Weibchen der meisten Arten (Araneomorphae).

Weibchen der Vogelspinnenartigen (Mygalomorphae) und die Gliederspinnen (Mesothelae), die sehr alt werden können, häuten sich jedoch einmal im Jahr oder alle zwei Jahre. Sie regenerieren dabei nicht nur ihre Sinnesorgane, sondern auch die Geschlechtsorgane. Sie werden bei jeder Häutung wieder jungfräulich, denn sie verlieren mit der alten Haut nicht nur die äußere Geschlechtsöffnung, sondern auch die innen liegenden Samentaschen (*Spermatheken*). Befand sich noch Sperma darin, geht es für die Befruchtung bei der Eiablage verloren. Die gehäuteten Weibchen stellen dann erst nach einer neuen Kopulation wieder Kokons her.

Entwicklung über Stadien

Bis eine Spinne erwachsen ist, dauert es unterschiedlich lang. Denn nicht jede Spinne fängt häufig große Beute, um schnell durch Häutungen zu wachsen. Verschiedene Arten werden ohnehin unterschiedlich schnell geschlechtsreif. Jetzt kann sich die Spinne fortpflanzen. Doch dann lebt sie oft nur noch wenige Wochen oder Monate. So werden die meisten unserer heimischen Spinnenarten nur ein bis zwei Jahre alt. Sie sterben im Herbst oder überwintern in unterschiedlichen Entwicklungsstufen, z. B. bei der Wespenspinne *Argiope bruennichi* als Junge im Kokon. Bei der Brautgeschenkspinne *Pisaura mirabilis* sind es die jüngeren Stadien, die ungeschützt und jeder für sich auf Wiesen den Winter überstehen. Ihre Entwicklung wollen wir hier im Detail betrachten:

Postembryonale Entwicklung: Das Weibchen legt je nach Größe und Ernährungszustand 56 bis 311 *Eier* und umspinnt sie zu einem Kokon. In diesem entwickelt sich jedes bei der Ablage befruchtete Ei (*Embryogenese*). Aus dem Embryo gehen durch Häutungen zwei unbewegliche, haarlose *Prälarven*stadien hervor. Es folgt die augenlose *Larve*, die bereits spitze Cheliceren besitzt. Je nach Temperatur häutet diese sich innerhalb von 1/2 bis 1 Woche zur »*Nymphe 1*«. So heißt die kleine Spinne, die ihren Kokon verlässt und ein selbstständiges Leben in einem kleinen Netz beginnt. Findet sie genügend Beute, so häutet sie sich von Zeit zu Zeit und wächst dabei heran, überwintert, wächst im folgenden Jahr weiter und ist im Frühjahr geschlechtsreif .

Selbständig von Kleinauf

Bei den meisten Spinnenarten kümmert sich die Mutter nicht mehr weiter um ihre Kinder. Diese müssen selbst ihren Kokon öffnen und schon als Winzlinge für sich sorgen, also selbst Beute fangen und versuchen, ihren Feinden zu entgehen. Sie verlassen ihre Geschwister, zerstreuen sich. Ihre Mutter fängt nach langem Fasten wieder Beute und kann dann nach einiger Zeit einen weiteren Kokon herstellen oder aber sie lebt zum Zeitpunkt der Schlüpfen ihrer Kinder nicht mehr. So ist es z. B. nicht nur bei der Wespenspinne, sondern auch bei der Gartenkreuzspinne (*Araneus diadematus*). Die Weibchen, ob mit oder ohne Nachwuchs, sterben im Spätherbst. Die jungen Spinnen überwintern gut geschützt im Kokon, den sie im Frühjahr verlassen. Sie lernen ihre Mütter niemals kennen.

Spinnenmutter: Beschützerin, Beutefängerin und - Nahrung für ihre Kinder

Wolfspinnenmütter (Familie Lycosidae) tragen nicht nur ihren Kokon mit sich, um ihre Eiern im Innern optimalen Temperatur- und Feuchtebedingungen auszusetzen, sonden sie beißen ihn auch auf und lassen ihre Jungen einige Tage lang auf ihrem Hinterleib reiten, bevor diese sich zerstreuen.

Raubspinnen (Familie Pisauridae) tragen ihren Kokon in den Cheliceren mit sich, hängen ihn in einem Glockengewebe auf, beißen ihn auf und bewachen ihren Nachwuchs in dem zur Kinderstube umgebauten Gewebe einige Tage. Anschließend fangen sie wieder Beute und können einen zweiten Kokon herstellen.

Bei heimischen Arten der Gattung *Amaurobius* (Familie Amaurobiidae), werden die Mütter von ihren eigenen Kindern aufgefressen (*Matriphagie*). Sie beschränken sich auf *einen* Kokon, pflegen ihn intensiv und geben nicht nur ihre Gene, sondern auch ihren Körper an ihren Nachwuchs weiter. Die Jungen wachsen so schneller heran, haben besser Voraussetzungen zu überleben, wenn sie das Nest verlassen, und Kannibalismus wird vermieden. Weitere Beispiele befinden sich im Kapitel *Soziale Spinnen*.

Fadenflug - Ballooning

Spinnenkinder sozialer Arten bleiben bei ihren Müttern. Alle anderen entfernen sich vom Ort ihres Schlüpfens bzw. von ihrer Mutter, um ein selbständiges Leben zu beginnen. Sie laufen oder fliegen am Faden davon, was auch die Männchen unserer heimischen Zwergspinnen tun. Dieses Schweben am Flugfaden durch die Luft heißt im Englischen *Ballooning* (»Ballonfahren«).

Seit langer Zeit berichten Seeleute davon, dass Spinnen mitten im Ozean auf ihren Schiffen landen. Und das ist kein Seemannsgarn. Auch auf neu im Ozean entstandenen Vulkaninseln tauchen Spinnen als Erste auf. Ebenso wurden sie in Ballons in fünf Kilometer Höhe über dem Meer gefunden.

Und so startet ein junge Spinne: Sie klettert an einem Grashalm bis zur Spitze empor. Dann hält sie mit gestreckten Beinen ihr Hinterleibsende hoch und stößt ihren Flugfaden aus den Spinnwarzen aus. Sobald der Faden lang genug ist, um sie im Luftstrom zu tragen, lässt sie mit ihren Füßen los und – schwebt davon. Der Faden wird durch Luftströme verwirbelt und bildet einen Gleitschirm, mit dem ein Spinnchen weit segeln kann. Die meisten Flüge enden jedoch nach wenigen Metern.

Altweibersommer

Wunderschönes Wetter mit klarem Himmel und Sonnenschein im Herbst wird »Altweibersommer« genannt. Dann segeln zahlreiche Fäden durch die Luft, die an das Haar alter Frauen erinnern. »Weiben« bedeutet »weben«. Unsere Vorfahren glaubten, die Fäden wurden von der Jungfrau Maria (*Mariengarn*) gesponnen. Verfingen sie sich im Haar eines Mädchen, so dachte man, würde es bald heiraten. In Wahrheit stammen all diese Fäden von jungen Baldachinspinnen. Diese lassen sich an ihren Flugfäden in Massen zur selben Zeit von der warmen Luft emportragen und verbreiten sich so.

Soziale Spinnen

Evolutionsstufen von solitär bis eusozial

Auf sich allein gestellt

Die meisten Spinnen müssen selbst für sich sorgen. Sie suchen und bauen sich mit Seide ihr eigenes Zuhause, suchen Verstecke auf oder lauern Tag und Nacht getarnt in der Krautschicht auf Beute. Sie sind Einzelgänger, leben *solitär*.

Spinnenmännchen suchen nach der Spermaaufnahme die Zweisamkeit, sie begeben sich auf Wanderschaft auf der Suche nach Weibchen der eigenen Art, um sich mit ihnen zu paaren und so zu eigenem Nachwuchs zu kommen, auch wenn sie ihn niemals sehen / ertasten / hören / spüren werden.

Am Anfang ihres Lebens nach dem Schlüpfen aus dem Ei im Kokon sind alle Spinnen für kurze Zeit bei ihren Geschwistern, abgesehen von wenigen winzigen Arten, die nur ein Ei legen (s. Kapitel *Von Müttern und Kindern, Ei- und Jungenzahl*). Auch danach bleiben sie bei zahlreichen Arten unterschiedlicher Familien noch einige Tage in der Höhle, im Gespinst oder auf dem Hinterleib ihrer Mutter beisammen. Erst dann brechen sie allein in die weite Welt auf. Hier fangen sie ihre eigene Beute und wachsen bis zur Geschlechtsreife heran.

Soziale Insekten

Bei Insekten lassen sich vier Stufen vom Alleinleben bis hin zum Leben in Insektenstaaten unterscheiden, wie wir es von Ameisen und Termiten her kennen.

Solitär bedeutet allein leben. Das trifft für die meisten Insektenarten zu. *Quasisoziale* (*parasoziale*) Arten betreiben gemeinsame Brutpflege. Bei *semisozialen* Insekten gibt es zudem sterile Individuen, die sich nicht fortpflanzen können. *Eusozial* bedeutet gemeinsame Brutpflege, sterile Individuen und Generationen, die sich überlappen, d. h. die ohne Unterbrechung zusammenleben.

Gibt es Spinnenstaaten?

Existieren heute auf unserer Erde, vielleicht irgendwo im unerforschten Regenwald verborgen, *Spinnenkolonien*, in denen unzählige Spinnen einer Art friedlich wie in einer großen Menschenstadt zusammenleben? Gibt es unter Spinnen also so etwas wie die Insektenstaaten von Ameisen, Honigbienen und Termiten mit zahlreichen Arbeiterinnen und einer Königin und bei den Termiten zudem noch mit einem König?

Das erscheint auf den ersten Blick sehr unwahrscheinlich bei kannibalischen Einzelgängern. Hierzu passt auch die Redewendung »jemandem spinnefeind sein«. Und so ist es auch: Soziale Spinnen, die in solch einem Staat leben, sind nicht bekannt. Dennoch haben verschiedene Spinnenarten soziale Eigenschaften zum besseren Überleben entwickelt. Wir können zwischen subsozialen und quasisozialen Spinnen unterscheiden.

Subsoziale Spinnenarten

Diese Spinnen besitzen noch keine fixierten komplexen sozialen Strukturen. Sie leben nicht ständig, sondern nur zeitweise mit anderen Individuen ihrer Art zusammen. Oder aber sie besitzen eigene Territorien, d. h. eigene mit den anderen Artgenossen verbundene Netze innerhalb einer *Kolonie*, mit denen sie alleine Beute fangen. Springspinnen teilen sich ein gemeinsames Nest. Sie arbeiten mit den Spinnen in der Nachbarschaft auch nicht bei der Aufzucht der Jungen zusammen. Daher stehen sie unterhalb der sozialen Entwicklungsstufe, sie sind subsozial.

Quasisozial - sozial

Quasisozial werden Spinnenarten bezeichnet, die ständig in mehreren Generationen zusammenleben, ohne dass einzelne Spinnen eigene Territorien innerhalb der Kolonie besitzen. Sie leben in einer ständigen nichtterritorialen Gesellschaft. Sterile Individuen gibt es nicht, jedoch gemeinsame Brutpflege und überlappende Generationen. Diese evolutionäre Stufe haben nach derzeitigem Kenntnisstand 23 Spinnenarten aus neun Familien erreicht. Meist verwendet man für diese Spinnen jedoch den nicht korrekten Begriff *sozial*.

Merkmale der sozialen Lebensweise

Bereits 1975 führten Stern und Kullmann drei Punkte an, die Voraussetzung für ein ständige Zusammenleben sind bzw. ohne die es nicht funktionieren kann:

1) *Toleranz*: Die Individuen erkennen sich und sind nicht aggressiv gegeneinander.

2) *Interattraktion*: Die Spinnen werden nicht durch äußere Einflüsse zusammengehalten, sondern bleiben aus einen inneren Drang zusammen.

3) *Kooperation*: Die Individuen arbeiten zusammen. Sie fangen gemeinsam Beute und ziehen gemeinsam ihre Jungen auf.

Evolution von subsozialen zu sozialen Spinnen

Höchstwahrscheinlich ging die soziale Lebensweise bei Spinnen aus der subsozialen hervor. Bei den Vorfahren der heute lebenden sozialen Arten kümmerte sich die Mutter intensiv um ihre Kinder, die friedlich beieinander lebten und schließlich das Nest verließen.

Der Übergang in permanentes Zusammenleben bedeutet:

1) Nestverlassen / Zerstreuung erst als erwachsene Weibchen nach der Paarung.

2) Übergang von der Fortpflanzung außerhalb zu der innerhalb des Nests.

3) Wandel von der mütterlichen Brutpflege zur gemeinschaftlichen Aufzucht der Jungen.

Spinnennetze dicht an dicht

Bisweilen bei uns, doch viel häufiger in den Tropen findet man Äste und ganze Bäume, die von Spinnennetzen überzogen sind. Dies kann verschiedene Ursachen haben. Klimatische Bedingungen wie Wind und Überflutungen können Spinnen zusammenbringen, die dann dort ihre eigenen Netze bauen. Doch kann es sich auch um Kolonien von in Netzen lebenden Spinnen handeln.

Gespinstanhäufungen

Hin und wieder werden in Deutschland und in der Schweiz große Spinnennetze entdeckt, die einige Meter Länge erreichen können. Sie wurden von zahlreichen Spinnen verschiedener Arten hergestellt und entstehen zufällig, etwa wenn Spinnen beim Fadenflug im Altweibersommer aufbrechen und nach oben klettern, um genügend Aufwind zu bekommen. Solche *aggregativen Gespinste* wurden auf Zweigen von Nadelbäumen und in Brachen zwischen Weinbergen um Mainz und im Kanton Aargau entdeckt.

Netz an Netz

Dicht beieinander und sogar überlappend, jedoch nicht verbunden sind Netze der australischen Tree-wolf fishing-Spider (*Dentrolycosa icadia*, Familie Raubspinnen Pisauridae) in Brisbane Queensland.

In Australien findet man Dutzende von Radnetzen der am Hinterleib bedornten Australian christmas jewel spider *Austracantha minax* (Familie Araneidae, Unterfamilie Gasteracanthinae) nebeneinander sich überlappend, die zum Teil bis auf wenige Fäden reduziert sind.

Die in Afrika, Amerika und Asien vorkommenden *Leucauge*-Arten (Familie Streckerspinnen,Tetragnathidae) leben in Kolonien. Ihre horizontalen Radnetze befestigen sie an Sträuchern und Bäumen. Jede Spinne baut und bewohnt ihre eigenes Netz und verteidigt es gegen Artgenossen, zeigt also territoriales Verhalten. Zudem wurde bei einer amerikanischen Arte eine räumliche Aufteilung in der Vertikalen nachgewiesen: Oben liegen die Netze der größten Individuen und der adulten Weibchen, darunter die der kleineren Exemplare und ganz unten die der jüngeren Stadien.

32 Spinnenarten bauen ihre Netze jedoch nicht nur dicht nebeneinander oder übereinander, sondern verbinden sie aktiv mit Fäden. So geschieht es bei der Gattung *Philoponella* (Familie Kräuselradnetzspinnen Uloboridae), die in Afrika, Asien, Amerika und Australien vorkommt. Wie alle anderen Arten dieser Familie wickeln sie die Beute in Seide ein, können sie jedoch nicht durch einen Biss töten, weil sie gar kein Gift besitzen. Sie bauen gemeinsame Netze, fangen aber jede für sich allein Beute (z. B. *Philoponella congregabilis*). Die Weibchen benachbarter Radnetze der Arten *Philoponella raffrayi* und *Philoponella republicana* wickeln gelegentlich sogar am Rand der Kolonie gemeinsam große Beute ein, die aber dann nur von einem Weibchen gefressen wird. Beutediebe wie *Argyrodes*-Arten kommen hier zu kurz.

Spinnenkolonien

Weltweit sind inzwischen 29 Arten aus 11 Familie mit Koloniebildung bekannt, jeweils eine bis zu zwölf Arten einer Gattung. Meist handelt es sich um Netzspinnen. Doch es sind auch einige Arten darunter, meist Springspinnen, die Beute ohne Seideneinsatz erjagen. Bei diesen sind die Schlupfwinkel, ihre Nester, mit Fäden verbunden.

In Mitteleuropa gibt es keine Spinnen, die dauerhafte Kolonien bilden: Hier sind die Winter kalt, die Temperaturen sind ganzjährig relativ niedrig im Vergleich mit den Tropen, wo die meisten sozialen Spinnen in Kolonien leben und das Nahrungsangebot hoch ist. Inzwischen wurde jedoch entdeckt, dass auch die in Tennessee (USA) vorkommende *Anelosimus studiosus* sozial lebt. Soziale Spinnen werden jedoch in einem eigenen Kapitel behandelt (s. u.). Die in der Tabelle aufgeführten Arten sind *subsozial* (soziale Arten s. Kapitelende).

Koloniale Spinnenarten*

Familie	Gattung	Artbeispiel
Araneidae	*Cyrtophora*	*citricola*
	Metepeira	*incrassata*
	Parawixia	*bistriata*
Desidae	*Badumna*	*socialis***
	Phryganoporus	*candidus****
Dictynidae	*Dictyna*	*albopilosa*
	Mallos	*bryantae*
	Mexitlia	*trivittata*
Diguetidae	*Diguetia*	*canities*
Oecobiidae	*Oecobius*	*civitas*
Pholcidae	*Holocnemus*	*pluchei*
Salticidae	*Bagheera*	*kiplingi*
	Myrmarachne	*assimilis*
	Portia	*africana*
Sparassidae	*Delena*	*cancerides* ***
Tetragnathidae	*Metabus*	*ocellatus*
	Tetragnatha	*elongata*
Theridiidae	*Argyrodes*	*antipodianus*
	Faiditus	*caudatus*
	Neospintharus	*syriacus*
Uloboridae	*Philoponella*	*republicana***

*: Nach Ingi Agnarsson sowie Bilde, T., Lubin, Y. aus Herberstein 2011, aktualisierte Systematik. **: Ältere Namen, z. B. in Stern / Kullmann 1975: *Amaurobius socialis* = *Badumna socialis*, *Uloborus republicanus* = *Philoponella republicana*. ***: Auch bei den sozialen Arten aufgeführt.

Riesenkrabbenspinnen

Im Spinnenhorrorfilm *Arachnophobia* hat ein Arzt furchtbare Angst vor Spinnen (*Arachnophobie*). Er muss sie überwinden, um zu überleben. Hier spielen Riesenkrabbenspinnen (Familie Sparassidae) der Art *Delena cancerides* aus Austalien »Soldaten« und wuseln überall herum. Eine solche Kaste gibt es bei Spinnen nicht. Gäbe es sie, wären es keine Männchen, sondern Weibchen, also Soldatinnen. Diese für Menschen völlig harmlose Spinnen leben in Kolonien zusammen. Sie werden meist zu den sozialen Spinnen gerechnet. Da jedoch die Männchen auf Weibchensuche von Kolonie zu Kolonie wandern und so *Inzucht* vermieden wird sowie wegen des gleichen Geschlechterverhältnisses werden sie auch zu den *subsozialen* Arten gezählt und hier vorgestellt.

Springspinnen

Die mittelamerikanische Springspinne *Bagheera kiplingi* (Familie Salticidae) die sich hauptsächlich pflanzlich ernährt, lebt in kleinen Kolonien. Eier und Junge sind so besser geschützt. Ihren wissenschaftlichen Gattungsnamen »Bagheera« hat sie vom Schwarzen Panther im *Dschungelbuch* von Rudyard Kipling. 1896 wurde die Art nach dem Männchen beschrieben. Das Weibchen ist anders gefärbt (*Sexualdimorphismus*) und wurde erst über 100 Jahre später entdeckt.

Bei der in Kenia auf Bäumen vorkommenden Springspinnenart *Myrmarachne melanotarsa* leben zu Hunderten, meist jedoch sind es zwischen 10 und 50 Spinnen, in einem Nest zusammen. Es ähnelt dem Nest der in der Nähe lebenden aggressiven Ameisenart der Gattung *Crematogaster*, die von *Myrmarachne*-Feinden, größeren Springspinnen, gemieden werden (s. Kapitel *Tarnung und Feinde, Ameisenmimikry*).

Gemeinschaftsnetze

Die meisten sozialen Spinnen bauen Gemeinschaftsgespinste und kooperieren beim Beutefang und der Brutpflege. Mehrere Generationen leben zusammen. Die Weibchen sind meist in der Überzahl. Es herrscht Inzucht. Schauen wir uns einige Beispiele nach Familienzugehörigkeit geordnet an.

Agelenidae: Bei der Trichternetzspinne *Agelena consociata* im Regenwald von Gabun, einer Verwandten unserer Hauswinkelspinne, sind die typischen Trichternetze untereinander verbunden. Kleine Beute fangen die einzelnen Spinnen selbst, große überwältigen sie gemeinsam. Auch füttern sie durch Hochwürgen von Nahrungsbrei nicht nur die eigenen, sondern auch andere Junge und arbeiten beim Netzausbessern zusammen. Große Toleranz zeigen sie zu nicht verwandten Artgenossen: Aus einer Kolonie entnommene Spinnen werden in einer anderen aufgenommen.

Desidae: In trockeneren Gegenden von Australien und auf den Nordfolkinseln lebt die cribellate Foliage-webbing social spider *Phryganoporus candidus* in einem Gemeinschaftsnest im Laub, das viele Eingänge mit einem Netzwerk von Verbindungswegen und einem inneren Schlupfwinkel besitzt. Im Außenbereich liegen die dem Beutefang dienenden Kräuselfäden. Es sind schon mehr 600 Bewohner in einem solchen Nest gezählt worden.

Dictynidae: Die mexikanische Kräuselradnetzspinne *Mallos gregalis* lebt gemeinschaftlich in einem Netz aus gekräuselten Fäden. Die Netzbewohner fressen gemeinsam an der Beute.

Eresidae: Horst Stern und Ernst Kullmann beschrieben schon 1975 in ihrem epochalen Werk *Leben am seidenen Faden* unter dem Kapiteltitel *Leben in der Kommune* die oft mehrere Quadratmeter großen Gemeinschaftsnetze der Röhrenspinne *Stegodyphus sara-*

sinorum in Afghanistan und betonten den Vorteil des gemeinsamen Jagens, Wohnens und der Kinderpflege. Damals wurde diese Lebensweise in der Presse mit den Berliner Kommunarden verglichen. Bei ihrer Untersuchung schwankten die Bewohnerzahlen zwischen 3 und 518. Weibchen kamen 2,5 mal häufiger vor als Männchen, die sich übrigens am Beutefang beteiligen, jedoch keine Fangfäden spinnen und sehr kurzlebig sind. 80 Junge kamen im Durchschnitt auf ein Weibchen.

Oxyopidae: Erst vor einigen Jahren wurde gemeinsames Beutefangen und Fressen einer netzbauenden Luchsspinnenart der Gattung *Tapinillus* entdeckt. Bei dieser Art leben bis zu einigen Dutzend Spinnen, Weibchen, Männchen und Junge, in einem für lange Zeit bestehenden Gemeinschaftsnetz. Das Verhältnis von Männchen zu Weibchen ist ausgeglichen.

Theridiidae: Bei der Kugelspinne *Anelosimus eximius* sind schon 50 000 Spinnen in einer Wohngemeinschaft gezählt worden. Die besser genährten großen Weibchen sorgen für den Nachwuchs, während kleinere Weibchen keine eigenen Eier legen und sich um die Jungen der größeren Weibchen kümmern, wie wir das noch spezialisierter von Ameisen- und Bienenstaaten mit einer bzw. einigen fruchtbaren Königinnen und unfruchtbaren Arbeiterinnen her kennen.

Das Schwärmen - Neugründungen von Kolonien

Einige soziale Spinnenarten wie *Achaearanea wau* and *Anelosimus eximius* schwärmen wie Ameisen aus und bilden neue Kolonien durch gleichzeitiges Auswandern von adulten und subadulten Weibchen. Die geschlechtsreifen Weibchen kopulieren noch in der alten Kolonie, legen ihre Eier aber erst am neuen Nestplatz ab. Die Verpaarung mit Männchen in der Mutterkolonie bedeutet Inzucht, denn nur selten wandern Männchen von einer Kolonie in eine andere.

Vor- und Nachteile einer Kolonie

Vorteile der Kolonie: Mit einem gemeinschaftlichen Netz können Spinnen mehr Beute fangen und in Kooperation größere Beutetiere - nicht nur Insekten, sondern sogar auch Vögel und Fledermäuse - überwältigen als jede von ihnen mit ihrem eigenen Netz. Zudem müssen sie zusammen weniger Energie für die Aufrechterhaltung der Seidenstrukturen ihres ausgedehnten Gespinst investieren als jede für sich. Zahlreiche Spinnen können sich zudem besser gegen Feinde und Diebe verteidigen. Die einzelnen Spinnen sind durch die Netzgröße ähnlich geschützt wie Säugerherden und Fischschwärme. Außerdem kann eine Spinnenkolonie einen günstigen Ort auf lange Zeit für sich in Besitz nehmen.

Nachteile der Kolonie: Ein Nachteil ist, dass intelligente Spinnenfeinde wie Vögel sowie Parasiten bei einem Angriff auf eine Kolonie auf einen Schlag eine große Zahl von Spinnen töten bzw. parasitieren können. Hinzu kommt: Da die Jungen niemals die eigene Kolonie verlassen und sich somit weder in der Umgebung noch über weite Entfernungen, z. B. mit dem Fadenflug, verbreiten, ist Inzucht vorprogrammiert. Denn geschlechtsreif geworden paaren sie sich nur innerhalb der Kolonie mit nahen Verwandten.

Soziale Spinnenarten - ein Überblick

Nach derzeitigem Kenntnisstand leben ca. 30 Spinnenarten quasisozial, d. h. ständig in nicht-territorialen Gesellschaften (*permanent non-territorial socialities*).

Es handelt sich hierbei um Spinnenarten aus zehn Familien. Die soziale Lebensweise wurde in jeder Familie neu erfunden. Die meisten sozialen Arten sind Kugelspinnen (Familie Theridiidae). Sogar innerhalb dieser einen Familie entstand die soziale Lebensweise nach Ingi Agnarsson acht- bis neunmal unabhängig voneinander. Die meisten Arten gehören zur Gattung *Anelosimus*, wie die folgende Tabelle zeigt.

Soziale Spinnenarten *

Familie	Artbeispiel
Agelenidae	*Agelena consociata, A. republicana*
Desidae	*Phryganoporus candidus***
Dictynidae	*Aebutina binotata, Mallos gregalis*
Eresidae	*Stegodyphus dumicola, Stegodyphus manaus*** Stegodyphus mimosarum, Stegodyphus sarasinorum*
Nesticidae	(Gattung und Art noch unbekannt)
Oxyopidae	*Tapinillus sp.*
Sparassidae	*Delena cancerides*****
Tetragnathidae	*Metabus ocellatus *****
Theridiidae	*Achaearanea disparata, Anelosimus domingo, Anelosimus eximius, Anelosimus guacamayos, Anelosimus lorenzo, Anelosimus oritoyacu, Anelosimus puravida , Anelosimus rupununi, Anelosimus studiosus******, Parasteatoda vervortii, Parasteatoda wau, Theridion nigroannulatum*
Thomisidae	*Australomisidia ergandros, Australomisidia inornata (Diaea megagyna), Australomisidia socialis*

* Genaugenommen *quasisozial*, gemeinsame Jungenaufzucht, koloniebildende Arten s. o., nach Ingi Agnarsson sowie Bilde, T., Lubin, Y. aus Herberstein 2011, wikipedia. **: auch bei subsozialen Arten aufgeführt . ***: Möglicherweise sozial. ****: Auch als subsozial bezeichnet, da Paarungen mit Partnern außerhalb der Kolonie und im Unterschied zu den anderen hier aufgeführten Arten stattfinden und das Geschlechterverhältnis 1:1 ist. *****: *Zuvor Metabus gravidus,* Familie Araneidae. ******: Bei dieser in den USA lebenden Art gibt es soziale und nicht soziale Spinnen.

Soziales Verhalten bei der Ernährung

Hierbei lassen sich mehrere Stufen unterscheiden, angefangen beim Beutefang für die eigene Ernährung über das gelegentliche Teilen der Beute mit Artgenossen bis hin zum Jungenfüttern und der Aufopferung der Mutter für ihre Kinder.

Beute fängt jeder für sich

Theraphosidae: Einige Baumvogelspinnen aus Amerika (*Avicularia*-Arten) lassen sich zu mehreren in einem Terrarium halten. Sie fangen dort Insektenbeute, verhalten sich jedoch untereinander friedlich. Einige Arten der in Indien und auf Sri Lanka lebenden Ornamentvogelspinnen der Gattung *Poecilotheria* (*P. subfusca* und *P. ornata)* leben jahrelang gemeinsam in ihren Tagesverstecken. Auch sie kooperieren beim Beutefang nicht.

Beute teilen

Sparassidae: Erst jüngst wurde bei einer australischen Riesenkrabbenspinnenart (*Delena cancerides)* das Teilen von Beute mit Artgenossen im Versteck nachgewiesen. Diese Spinnen fangen und fressen ihre Beute nachts außerhalb ihres mit anderen Individuen bewohnten Schlupfwinkels. Geht die Sonne auf, so laufen sie mit ihrer Beute ins Versteck zurück und teilen sie dort.

Nahrung für den Nachwuchs

Bei einer Reihe von Spinnenarten kümmern sich die Mütter besonders intensiv um ihren Nachwuchs. Sie beschützen ihn nicht nur, sondern versorgen ihre Kinder im Versteck mit Nahrung. Solch ein Verhalten, das zeitlich begrenzt ist, wird als *subsozial* bezeichnet.

Nähreier

Unbefruchtete Eier im Kokon: Die Befruchtung der Eier geschieht bei Spinnen während der Ablage. Nicht immer werden dabei alle Eier befruchtet, was natürlich mit der vorhandenen Spermamenge zu tun hat.

So lag der Jungenanteil in den Kokons von im Freiland gefangenen Brautgeschenkspinnen (*Pisaura mirabilis*) durchschnittlich bei 75%, d. h. ein Viertel der Eier war unentwickelt. Die Prozentzahl schwankte jedoch erheblich. Es gab Weibchen, bei denen alle Eier entwickelt waren, bei anderen waren es nur 9,5%.

Nähreier: Wenn bei manchen Spinnenarten einige der Jungen im Kokon einen dickeren Hinterleib als ihre Geschwister besitzen, so spricht das dafür, dass sie sich von nicht entwickelten Eiern ernährt haben. Und so ist es. Die Weibchen legen neben den befruchteten auch unbefruchtete Eier ab, von denen sich die geschlüpften Jungen ernähren. Der Fachbegriff für den Eifraß heißt *Oophagie*. Man kann auch von *Eikannibalismus* sprechen, da Spinnen ihre nicht entwickelten Geschwister, also Spinnen der eigenen Art auffressen.

- Ablage vor dem Schlüpfen: Meist werden die Eier zur Ernährung der Jungen mit den befruchteten Eiern oder zumindest vor ihrem Schlüpfen abgelegt. Dieses Phänomen ist von Spinnenarten aus unterschiedlichen Familien bekannt: Trichternetzspinnen (Agelenidae), Sackspinnen (Clubionidae), Plattbauchspinnen (Gnaphosidae), Speispinnen (Scytodidae), Haubennetzspinnen (Theridiidae) und Krabbenspinnen (Thomisidae).

- Ablage nach dem Schlüpfen:
Agelenidae: Ein Beispiel für *Oophagie* ist unsere heimische Erdfinsterspinne *Coelotes terrestris*. Hier legt die Mutter in der ersten Woche nach dem Schlüpfen mehrmals *Minieier* ab, die sofort von den Jungen gefressen werden, weshalb diese Art der Ernährung lange Zeit unentdeckt blieb. Diese Eier werden von ihr nur

wenig umsponnen oder einfach als Masse abgelegt.

Amaurobiidae: Bei den bei uns heimischen *Amaurobius*-Arten - Kellerspinne (*A. ferox*) und Finsterspinne (*A. fenestralis*) - legt die Mutter nach dem Schlüpfen der Jungen einige Tage lang eine nur für sie bestimmte *Eimasse* ab, die ihnen als erste Nahrung dient. Am Ende der ersten Woche häuten sich die Jungen, ein bis zwei Tage später fressen sie ihre Mutter auf und bleiben noch eine Zeitlang friedlich zusammen.

- Nie gelegte Nähreier:

Thomisidae: Bei der Krabbenspinne *Australomisidia ergandros* werden die Nähreier im Körper der Mutter aufgelöst und ins Blut (*Hämolymphe*) abgegeben, also nie gelegt. Sie werden von ihren Jungen aufgenommen, wenn diese ihre Mutter auffressen (*Matriphagie*, s. u.).

Mütter versorgen ihre Kinder mit Beute

Spinnenmütter einiger Arten behalten ihre aus dem Kokon geschlüpften Jungen noch längere Zeit in ihrem Versteck bei sich. Vorher haben sie selbst lange gehungert. Jetzt fangen sie wieder Beute, die sie nicht nur selbst fressen, sondern ihren Kindern mundgerecht zubereitet überlassen. Hier sind einige Beispiele nach Familien geordnet aufgeführt.

Agelenidae: Die Erdfinsterspinne *Coelotes terrestris* versorgt ihre Jungen mit Beute, woran diese gemeinschaftlich fressen.

Filistatidae: Bei der in Amerika vorkommenden Südlichen Hausspinne (Southern house spider) *Kukulcania hibernalis* bleiben die Jungen bis zur 2. bzw. sogar 3. Häutung in der zwischen Steinen und Mauerritzen angelegten Wohnröhre der Mutter, von deren Öffnung radial angeordnete mit cribellater Fangwolle belegte Signalfäden ausgehen, die Beutetiere aufhalten und der am Eingang lauernden Spinne melden. Die Jungen fressen nicht nur gemeinsam an der von der Mutter gefangenen und ihnen überlassenen Beute, sondern können auch in Kooperation große Beutetiere wie z. B. eine Fliege überwältigen. Dabei beißt das erste Junge in ein Bein oder einen Flügel, das nächste tut es ebenso, bis sich bis zu 10 Junge an ihr verbissen haben, worauf sie bald stirbt und von allen gemeinsam gefressen wird.

Beute für den Nachwuchs: Junge der Erdfinsterspinne *Coelotes terrestris* fressen an einem von der Mutter erbeuteten Mehlwurm (Pfeil: ein Vorderbein der Mutter).

Theraphosidae: Unter den Vogelspinnen betreiben *Monocentropus balfouri* und Arten der Gattung *Hysterocrates* Brutpflege. So versorgt die in Kamerun unterirdisch lebende Rote Pavianspinne (*Hysterocrates gigas*) ihre Kinder bis zu einem halben Jahr in der Höhle mit großer Beute. Kleine Beutetiere fangen die Kleinen nachts an der Erdoberfläche selbst. Auch Baumvogelspinnenmütter wie *Avicularia minatrix* aus Venezuela und die Indische Ornamentvogelspinne (*Poecilotheria regalis*) bringen ihren Kinder Beute mit und verzehren sie mit ihnen zusammen im Wohngespinst.

Die Rote Pavianspinne (*Hysterocrates gigas*) lauert nachts am Höhleneingang.

Theridiidae: Junge werden auch bei Kugelspinnen von den Müttern mit Nahrung versorgt. So beschützt die brasilianische *Helvibis longicauda* ihre Jungen über mehrere Stadien, d. h. die Jungen wachsen in mütterlicher Obhut bei mehreren Häutungen heran und sind weit entwickelt, wenn sie ihr Zuhause verlassen. Sie verteidigt sie gegen Feinde, auch Artgenossen, insbesondere Männchen, die bei Weibchenabwesenheit die meisten Verluste verursachen, wie Experimente zeigten, und sie fängt Beute für ihre Kinder, die sie ihnen umsponnen und vorverdaut überlässt.

Mütter würgen Flüssignahrung aus

Einige Spinnenarten gehen in ihrer Brutpflege über das Beuteüberlassen hinaus. Sie füttern ihren Nachwuchs von *Mund-zu-Mund*. Hierbei würgt die Mutter von Zeit zu Zeit einen Tropfen aus (*Regurgitation*), eine Mixtur aus verflüssiger Nahrung und aufgelösten Darmzellen, wozu sie von ihren Kinder durch Streicheln der Beine aufgefordert wird.

Nachgewiesen wurde diese Art der Fütterung bei der heimischen Erdfinsterspinne (*Coelotes terrestris*), die zudem ihre Jungen mit Beute versorgt (s. o.), sowie bei Kugelspinnenarten der Gattung *Phylloneta* (*Theridion*) und bei Röhrennetzspinnen der Gattung *Stegodyphus*.

Mütter geben ihren Körper - Matriphagie

Finsterspinnen (Familie Amaurobiidae): Eine Spinnenart, die bei uns außen an den Häusern oder unter Borke lebt, geht noch einen Schritt weiter als Beute zu überlassen und von Mund-zu-Mund zu füttern. Es ist die Finsterspinne (*Amaurobius fenestralis*), die ihre Brutkammer nie mehr verlässt. Wenn ihre Kinder geschlüpft sind, stirbt sie und schenkt ihnen ihren eigenen von innen schon ein wenig aufgelösten Körper als erste Mahlzeit.

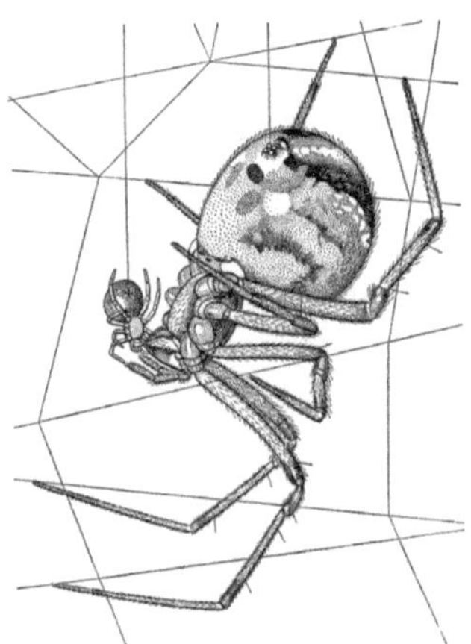

Mund-zu-Mund Fütterung der Haubennetzspinne *Phylloneta sisyphia* (*Theridion sisyphium*) (aus Renner 2018).

Dieses Phänomen der Selbstaufopferung, der selbstmörderischen Mutterliebe, wie es so schön reißerisch heißt, wird wissenschaftlich *Matriphagie* genannt. Sie ist in jüngster Zeit bei der Kellerspinne *Amaurobius ferox* intensiv untersucht worden, die nicht nur in Kellern, sondern auch an den Mauern alter Weinbergsterrassen ihr Trichternetz mit cribellater Fangwolle bewohnt.

Doch nicht nur bei Finsterspinnen, sondern auch bei Vertretern anderer Spinnenfamilien hat sich die Matriphagie im Laufe der Evolution entwickelt und durchgesetzt. Sie muss also vorteilhaft sein.

Dornfinger (Familie Eutichuridae): Auch bei einem Verwandten unseres Dornfingers, dem in China, Japan und Korea lebenden *Cheiracanthium japonicum,* fressen die Kinder ihre Mutter auf, wachsen schneller bis zum dritten Stadium heran und verlassen weiter entwickelt als Spinnen ohne Matriphagie ihr in einem zusammengerollten Blatt befindliches Versteck.

Kugelspinnen (Familie Theridiidae): Die bei uns häufig an Wegrändern vorkommende Art *Phylloneta impressa* (besser bekannt unter dem Namen *Theridion impressum*) füttert ihre frischgeschlüpften Jungen bis zur 1. Häutung mit flüssiger vorverdauter Nahrung und fängt anschließend Beute, an denen die Kinder mitfressen. Danach überlässt sie ihren Körper ihren Jungen, die ihn verzehren. So ist es auch bei der verwandten *Phylloneta sisyphia* (*Theridion sisyphium*), die im Englischen »mothercare spider« genannt wird.

Wie jüngst von Nicole Gonswa in Hamburg bei *Phylloneta impressa* herausgefunden wurde, ist es keineswegs so, dass am Ende der Brutpflege immer der Tod der Mutter steht. Hat das begattete Weibchen viel Beute gemacht, ist also gut genährt, so kümmert sie sich nicht so lange um ihre Jungen, die langsamer wachsen, wird aber nicht von den Jungen gefressen. Ein Drittel dieser Mütter überlebt und zieht eine zweite Brut auf. Ist die Mutter hingegen schlecht genährt, weil sie wenig bis gar keine Beute zur Verfügung hat, so wird sie von ihren Kindern gefressen. Das kommt allerdings nur bei einer größeren Zahl von Jungen vor. Matriphagie ist bei dieser Art somit nicht die Regel, sondern tritt nur dann auf, wenn die Spinnenmutter ihre Jungen nicht ausreichend mit Beute versorgen kann. Kannibalismus unter den Jungen kommt übrigens nicht vor.

Matriphagie bei subsozialen Spinnen

Röhrennetzspinnen (Familie Eresidae): Schon Stern und Kullmann berichten 1975 von Jungenfütterung und dem Aussaugen der Mutter bei *Stegodyphus pacificus*. Die im südlichen Europa, Israel und Nordafrika in halbtrockenen (semiariden) Gegenden vorkommende Röhrennetzspinne *Stegodyphus lineatus* baut Netze von 30 cm Durchmesser in Sträuchern mit getarntem Schlupfwinkel. Ihren Kokon muss sie gegen Männchen verteidigen. Sie öffnet den Kokon und füttert ihre Jungen zwei Wochen lang mit erbrochener flüssiger Nahrung (*Regurgitation*). Dann fressen diese ihre Mutter komplett auf, nur eine leere Körperhülle bleibt zurück (*Matriphagie*).

Woher stammen nun die Nährstoffe und was geht in der Spinnenmutter vor? Nach dem Schlüpfen der Jungen hört sie auf ihr Fangnetz zu reparieren, fängt keine Beute mehr, nimmt also keine Nahrung mehr zu sich. Die hochgewürgte Flüssigkeit für die Jungen stammt somit ausschließlich aus den in den Darmdivertikeln eingelagerten Nährstoffen. Mor Salomon verglich in seinen Untersuchungen die Menge der Fetteinlagerung bei jungfräulichen, verpaarten Weibchen und Weibchen nach der Kokonherstellung. Er fand dabei heraus, dass bereits nach der Eiablage die Divertikel zu degenerieren und die Fetttropfen darin zu verschwinden beginnen. Diese Degeneration nimmt nach dem Schlüpfen der Jungen und während der Fütterung zu. Kurz bevor die Jungen beginnen, ihre Mutter aufzufressen, ist der größte Teil ihres Hinterleibs verflüssigt. Erst am Schluss werden die Eierstöcke und das Herz angegriffen.

Doch das Verhalten ist plastisch, d. h. der geschilderte Ablauf führt nicht zwingend zum Tod der Mutter, denn bei Verlust der Jungen durch Ameisen oder parasitische Wespen kurz vor Beginn der Matriphagie kann sie einen Ersatzkokon herstellen. Das ist ihr logischerweise nur möglich, weil die Ovarien und die wichtigsten Organe noch voll funktionsfähig sind.

Weshalb es Matriphagie gibt

Der Vorteil der Matriphagie für die Jungen allein lebender Spinnenarten ist, dass sie beim Verlassen der Kinderstube am Beginn ihres selbständigen Lebens weiter entwickelt und besser genährt sind als andere Jungspinnen. Auch beim Vergleich mit Jungen, die mit anderer Beute versorgt wurden, sind die matriphagen im Vorteil: Sie sind erfolgreicher beim Fang großer Beute und haben bessere Überlebenschancen. Der durch das Fressen der Mutter verringerte Kannibalismus unter den Geschwistern erleichterte in der Evolution vermutlich auch die Entstehung sozialen Verhaltens.

Bei sozialen Spinnen sieht es anders aus: Hier müssen die Jungen ihr weiteres Leben nicht alleine bewältigen, sondern bleiben im gemeinschaftlichen Gespinst.

Matriphagie bei sozialen Spinnen

Krabbenspinnen (Familie Thomisidae): Bei der sozialen Krabbenspinnenart *Australomisidia ergandros* (alter Name *Diaea ergandros)* in Australien pflegen die Weibchen ihren einzigen Kokon intensiv und werden schließlich von ihren Kindern ausgesaugt. Bei dieser Art speichert die Mutter Nährstoffe in weiteren Eiern in sich, die aufgelöst und ins Blut abgegeben schließlich an den Beingelenken von ihren Kindern aufgesaugt werden. Erst nach einigen Wochen stirbt sie und wird von ihrem Nachwuchs gänzlich verspeist.

Röhrennetzspinnen (Familie Eresidae): Matriphagie kommt nicht nur bei der subsozialen *Stegodyphus lineatus* vor, sondern bei allen *Stegodyphus*-Arten, so auch bei der in Indien lebenden Art *Stegodyphus sarasinorum*.

Mehr als Matriphagie

In Südafrika lebt *Stegodyphus dumicola* in großen Familiengruppen. Nur 40 % der Weibchen können sich wegen der schnelleren Entwicklung und Kurzlebigkeit der Männchen fortpflanzen, alle anderen bleiben jungfräulich, helfen aber intensiv bei der Aufzucht des Nachwuchses ihrer Schwestern. Mütter und Tanten füttern die Jungen mit einer nahrhaften Flüssigkeit so lange, bis sie völlig ausgelaugt sind. Dann krabbeln die Jungen in sie hinein und fressen sie auf, wobei sie keinen Unterschied zwischen Mütter und deren Schwestern machen, wie Anja Junghanns und ihre Kollegen von der Universität Greifswald feststellten.

Dieses kooperative Brutverhalten geht über die Matriphagie im engeren Sinn hinaus, denn es ist nicht nur die Mutter, die sich für ihre Kinder aufopfert. Das ist nur möglich, weil die Geschwister ihr ganzes Leben gemeinsam zusammen verbringen. Zudem paaren sie sich untereinander, sind also alle sehr eng miteinander verwandt (*Inzucht*). Vielleicht halten sie deshalb auch ihre Nichten und Neffen für ihre eigenen Kinder, vermuten die Autoren. Mag aber auch sein, dass sie sehr wohl wissen, dass sie nicht die Mütter sind und es trotzdem tun: Sich aufopfern für die Kinder ihrer nächsten Verwandten, Nichten und Neffen, die mit ihnen die meisten Gene gemeinsam haben und somit fast so sind wie sie. Und sie tragen so zum Überleben ihrer Gemeinschaft bei.

Spinnenrekorde

Im *Guinness-Buch der Rekorde* finden sich neben der giftigsten auch die schnellste Spinne und die artenreichste Spinnenfamilie. All das sind Rekorde in *unseren* Augen. Die Rekordhalter dürfte das kaum interessieren. Doch wir Menschen sind ja nun einmal an solchen Zahlen interessiert. Sonst gäbe es weder entsprechende Wettbewerbe noch Bücher darüber.

Die giftigsten Spinnen

Als die giftigsten Spinnen der Welt gelten die bei Sydney lebenden Männchen der *Atrax*-Arten, aber auch die Bisse der südamerikanischen »Bananenspinnen« der Gattung *Phoneutria* sind für uns äußerst gefährlich.

Die größte Spinne aller Zeiten?

Die bekannten Spinnen aus früheren Zeitaltern waren nicht besonders groß. Doch durch die Medien geisterte vor einigen Jahren eine Riesenspinne aus dem Karbon / Perm mit Namen *Megarachne servinei*. Sie hatte eine Körperlänge von 34 cm und eine Beinspannweite von 50 cm. Nach neueren Untersuchungen war es leider nichts mit dem Prädikat »Größte Spinne aller Zeiten«, denn dieses Tier war gar keine Spinne, sondern ein Seeskorpion, eine andere inzwischen ausgestorbene Tiergruppe unter den Gliederfüßern.

Die größte Spinne der Welt

Hier denkt jeder sofort an eine **Vogelspinne**. Doch die Mitglieder dieser Familie (Theraphosidae) sind nicht alle wahre Giganten unter den Spinnen. Es gibt auch kleine Arten, die von Spinnenfans »Zwergvogelspinnen« genannt werden. Die Körper der größten Vogelspinnen sind 11 bis 12 cm lang. Sie wiegen bis zu 175 g. Den Rekord hält eine Goliath-Vogelspinne (*Theraphosa blondi*). Die größte Beinspannweite haben die Männchen der drei Riesenvogelspinnenarten (*Theraphosa apophysis*, *Theraphosa blondi* und *Theraphosa sturmi*) mit 28-34 cm, die in Venezuela und Nordbrasilien leben.

Doch auch die Männchen der viel schlankeren **Riesenkrabbenspinne** *Heteropoda maxima* haben eine Beinspannweite von 27-30 cm. Sie bewohnen den Eingangsbereich von Höhlen in Laos und besitzen ein äußerst langes zweites Beinpaar von jeweils 12,8 cm - und das bei nur 2,7 cm Körperlänge!

Männliche Goliathvogelspinne *Theraphosa blondi* (subadult) wartet auf Beute.

Die kleinste Spinne

Die kleinste bekannte Spinnenart hat keinen deutschen Namen, sie heißt *Patu digua*, gehört zur Familie der Zwergradnetzspinnen (*Symphytognathidae*) und lebt in Kolumbien. Die Jungen und die Weibchen bauen winzige horizontale Radnetze im Laub auf dem Waldboden. Der Körper des Männchens ist nur 0,37 mm lang.

Doch auch andere Spinnenarten (Familie *Tetrablemmidae*) sind winzig, werden nur 1 mm groß.

Spinnen messen - Körperlänge und Gewicht

Die Größe einer Spinne lässt sich auf verschiedene Art feststellen. Bei der in Spinnenbüchern angegebenen Körperlänge misst man die Spinnen ohne Beine, Cheliceren und Spinnwarzen auf der Oberseite. Viel größere Maße ergeben sich, wenn die Beinspannweite vom Fußende eines vordersten Beins bis zum Fußende des hintersten auf der anderen Seite gemessen wird. Versteht sich von selbst, dass bei Horrormeldungen in Zeitungen und im Fernsehen Beinspannweiten genommen und mehr oder weniger aufgerundet werden. Wie groß die Unterschiede zwischen beiden Messweisen sind, kann jeder leicht feststellen, der eine im Glas eingefangene oder tote Spinne nach beiden Arten mit einem Lineal misst. Dafür lässt sich natürlich auch eine Kunststoffspinne oder eine Spinne auf einem Foto verwenden.

Spinnen werden auf empfindlichen Waagen gewogen. So findet man die schwerste und leichteste Spinne heraus.

Alle Größenangaben gelten übrigens immer nur für erwachsene Spinnen.

Die stärkste Spinne

Die Falltürspinne (*Bothriocyrtum californicum*) lebt unterirdisch und hält ihre Falltür mit einer Kraft zu, die dem 38-fachen ihres Körpergewichts entspricht.

Die schnellste Spinne

Eine Hauswinkelspinne schießt mit einer Geschwindigkeit von einem halben Meter in der Sekunde aus ihrem Versteck heraus, läuft über ihre Netzdecke und packt die Beute. Die Art heißt neuerdings *Eratigena atrica* (Familie Agelenidae). Bis vor kurzem gehörte sie zur Gattung *Tegenaria* und trug den Artnamen *Tegenaria atrica*. Ein Pseudonym ist der bei *Guinness* angegebene Artname *Tegenaria gigantea*.

Die Spinne mit den größten Augen

Deinopis-Arten (Familie Käscherspinnen, Deinopidae) besitzen äußerst lichtempfindliche riesige hintere Mittelaugen, die wie Fisheyelinsen gebaut sind und einen Winkel von fast 180° überblicken. Sie benutzen sie bei ihrem nächtlichen Beutefang. Hierbei werfen sie das mit den beiden Vorderbeinpaaren gehaltene Netz über mit weiblichen Duftstoffen angelockte heranfliegende Nachtfaltermännchen.

Die größten Spinnennetze

Das größte **Einzelnetz** stellte eine Seidenspinne (Familie Araneidae, Unterfamilie Nephilinae) mit 5,73 m Umfang her. Die Erbauerin ist die erst 2009 auf Madagaskar entdeckte Art *Nephila komaci*. Sie erreicht im weiblichen Geschlecht eine Körperlänge von fast 4 cm mit 7,5 cm langen Beinen. Die Männchen sind mit 9 mm Körperlänge winzig. Früher sprach man hier von Zwergmännchen, heute von Riesenweibchen, da nicht die Männchen im Wachstum zurückgeblieben sind, sondern die Weibchen im Laufe der Evolution immer größer wurden.

Doch auch Radnetzspinnen (Familie Araneidae), zu der unsere Gartenkreuzspinne gehört, können gewaltige Netze bauen. So nimmt das Netz der erst 2010 auf Madagaskar entdeckten *Caerostris darwini* eine Fläche von 2,76 m² ein. Bei dieser Art wurde der bisher *längste Brückenfaden* über einen Bach gemessen. Er war 25,5 m lang. Mit ihrem großen Netz fängt sie nicht etwa Vögel, sondern Libellen und Eintagsfliegen, also gar nicht so große Beutetiere.

Viele soziale Spinnen bauen **Gemeinschaftsgespinste**. So können *Stegodyphus*-Arten (Familie Eresidae) die Vegetation über mehrere Kilometer mit Seide überziehen, was dem Kenner von Horrorfilmen bekannt vorkommen mag. Denn im Film *Mörderspinnen* wird eine ganze amerikanische Stadt übersponnen. Und tatsächlich fand Ken Thompson in Warwick (England) 1998 ein 4,54 Hektar großes Spielfeld einer Highschool gänzlich übersponnen vor: Hier hatten jedoch Tausende »Black money spiders« (Baldachinspinnen, Familie Linyphiidae) ihre Netze nebeneinander gesponnen. Sie sind nicht sozial, sondern traten nur in Massen auf.

Das **stärkste Spinnennetz** webt die weltweit vorkommende *Parasteatoda tepidariorum(Archaearenea)* (Familie Theridiidae) worin sich bereits Mäuse verfingen.

Der meiste Nachwuchs

Ein Kokon einer Kreuzspinnen kann fast 1000 *Eier* enthalten, bei der Kammspinne *Cupiennius* sind es gar 1500 bis 2500 Stück. Den Rekord an Spinnennachwuchs pro Kokon hält jedoch eine nahe Verwandte der Weißknievogelspinne mit Namen *Acanthoscurria xinguensis*. Bis zu 4000 *Junge* schlüpften aus einem einzigen Kokon.

Höhenrekorde »fliegender« Spinnen

Spinnen, die sich am eigenen Faden in die Lüfte tragen lassen, wurden vor Kurzem im **Jetstream** reisend in bis zu 20 000 m Höhe zwar tiefgekühlt, aber lebend gefunden. Passagierflugzeuge fliegen übrigens nur in 10 000 bis 15 000 Meter Höhe. Die neuen solarbetriebenen Drohnen für weltweit flächendeckenden Mobilfunk sollen allerdings bald dort oben unterwegs sein. Jetstreams können kurzfristig eine Geschwindigkeit von bis zu 540 km/h erreichen und sich rund um die Erde erstrecken. Damit käme eine Spinne also ganz schön weit. Frostschutzmittel besitzen Spinnen tatsächlich, doch ob sie die extremen Temperaturen von bis zu - 50°C überleben und auf diese Weise neue Lebensräume besiedeln können und in welcher Zahl, bleibt noch zu erforschen.

Fest steht, dass sich viele unserer heimischen Jungspinnen sowie Zwergspinnen und soziale Spinnen durch den **Fadenflug** verbreiten. Sie weiten so nicht nur ihr bereits bewohntes Gebiet in unmittelbarer Umgebung aus, sondern tauchen auch als erste auf neu entstandenen Inseln auf. Ein Beispiel: Kurz nach dem Ausbruch des amerikanischen Mount St. Helens wurden sie in den lebensfeindlichen Geröllfeldern gefunden, wo sie sich von ebenfalls dort eingewanderten Insekten ernährten.

Spinnen-Methusalems

Das **Lebensalter** einer Spinne ist die Zeit von ihrer Geburt, dem Schlüpfen aus dem Ei, bis zu ihrem Tod.

Bei Vogelspinnen notieren viele Halter die Zeit vom Kokonverlassen der »Spiderlinge« im ersten Stadium bis zur Geschlechtsreife und stellen so die *Zeit bis* zum Erreichen des *Adultstadiums* fest.

Gewöhnlich beziehen sich Altersangaben bei Spinnen jedoch auf die Zeitspanne von der Adulthäutung, also der Häutung zum erwachsenen Männchen oder Weibchen, bis zum Tod, das **Adultalter**.

Geschlechtsreife Weibchen leben meist länger als Männchen. Sie kümmern sich alleine um den Nachwuchs, während die Spinnenmänner in erster Linie auf der Suche nach Weibchen sind, jedoch auch Beute fangen - zur eigenen Ernährung und bei einigen Arten zur Brautgeschenkherstellung. So lebten bei mir im Labor an der TU Kaiserslautern geschlechtsreife Weibchen der Brautgeschenkspinne (*Pisaura mirabilis*) im Mittel noch 116 Tage, Männchen nur 62 Tage. Ein Weibchen hielt mit 247 Tage den Rekord, ein Männchen mit 186 Tagen.

Bei den Vogelspinnen ist der Unterschied noch extremer, da sich die Weibchen alle ein bis zwei Jahre erneut häuten und sehr alt werden können. Doch auch deren Männchen erreichen ein respektables Alter. Eine männliche Goliath-Vogelspinne (*Theraphosa blondi*) lebte bei mir nach der letzten Häutung noch 35 Monate, also fast drei Jahre. Bei südostasiatischen *Haplopelma*-Arten, die 2-5 Jahre bis zum Erreichen der Geschlechtsreife benötigen, leben Männchen dann noch einige Monate bis zu einem Jahr. Weibchen können jedoch noch 10

Jahre leben und erreichen somit ein Lebensalter von 15 Jahren. Meine älteste Riesenvogelspinne *(Lasiodora parahybana)* lebte noch 11 Jahre nach ihrer Adulthäutung, die sie erst nach 5 Jahren erreichte, wurde insgesamt also 16 Jahre alt. Bei häufigerer Fütterung wäre sie übrigens früher geschlechtsreif geworden. Den Rekord hält mit 35 Jahren eine weibliche mexikanische Orangebein-Vogelspinne *(Brachypelma emilia)*. Doch eine in Australien lebende Art der Gattung *Anidiops*, die allerdings nicht zu den Vogelspinnen gehört, sondern zur Familie der Stacheligen Falltürspinnen (Idiopidae), kann sogar 40 Jahre alt werden. Wie alt Vogelspinnen in ihrer natürlichen Umgebung werden, wissen wir nicht.

Menschenrekorde mit Spinnen

Ein in einem Glaskasten auf dem Rücken liegender Junge namens Tom Buchanan ließ sich in Sydney 125 Golden Orb Spiders der Gattung *Nephila*, auf den Körper schütten. Die Seidenspinnen krabbelten neben und über ihm erstaunlich schnell herum, taten sich und ihm nichts. Er hielt 55 Sekunden durch, ein neuer Guinness-Rekord, den er am 27. August 2005 aufstellte und der auf youtube zu sehen ist.

2009 brach Shane Crawford diesen Rekord, der mit 153 Seidenspinnen auf seinem Körper 30 Sekunden beim australischen Sender AFL Footy Show in der Sendung *That's what I'm talking about*, durchhielt. Wie auf youtube zu sehen, waren die meisten Seidenspinnen verknäuelt und wurden hinuntergefallene Exemplare immer wieder auf seinen Körper zurückgeworfen. Zuvor kam Shane im Spider-Man-Kostüm hereingerannt und spritzte einen Herrn eifrig mit »Seide« aus seinen Händen ein, der sich mit Pfeffer aus einer Pfeffermühle revanchierte. Wie am Ende des ersten Kapitels zu lesen, lassen sich auch Rekorde bei der Mutprobe »Spinne(n) im Mund« aufstellen.

Spinne des Jahres

Wer wird »Spinne des Jahres«?

Zur »Spinne des Jahres« werden zum einen Arten ausgewählt, die selten geworden sind und auf Roten Listen stehen, weil ihre Lebensräume von uns Menschen zerstört wurden. Dies trifft für die Wasserspinne und die Flussufer-Riesenwolfspinne zu. Zum anderen finden sich hier auch häufige Arten, die auffällig sind und nach einem Foto leicht erkannt werden können. Ein Beispiel hierfür ist die Wespenspinne.

Spinnen des Jahres 2000 bis 2018

2000 Zum ersten Mal wird von der *Arachnologischen Gesellschaft (AraGes)* die **Wasserspinne** *Argyroneta aquatica* (Familie Cybaeidae) zur Spinne des Jahres gewählt. Sie ist die weltweit einzige Spinnenart, die ihr Leben unter Wasser in einer aus Seide gefertigten luftgefüllten Taucherglocke verbringt. Den Luftvorrat ergänzt sie einmal am Tag. Die Wohnglocke arbeitet als physikalische Kieme, d. h. Sauerstoff tritt aus dem Wasser in sie ein, den die Spinne atmet. Kohlendioxid wird abgegeben. Zugleich verflüchtigt sich aber auch Stickstoff ins Wasser. Damit die Taucherglocke nicht verschwindet, muss die Spinne einmal am Tag an die Oberfläche und neue Luft holen, wobei der Hauptanteil, der nicht atembare Stickstoff, zur Aufrechterhaltung der Glocke von größter Bedeutung ist. Diese Spinnenart kommt von den Britischen Inseln über ganz Eurasien bis nach Japan vor. Die meisten Funde in Deutschland sind heute aus den Feuchtgebieten der norddeutschen Tiefebene bekannt. An früheren Fundorten im Rhein-Main-Gebiet ist sie wegen Trockenlegungen und Überdüngung verschwunden, an anderen Stellen, wie um Mainz und Kaiserslautern, kommt sie noch vor. Sie gilt jedoch als gefährdet und gehört zu den geschützten Arten. Bei

ihr ist *er* größer als *sie*, Balz und Paarung verlaufen friedlich bzw. *er* tötet *sie*!

Wespenspinne *Argiope bruennichi* im Zentrum ihres Radnetzes mit **Stabiliment**.

2001 Die **Wespenspinne** *Argiope bruennichi* (Familie Araneidae) wird wegen ihrer leichten Erkennbarkeit - gelb-schwarz gestreift - und ihrer zunehmenden Häufigkeit gewählt. Ihre Radnetze im hohen Gras fallen durch ein »Stabiliment«, ein seidenes Zickzackband auf.

2002 Die **Brautgeschenkspinne** ist relativ häufig auf Wiesen, an Feldrainen und in Gärten anzutreffen. In älteren Büchern und Artikeln trägt sie andere Namen: Große Wolfspinne, Heidejagdspinne, Raubspinne. In vielen neueren Büchern heißt sie Listspinne. Ihr wissenschaftlicher Name lautet *Pisaura mirabilis* (Familie Pisauridae).

2003 Die **Große Zitterspinne** *Pholcus phalangioides* (Familie Pholcidae) wird Spinne des Jahres. Sie lebt bei uns im Keller, unter dem Dach und in der Wohnung und spinnt eifrig, was so manche Hausfrau gar nicht mag. Sie ernährt sich von Fliegen, Mücken, aber auch anderen Spinnen, wozu auch die viel größeren Hauswinkelspinnen gehören. Mit ihren hinteren Beinpaaren wickelt sie ihre Opfer auf Distanz mit Seide ein und beißt erst dann ihr wehrloses Opfer. Sie zerkaut ihre Beute nicht, wie das z. B. die Gartenkreuzspinne tut, sondern saugt sie durch die winzige Bisswunde aus. Zitterspinne heißt sie, weil sie in ihrem unregelmäßigen Netz zu rotieren beginnt, wenn sie sich bedroht fühlt. So verschwimmen ihre Körperkonturen und sie wird für einen sich optisch orientierenden Feind unsichtbar. Entgegen landläufiger Meinung ist sie für uns nicht giftig. Ihre winzigen nur 0,25 mm großen Chelizeren können aber sehr wohl die menschliche Haut durchdringen.

2004 Die **Grüne Huschspinne** *Micrommata virescens* ist die einzige bei uns auf Wiesen vorkommende Vertreterin aus der Familie der Riesenkrabbenspinnen (Sparassidae) und wegen ihrer blattgrünen Färbung auf Büschen gut getarnt. Ihre Männchen besitzen jedoch eine gelbrote Zeichnung auf dem Hinterleib.

2005 Die **Zebraspringspinnne** *Salticus scenicus* (Familie Salticidae) ist mit nur 5-7 mm Körperlänge eine relativ kleine Spinne, die man an sonnenbeschienenen Hauswänden treffen kann. Ihren Namen hat sie von ihrer schwarz-weißen Zeichnung. Grund für die Wahl: Sie entspricht so gar nicht dem Bild der ekligen braunen langbeinigen Spinne. Zudem kommt sie in Menschennähe vor.

2006 Die **Veränderliche Krabbenspinne** *Misumena vatia* wird von einer Jury aus 21 Ländern zur ersten *Europäischen Spinne des Jahres* gewählt. Wie all ihre Verwandten aus der Familie Thomisidae ist sie an ihren krabbenartig zur Seite gerichteten Beinen zu erkennen. Die langen Vorderbeine packen die Beute. Sie ist gelb oder weiß gefärbt, kann ihre Körperfarbe dem Untergrund anpassen und ist so auf gelben bzw. weißen Blüten gut getarnt. Man entdeckt sie oft erst, wenn auf einer Blüte ein Insekt bei Annäherung einfach nicht fortfliegen will.

Veränderliche Krabbenspinne (*Misumena vatia*) **mit erbeuteter Biene.**

2007 Die in ihrem Bestand sehr gefährdete **Fluss-ufer-Riesenwolfspinne** *Arctosa cinerea* ist mit einer Körperlänge von 14-17 mm die größte Wolfspinne (Familie Lycosidae) Deutschlands. Mit ihrer kontrastreichen Hell-Dunkelzeichnung ist sie in ihrem Lebensraum an Kies- und Sandufern von Flüssen und Seen, aber auch in Sand- und Kiesabbaugebieten kaum zu erkennen. Durch Regulierungsmaßnahmen an den Fließgewässern in den vergangenen Jahrzehnten ist sie vielerorts ausgestorben. Durch Renaturierungsmaßnahmen dürfte sie in Zukunft wieder an mehr Orten zu finden sein. Ihr Verbreitungsgebiet reicht übrigens vom Mittelmeerraum bis nach Skandinavien sowie von Portugal im Westen bis nach Sibirien im Osten.

2008 Diesmal wird für Europa eine ganze Spinnengattung gewählt: die **Hauswinkelspinnen** der Gattungen *Eratigena* bzw. *Tegenaria* (Familie Agelenidae). Jedes teilnehmende Land kann sich eine oder mehrere der weltweit über 100 Arten aussuchen. Für Deutschland, Österreich, die Schweiz und die Niederlande sowie weitere Länder ist es *Eratigena atrica*, die **Große**

Winkelspinne. Diese Art wurde 2013 in die Gattung *Eratigena* gestellt und hieß zuvor *Tegenaria atrica*. Sie gehört hierzulande zu den bekanntesten Spinnen. Die auf nächtlicher Weibchensuche in die Badewanne oder das Waschbecken gefallenen Männchen, die keine Hafthaare an den Füßen besitzen und deshalb die glatte Wand nicht hochklettern können, lösen bei vielen Menschen Panikattacken aus. Deshalb ist sie auf dem Frontcover von Franz Renners Buch: *Spinnen ungeheuer - sympathisch* als sympathisches Ungeheuer in einem Waschbecken abgebildet. Ihr horizontales Fangnetz mit einem röhrenförmigen Schlupfwinkel baut sie in Zimmerecken, kommt aber auch im Freien vor. Ihr Körper wird bis zu 16 mm lang. Menschen, die Angst vor Spinnen haben (*Arachnophobiker*), sind von dem plötzlichen Auftauchen in der Nacht und dem schnellen Lauf der Männchen mit ihren 10 cm Beinspannweite geschockt.

2009 Die **Dreiecksspinne** *Hyptiotes paradoxus* ist mit 3–6 mm Körperlänge sehr klein und würde wegen ihrer versteckten Lebensweise an Nadelbäumen nicht auffallen, wäre da nicht ihr dreieckiges Netz. Sie spinnt also kein vollständiges Radnetz, wie wir es von der Gartenkreuzspinne kennen, sondern nur drei Speichen mit dazwischen aufgespannten Fangfäden. Eine schöne Zeichnung der lauernden Spinne findet sich in Franz Renners Buch. Die Dreiecksspinne gehört übrigens nicht zu den Radnetzspinnen, sondern zu den Kräuselradnetzspinnen (Familie Uloboridae), die ihre Beute mit Seide ohne Klebstoff einwickeln und kein Gift besitzen.

2010 Die bekannteste Spinne überhaupt, die **Gartenkreuzspinne** *Araneus diadematus*, wird gewählt. Sie stellt ein vollständiges Radnetz her. Wegen ihres hohen Bekanntheitsgrades wird oft in Literatur und Film Spinne mit Radnetzspinne (Familie Araneidae) gleichgesetzt, bildet ein Synonym.

2011 Die **Gemeine Labyrinthspinne** *Agelena labyrinthica* aus der Familie Trichternetzspinnen (Agelenidae) ist mit 10-14 mm relativ groß und bewohnt trockene Ort mit niedrigen Gräsern und Kräutern. Zwischen ihnen spannt sie ihr Trichternetz aus. Oft kommt sie an einem Ort in großer Zahl vor. Eine verwandte kleinere Art (*Allagelena gracilens*), die ihre Netze etwas höher baut, kann mit ihr verwechselt werden.

Labyrinthspinne *Agelena labyrinthica* **mit Heuschrecken– beute** auf Gespinst.

2012 Die **Große Höhlenspinne** *Meta menardi* aus der Familie der Streckerspinnen (Tetragnathidae) verbringt ihr ganzes Leben in Höhlen, kommt aber auch in feuchten Kellern vor. Sie ist sehr dunkel gefärbt, hat einen glänzenden Körper und misst bis zu 17 mm.

2013 Die **Gemeine Tapezierspinne** *Atypus affinis* ist ein Vertreter der nur 54 Arten umfassenden Familie der Tapezierspinnen (Atypidae), die zu den Vogelspinnenartigen (Mygalomorphae) gehören und als typisches Merkmal nach vorne stehende Cheliceren mit nach unten eingeschlagenen Giftklauen besitzen. Sie steht in vielen Regionen Europas auf Roten Listen. Sie benötigt trockene, sandige, warme und sonnige Lebensräume, wie es sie z. B. in Freiburg / Breisgau gibt. Sie gräbt eine 20-30 cm lange Röhre und fügt einen 10 cm langen mit Erde getarnten oberirdischen Fangschlauch aus Seide hinzu. Sie ernährt sich von Ameisen, Käfern und Tausendfüßern, die sie fängt, ohne ihren Schlauch zu verlassen, indem sie blitzschnell von innen zubeißt und ihr Opfer durch die Seide zu sich hinunterzieht. Von September bis November kann man die bis zu 10 mm großen, schwarzen Männchen auf Weibchensuche antreffen. Die bis zu 100 Jungen überwintern in der Höhle und verbreiten sich im März am Fadenfloß fliegend. Die Weibchen werden 6 bis 8 Jahre alt.

2014 Die in Mitteleuropa häufigste Art ihrer Familie, die **Gemeine Baldachinspinne** *Linyphia triangularis*, wird zur *Europäischen Spinne des Jahres* gewählt. Baldachinspinnen (Familie Linyphiidae) sind weltweit die zweitgrößte Spinnenfamilie, in Europa die artenreichste. Typisch für alle Arten ist ihr horizontal ausgespanntes Deckennetz mit Stolperfäden darüber. Die Spinne sitzt mit dem Rücken zum Boden hin unter der Netzdecke und packt von dort aus aufs Netz stürzende Beute. Paarungszeit ist im Herbst. Die Männchen bewohnen die Weibchennetze und paaren sich öfter mit ihnen.

2015 Die an Stämmen und in der Krone von Laubbäumen, Nadelbäumen und in Büschen lebende, nachtaktive **Zartspinne** *Anyphaena accentuata* (Familie Anyphaenidae) kommt von Europa bis Zentralasien vor. Diese bis zu 9 mm große an vier schwarzen Flecken auf dem Hinterleib erkennbare Art streift nachts auch an Hauswänden entlang. Sie ist also eine Jägerin, die sich tagsüber in einem Gespinstsack versteckt, wie wir das von den verwandten Sackspinnen (Clubionidae) her kennen. Dort sucht das Männchen auch das Weibchen auf. Die Paarung verläuft friedlich. Sie überwintert unter der Rinde abgestorbener Bäume.

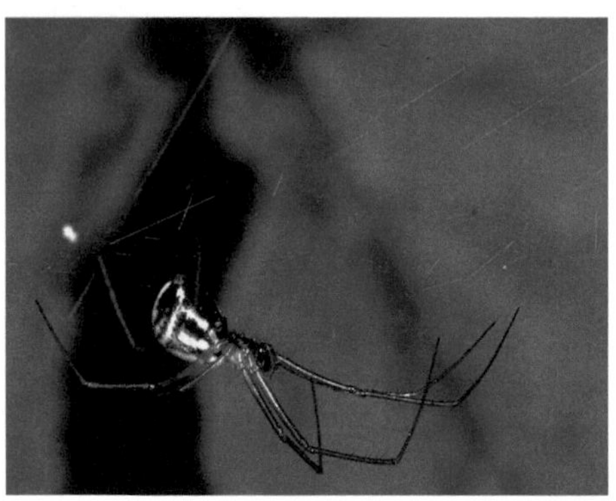

Baldachinspinne (Familie Linyphiidae) in Gespinst.

2016 Die **Konusspinne** *Cyclosa conica* (Familie Araneidae) wird wegen ihrer Auffälligkeit (Körpergestalt, Netzaufbau) und um Daten über ihre Verbreitung zu sammeln gewählt. Sie kommt in ganz Europa vor und ist nur 6-8 mm groß. Typisch für sie ist der konusförmige Höcker am Hinterleibsende. Sie lebt auf Bäumen in lichten Nadelwäldern und an Waldwegen. Dort baut sie ein regelmäßiges Radnetz mit ca. 40 Radien und einem vertikal angeordneten *Stabiliment*, das sie mit Beuteresten und Pflanzenteilen bestückt, weshalb sie im Englischen »Trash line spider« genannt wird. Gut getarnt sitzt sie mitten auf der Nabe. Bei Störungen lässt sie das Netz schwingen und ihre Umrisse verschwimmen, wie wir das auch von unseren Zitterspinnen her kennen.

2017 Die **Spaltenkreuzspinne** *Nuctenea umbratica* (Familie Araneidae) ist eine von weltweit nur drei Arten der Gattung *Nuctenea*; »umbratica« bedeutet »schattenbewohnend«. Sie wurde gewählt, weil sie relativ häufig und eindeutig an ihrer Rückenzeichnung zu erkennen und auch in der Stadt tagsüber unter loser Baumrinde versteckt zu finden ist. Mit ihrer Wahl soll auch der zurückgegangene Bestand alter Bäume ins Bewusstsein der Öffentlichkeit gebracht werden. Weibchen der Spaltenkreuzspinne werden 13-17 mm groß und sind ganzjährig anzutreffen, Männchen sind mit nur 7-10 mm Körpergröße kleiner (*Sexualdimorphismus*) und treten vor allem im Sommer auf. Der Körper der Spaltenkreuzspinne ist angepasst an ihr Leben unter der Rinde flachgedrückt. Sie kommt jedoch auch in Spalten an Häuserwänden vor, woher ihr deutscher Name rührt. Nach Einbruch der Dämmerung sitzt sie im Zentrum ihres bis 70 cm im Durchmesser messenden Radnetzes.

2018 Die **Fettspinne** *Steatoda bipunctata* (Familie Theridiidae) trägt ihren deutschen Namen vom fettig glänzenden Körper. Sie ist eine der häufigsten Spinnen in Gebäuden, fällt aber meist nicht auf, da sie nur 4-8 mm groß, nachtaktiv ist und ihr kleines Deckennetz mit Spannfäden und Fangfäden nach unten in Fensternischen und Zimmerecken spinnt. Sie kann lange ohne Wasser auskommen und hält es deshalb in sehr trockenen Räumen aus. Sie kommt aber auch im Freiland unter loser Baumrinde und in Bodennähe unter Steinen vor. Tagsüber hält sie sich in ihrem Schlupfwinkel in Mauerritzen bzw. Fensterscharnieren auf. Beutetiere bleiben an den zum Boden hin mit Klebtropfen versehenen unter Spannung stehenden Fangfäden kleben und werden am abreißenden Faden hochgezogen. Die Spinne eilt aus ihrem Versteck heran, um sie zu umspinnen und anschließend auszusaugen. Nachts hängt sie in der für Kugelspinnen typischen Art unter der Netzdecke. Erstaunlich ist, dass mehrere Weibchen in ihren Netzen friedlich nebeneinander leben. Die Fettspinne ist übrigens weit verbreitet: Sie kommt in ganz Europa, der Türkei und Russland bis weit nach Osten sowie in China vor. Zudem wurde sie nach Südamerika eingeführt. Sie wurde von einer Jury aus 26 Ländern zur Spinne des Jahres gewählt, weil sie in vielen Häusern zu finden und anhand von Fotos leicht zu erkennen ist.

Bionik

»Bionik« nennt sich ein neues Forschungsgebiet, in dem Wissenschaftler Erfindungen der belebten Natur für uns nutzbar machen. Sensationsmeldungen zu diesem Thema finden sich immer mal wieder in den Fernsehnachrichten und im Internet.

Von Beinen und Rädern

Spider-Robots und Flower Spider

Wie wird bei der Konstruktion von Maschinen, die sich wie Spinnen bewegen, vorgegangen?

Zunächst wird registriert, wie Spinnen mit ihren acht Beinen über Stock und Stein laufen, was unsere Autos, Motorräder, Fahrräder etc. mit ihren Rädern nun einmal nicht können. Dann versucht man, diese Eigenschaften und Leistungen technisch nachzubauen. So entstanden einfache *Spider-Robots*. In Zukunft wird es schnelle Gehmaschinen für uns geben. Wir kennen sie schon aus Science-Fiction Filmen. Und wenn es so ist, was wird dann wohl aus den Autos und Autobahnen von heute?

Bei einem durch Spenden finanzierten, aktuellen Projekt in Südafrika läuft eine gigantische, mechanisch-elektronische, mit Blumen besetzte Spinne (*Flower Spider*) selbstständig und kommuniziert mit Menschen, indem sie Gedichte rezitiert. Es handelt sich um einen riesengroßen Roboter (5 m lang, 4 m breit und 1 m hoch), der mit einem Polster aus Blumen bepflanzt ist. Diese »Riesenspinne« wurde als noch nackte Version mit nur zwei Beinen beim Kreativitätsfest »AfricaBurn« vorgestellt. Damals bewegte sie sich noch mit Unterstützung von Rädern. Inzwischen läuft sie von alleine in Kapstadt herum und könnte in Zukunft auf Welttournee gehen, jeweils mit regionaler Flora bepflanzt. In dieser Flower Spider vereinigen sich Natur und Ingenieurskunst sowie Elektronik, aber auch Literatur und Kunst sowie Gartenbau. Sie soll die Kreativität anregen und ist ein Beispiel dafür, dass man das, was man sich vorstellt, auch realisieren kann.

Achtbeinrad und Saltomobil

Eine Art Rad haben Spinnen lange vor uns erfunden. Doch haben sie nicht etwa ihre acht Beine zu Rädern umgestaltet und rollen damit über die Erde, nein, mit angezogenen Beinen bewegen sich Riesenkrabbenspinnen (Familie Sparassidae) in der Namibwüste im Süden Afrikas auf der Flucht vor Wegwespen (Familie Pompilidae), die sie auszugraben versuchen, Dünen hinab. Aktiv ist der Start, das **Rollen** erfolgt dann passiv. Mindestens drei Spinnenarten zeigen dieses Verhalten: die Golden Rolling Spider *Leucorchestris arenicola* sowie *Carparachne aureoflava* und *Carparachne alba*. *C. aureoflava* rotiert dabei 10-44 mal in der Sekunde und erreicht eine Geschwindigkeit von 0,5 bis 1,5 m / s. Hinauf laufen diese Spinnenarten dann wieder auf allen vieren, sorry, auf allen achten. Auch eine Springspinne (Familie Salticidae) rollt dort davon, benutzt allerdings den Wind als Antrieb.

Das Verhalten einer verwandten Art der Riesenkrabbenspinnen aus der Sahara, die nachtaktive marokkanische **Flickflackspinne**, von den Einheimischen ganz einfach nur »Tabacha« (Spinne) genannt, wurde erst vor einigen Jahren von Ingo Rechenberg untersucht. Sie kommt ausschließlich in der Sandwüste Erg Chebbi vor, ist hier also *endemisch*. 2014 dann wurde die bisher für die Wissenschaft unbekannte Art von Peter Jäger als *Cebrennus rechenbergi* beschrieben. Sie zieht sich tagsüber in ihre 20 cm senkrecht in den Sand gegrabene Wohnröhre zurück und läuft nachts beträchtliche Strecken auf der Sucht nach Beute, die sie an Wüstengräsern fängt. Auf der Flucht vor Artgenossen, Skorpionen und Walzenspinnen, wenn Drohen nichts nützt, rollt sie nicht passiv, sondern macht aktiv in rascher Folge Handstandüberschläge, d. h. überschlägt sich elegant, wobei sich die acht Beine im Bodenkontakt abwechseln und sie anstoßen. Diese Flickflacks vollführt sie nicht nur bergab, sondern auch auf ebenem Boden und bergauf. Sie rollt dabei schneller als sie auf acht Beinen laufen kann und erreicht dabei eine Geschwindigkeit von fast 2 Metern in der Sekunde.

Dagegen erscheint die Fortbewegung des ersten vom Entdecker Ingo Rechenberg konstruierten *Saltomobil* namens »Tabbat« mit seinen drei bzw. vier Armen sehr klobig, wie es sich jeder Interessierte auf Youtube ansehen kann (»tabbat« eingeben).

Roboter dieser Art könnten in Zukunft überall eingesetzt werden, wo Räder ungünstig sind, also auf lockerem Sand in irdischen Wüsten, auf dem Mond oder Mars - und auf dem Meeresboden.

Spinnengifte für den Menschen

Blaues Blut

Derzeit »spenden« Vogelspinnen unfreiwillig ihr blaues Blut. Der darin enthaltende Blutfarbstoff (*Hämocyanin*) regt unsere eigene Körperabwehr an.

Giftseren nach Bissen

Aus dem Gift der für uns gefährlichen Spinnenarten werden schon seit längerer Zeit mit Immunkörpern angereicherte als Impfstoff verwendete *Blutseren* hergestellt, wie wir es von Giftschlangen her kennen. Gebissene Menschen können gerettet werden, wenn die Spinnenart bekannt ist und sie das Serum in ausreichender Menge rechtzeitig erhalten.

Solche Seren gibt es für die Witwen (*Latrodectus*-Arten), für die Trichternetzspinnen (*Atrax*- und *Hadronyche*-Arten) in der Gegend von Sydney in Australien, für die Kamm- oder Bananenspinnenarten (Gattung

Phoneutria) in Südamerika sowie für *Loxosceles* in den USA (mehr s. Kapitel *Giftspinnen und Spinnengift*).

Toxische Giftpeptide

Aktuell entnimmt Volker Herzig mit seinen australischen Kollegen die Gifte möglichst vieler Spinnenarten, es sind derzeit schon über 400, auch von zahlreichen Vogelspinnen. Dazu werden die Spinnen gemolken, d. h. zum Beißen auf ein Plastikröhrchen gezwungen. Das gewonnene Gift ist ein Cocktail aus zahlreichen Substanzen. Die Eiweißverbindungen (Peptide) darin wirken als *Toxine*, d. h. als Gift beim Bissopfer, und lähmen oder töten es. Diese Peptide werden isoliert und daraufhin getestet, ob sie für uns positiv eingesetzt werden können. Auch an der Universität Bern werden Spinnengifte entnommen. Denkbar sind der Einsatz als Bio-Insektizide und zur Bekämpfung von Parasiten, aber auch als Schmerzmittel.

Bio-Insektizid aus Spinnengift

Aus einem Toxin der zu den giftigsten Spinnen zählenden und in Südaustralien lebenden Spinnengattung *Hadronyche* ist inzwischen ein erstes Bio-Insektizid mit dem Namen *Versitude* von der Firma *Vestaron* in den USA hergestellt und zugelassen worden. Es handelt sich um ein Schädlingsbekämpfungsmittel auf biologischer Basis gegen die Aschgraue Höckereule (*Trichoplusia ni*) aus der Familie der Eulen (Noctuidae), deren Raupen u. a. Kohlblätter fressen und die in manchen Jahren häufig auftritt und beträchtliche Ernteschaden anrichten kann.

Spinnengift für Herz und Hirn

Das Peptid GsMtx-4 aus dem Gift der Roten Chile-Vogelspinne (*Grammostola rosea*) wirkt dem *Vorhofflimmern* unseres Herzens entgegen, wie dies heute schon eingesetzte Kalziumkanalblocker tun. Das Herz kommt wieder in den richtigen Takt, und das Schlaganfallrisiko sinkt. Ein weiteres Peptid namens PhTx-3 kann nach einem *Schlaganfall* Gehirnzellen dreimal wirksamer als bisher eingesetzte Medikamente vor dem durch Sauerstoffmangel verursachten Untergang retten. Es stammt von der Bananenspinne *Phoneutria nigriventer*. Auch ein Bestandteil der Toxins der australischen Trichternetzspinne *Hadronyche infensa* könnte Spätfolgen eines Schlaganfalls reduzieren.

Superpotenzmittel

Von der Giftigkeit der Spinnen hörten wir schon im Kapitel *Giftspinnen und Spinnengift*, auch von Bissen in männliche Genitalien. Und jetzt soll ausgerechnet die giftigste Spinne der Welt *Phoneutria nigriventer* als Mittel gegen erektile Dysfunktion, also gegen Impotenz, eingesetzt werden?

Eine schmerzhafte Nebenwirkung ihres Giftbisses ließ Forscher aufhorchen: Gebissene Waldarbeiter litten unter langen und schmerzhaften Erektionen (*Priapismus*) und sollen auch später beim Sex fitter gewesen sein. Inzwischen wurde das Peptid Tx2-6 aus dem Gift isoliert, das zur vermehrten Durchblutung führt und Basis für ein Potenzmittel sein könnte, das auch längerfristig wirkt. Ein Hoffnungsschimmer am Horizont für ältere Männer, die sich derzeit mit Viagra und verwandten Mitteln trösten müssen.

Spinnenseide erzeugt und verwendet

Seide en gros

Schon die Ureinwohner von Polynesien benutzten die großen Netze von Seidenspinnen (*Nephila*-Arten) zum Fischfang. Sie pflückten sie vom Ast, formten daraus einen Ball, warfen ihn ins Wasser. Dort faltete er sich auf und fing Fische. Die Seide von Spinnen ist ungeheuer dehnbar und zugleich sehr belastbar: elastisch und stabil - wie Gummi und Stahl zugleich. Und sie hat noch einen weiteren entscheidenden Vorteil: Sie ist umweltvertäglich, weil biologisch abbaubar. Deshalb wäre es interessant, sie in großen Mengen zu gewinnen und weiterzuverarbeiten. Also hat man probiert, Seide aus den Spinnwarzen von Seidenspinnen *(Nephila*-Arten) herauszuziehen und aufzuwickeln. Das funktioniert, ist aber sehr aufwendig und erbringt nur kleine Mengen. Dann wurden Ziegen die Erbinformationen (Gene) für die Seidenproduktion der Spinnen eingepflanzt. Sie gaben Milch, aus der sich Seide gewinnen ließ. Auch das war nicht sehr ergiebig. Am besten gelang die Spinnenseidenproduktion mit Bakterien. Doch das, was da zunächst im Bottich brodelte und schließlich herauskam, waren keine Fäden, sondern nur eine Folie. Mit Düsen gelang es immerhin inzwischen, aus flüssiger Seide Fäden zu produzieren, ähnlich dem Prozess, der in den Spinndüsen der Spinnwarzen abläuft. Doch die richtig schönen Seidenfäden, die kompliziert aufgebaut aus vielen kleineren Fäden bestehen, hat man bis jetzt noch nicht hinbekommen.

Medizin

Antibakterielle Seidenpflaster: Die Fangschläuche der Tapezierspinnen der Gattung *Atypus*, die an warmen Stellen in Mitteleuropa, z. B. an sonnigen Hängen in Weinbaugebieten vorkommt, wurden früher von Bauern auf blutende Wunden gelegt, um die Blutgerinnung zu beschleunigen. Und so geschah es auch mit den Netzen der Hauswinkelspinnen (*Eratigena atrica*). Die Seidenpolster wirken wie Pflaster, zudem wohl auch antibakteriell. Denn erste Befunde liegen vor, dass es bei Vogelspinnen nicht die Seide ist, sondern an ihr haftende spinnenkörpereigene Bakterien sind, die das Wachstum anderer Bakterien und von Schimmelpilzen stoppen. Und so wird das Verhalten von Vogelspinnen verständlich, ihre Futterreste im Terrarium zu überspinnen, welche dann tatsächlich nicht verpilzen.

Fäden der Seidenspinnen der Gattung *Nephila* eignen sich zum Vernähen von Wunden, ohne dass es zu Entzündungen kommt. Sie werden von unserem Körper nicht als Fremdkörper erkannt und somit nicht bekämpft und nicht abgestoßen.

Regenerationshelfer: Seidenfäden können zur *Nervenregeneration* nach Verletzungen beitragen, da sich Nervenhüllzellen schnell an sie anheften und am Faden entlangwachsen. Sie eignen sich zudem als *Zuchtunterlage für Hautgewebe*. So wurde bereits eine künstliche Haut erzeugt, die in Zukunft Hauttransplantationen nach Verbrennungen überflüssig machen könnte. Zur Zeit arbeiten in Deutschland zwei Forschungsgruppen an den Universitäten Bayreuth und Erlangen-Nürnberg zusammen, um *Herzmuskelgewebe* aus Spinnenseide herzustellen. Hierbei werden herangezüchtete Herzzellen in ein Gitter aus künstlicher Spinnenseide integriert. Die gewünschten Strukturen werden mit einem 3D-Drucker erzeugt, wobei die Seide als Biotinten verwendet wird. Zuvor gelang es Prof. Scheibels Arbeitsgruppe in Bayreuth, leicht veränderte und gereinigte Seidenproteine, die aus dem Sicherungsfaden der Gartenkreuzspinne (*Araneus diadematus*) stammten, in großen Mengen in einem Fermenter herzustellen und zu einem weißen Garn zu spinnen, das im Unterschied zu Kunstfasern vollständig recyclebar ist. Das ist nicht verwunderlich, denn schließlich gewinnen Radnetzspinnen ihre Seidenbestandteile durch das Auffressen ihrer alten Netze zurück. Der Vorzug der Seidenproteine: Sie werden vom menschlichen Immunsystem nicht als Bedrohung erkannt. In Zukunft könnte funktionelles Herzgewebe hergestellt werden und ermöglichen, dass sich durch Herzinfarkte abgestorbene Bereiche wieder regenerieren im Unterschied zu heute. Bisher ist der Verlust von

Herzmuskelzellen irreversibel, weshalb jeder Betroffene so schnell wie möglich ins Krankenhaus gebracht werden muss, um durch Beseitigung der Verstopfungen in den Adern der Herzkranzgefäße durch einen Katheder und das Setzen von Stents die Schädigung so gering wie möglich zu halten. Eine Therapie gibt es nicht. Die Herzmuskelschwäche bleibt. Kokonseide wurde bereits zur *Knorpelregeneration* eingesetzt. Das Seidenprotein *Spidroin* der Ampullendrüsen (Sicherungsfaden, Netzrahmenfaden) mit seinen fantastischen mechanischen Fähigkeiten wurde mit dem Knochensialoprotein (BSP) zu einem neuen Protein verschmolzen, das als Gerüstsubstanz für das Zusammenwachsen von Knochen eingesetzt werden kann.

Seidenkapseln: Es ist bereits gelungen, *Arzneiwirkstoffe* mit künstlicher Spinnenseide zu *verpacken*. Diese Kapseln könnten eines Tages Medikamente direkt an die kranken Stellen im Körper bringen.

Militär

Fäden von Kreuzspinnen, anderen Radnetzspinnen sowie von Schwarzen Witwen wurden im Zweiten Weltkrieg in Zielfernrohren zur Entfernungsmessung verwendet (*Reichenbachfäden*). In naher Zukunft ließe sich mit Spinnenseide die Ausrüstung von Soldaten als auch Fahrzeuge und Waffen optimieren, d. h. leichter und schusssicherer herstellen (s. u.).

Mode

Auf den Neuen Hebriden wurden einst Spinnennetze zum Transport von Pfeilspitzen, getrocknetem Gift und Tabak benutzt. In Neu-Guinea dienten sie als Regenschutz auf dem Kopf. 1709 stellte der Franzose Francois Xavier Bon de Saint-Hilaire Strümpfe und Handschuhe aus Seide von Spinnenkokons her. Doch das lohnte sich nicht. 1900 wurden in Paris zwei Bettvorhänge aus Spinnenseide von Seidenspinnen (*Nephila*) vorgeführt.

2009 wurde in den USA ein *Schal* aus Goldfäden von Seidenspinnen der Art *Nephila madagascariensis* präsentiert. Sie wurden drei Jahre lang Spinnen entnommen, die wieder freigelassen wurden. 2012 wurde ein goldenes *Cape* aus Goldseidenfäden dieser auf Madagaskar lebenden Spinne im Londoner Victoria und Albert Museum präsentiert. Auch hier wurden die Spinnen eingefangen und nach Entnahme der Seidenfäden wieder freigelassen. 1,2 Millionen mal wurde dieser Vorgang durchgeführt, bis genügend Material für die Herstellung des ärmellosen Umhangs vorhanden war.

Biostahl

Als Markenname wurde *BioSteel* in den USA für ein Material eingetragen, welches Spinnenseidenproteine (*Spidroine*) der Seidenspinne *Nephila clavipes* zur Basis hat, die aus der Milch genetisch veränderter Ziegen gewonnen und zu Mikro- und Nanofibern geformt wurden. Dies gelang auch mit Bakterien (*Escheria coli*). Der Stoff ist 7-10 mal härter als Stahl, kann sich dabei bis zu 20 mal dehnen und ist zudem sehr hitzebeständig, d. h. behält seine fantastischen Eigenschaften zwischen 20° C und 330° C. So weit, so gut - so schlecht, denn es gelang nie dieses Produkt in kommerziellen Mengen herzustellen. Die Firma ging bankrott, die Forschung an Universitäten jedoch geht weiter (s. o.). Wenn Biostahl kostengünstig in großen Mengen hergestellt werden würde, könnte er im medizinischen Bereich in künstlichen Sehnen und Bändern Anwendung finden sowie in leichten festen kugelsicheren Westen, Airbags und Fallschirmen. Auch herkömmlicher Stahl ließe sich mit Spinnenseide verstärken, etwa in Flugzeugen, Autos, Brücken und - Gehmaschinen.

Natürlich ließen sich aus Spinnenseide auch Fischernetze produzieren, wobei wir wieder bei den Ureinwohnern von Polynesien angelangt sind.

Filmspinnen

Riesige Monsterspinnen tauchen in Science-Fiction-Filmen auf, so groß wie Menschen und noch viel größer. Solche **Spinnengiganten** gibt es in der Realität nicht, hat es auch niemals gegeben. Allerdings existieren sie nicht nur im Film, sondern auch in Zeitungsartikeln, Büchern und natürlich auch im Internet.

Amerikanisches Filmplakat von *Tarantula* 1955.

Einige neuere Kinofilme sind übrigens nicht nur spannend, sondern es kommen auch real existierende Spinnen aus verschiedenen Spinnenfamilien darin vor.

Hier führe ich einige herausragende Beispiele an und gebe eine kurze Übersicht über Filme mit Spinnen in den Hauptrollen. Ausführliche Besprechungen zu den hier vorgestellten und weiteren Filmen, auch mit Spinnen in Nebenrollen, befinden sich in meinem Buch *Spinnen-Spiegelungen in Menschen-Augen*.

Von Tarantula bis Arac Attack

Der wohl bekannteste und älteste Horrorspinnenfilm ist *Tarantula* (USA 1955) von Jack Arnold mit einer am Ende hausgroßen Riesenvogelspinne (laut amerikanischem Filmplakat 100 feet, also über 30 m hoch), die am Filmende mit Napalm verbrannt wird. Sie ist zunächst kurz in Originalgröße, dann immer gigantischer vergrößert langsam tastend laufend zu sehen. Wie sie zubeißt, bleibt ein Rätsel, denn der Zuschauer sieht nur die Pedipalpen und die schreienden Opfer. Somit gibt es zwar einige Tote, doch sichtbar fließt kein einziger

Tropfen Blut, was ja auch bei einem Schwarzweißfilm nicht sonderlich wirken würde. Wie der Horrorfan weiß, setzt Feuer mit seiner reinigenden Kraft - da bleibt nichts Lebendiges und vom Körper auch nicht mehr viel übrig - nicht nur dem Leben von Spinnen, sondern auch von anderen »Monstern« ein Ende. Doch auch am Anfang gibt es ein das Labor vernichtendes Feuer, und das Versuchstier Tarantel entkommt. Ihr Wachstum wird durch ein injiziertes Serum verursacht, das entwickelt wurde, um das Welthungerproblem zu lösen. Wieso neben einer Ratte und einem Meerschweinchen eine Spinne ausgewählt wurde, bleibt ein Rätsel. In den USA ist der Verzehr von Vogelspinnen meines Wissens nicht sonderlich verbreitet, andererseits in anderen Ländern ... (s. Kapitel *Spinne am Spieß*). Sinnvoller wären Heuschrecken und Grillen gewesen, die in großen Mengen gezüchtet werden. Was die gewaltige Größe betrifft, so ist diese unter irdischen Bedingungen nicht möglich, da die Atmung mit den Buchlungen nicht ausreichen würde und das Außenskelett für unsere Schwerkraft zu schwach wäre. Auch ein so schnelles Wachstum, das bei Spinnen über Häutungen läuft, ist nicht möglich. Doch bei einem Monsterfilm geht es ja um Spannung und Schrecken, und da ist Größe gepaart mit Gift und Ekel eine gute Wahl.

Im Film *Mörderspinnen (Kingdom of the Spiders,* USA 1977) fallen Vogelspinnen über eine amerikanische Kleinstadt her, so, wie wir das von Hitchcocks *Die Vögel* kennen. Sie kommen aus Hügeln. Erst erwischt es Tiere, dann Menschen. Das Anzünden eines Hügels erweist sich als wirkungslos. Ein DDT-Sprühen mit Flieger geht schief (eine Spinne ist schon im Cockpit, und es stürzt ab). Schließlich ist die Stadt überrannt und keine Kavallerie in Sicht, nur Panik und Sterben, dann Stille und Tod. Der Held Shatner, besser bekannt als Captain Kirk der Enterprise, entfernt am Morgen eines neuen Tages die Bretter vom Fenster des verbarrikadierten Hauses und schaut hinaus. Die ganze Stadt ist übersponnen. Kein Happyend.

Weniger bekannt dürfte der Film *Der Kuss der Tarantel (Kiss of the Tarantula*, USA 1983) sein. Hier spielen 15 Vogelspinnen (wohl hps. *Brachypelma smithi*) und einige kleine Webspinnen mit. Ein Spinnenfan, ein hübsches Mädchen, dessen Vater Leichenbestatter ist, erinnert sich. Ihre Vogelspinnen beißen keinesfalls, sondern krabbeln friedlich auf Menschen herum. Diese sterben aus Todesangst und durch hysterische Reaktionen. Eingesetzt werden die Spinnen vom Mädchen als Rachewerkzeug. Zunächst vernimmt sie die Mordpläne ihrer arachnophoben Mutter und ihres Onkels, mit dem sie ihren Vater betrügt. Also setzt sie ihr im Schlaf eine Spinne auf den Arm. Mutti wacht auf und stirbt an Herzinfarkt. Besoffene Mitschüler tauchen bei ihr zu Hause auf, einer zertritt vor Angst eine ihrer Vogelspinnen. Unsere Heldin rächt sich: Sie setzt zwei knutschenden Pärchen im Autokino Vogelspinnen in den Wagen. Vor lauter Angst kommen drei von vier Teenagern um, die vierte steht unter Schock. Die besondere Köstlichkeit: Unsere Spinnenfrau legt dem Typen, der ihre Vogelspinne tötete, im Sarg sein Opfer in die geschlossene Faust: als ewige Begleiterin. Am Ende ist alles gut: Spinnenfrau und die meisten ihrer »Kinder« - die Vogelspinnen - haben überlebt. Ja, das ist doch mal ein Horrorfilm ganz zur Freude aller Spinnenfans.

Arachnophobia (USA 1990) ist eine humorvolle Hommage an das Kino der 50er mit Riesenheuschrecken (*Beginning of the End*), Riesenameisen (*Formicula, Them!*) und Riesenspinnen (*Tarantula*). Und alles beginnt in Venezuela bei einem noch unerforschten Tepui. Vogelspinnen werden mitgenommen, die keine Geschlechtsorgane haben und Soldaten sein sollen. Eine reist im Sarg des durch Biss getöteten Kameramanns in die USA ein und landet in einer Scheune. Der geschlechtslose Spinnensoldat paart sich mit einer Hausspinne, und Nachwuchs entsteht. Im Überlebenskampf muss der kürzlich mit seiner Familie hierher aus der Stadt aufs Land gezogene arachnophobe Arzt seine Angst überwinden. Die Rolle der Spinnenkinder der ersten Generation übernehmen neuseeländische Riesenkrabbenspinnen der Art *Delena cancerides* (Familie Sparassidae). Sie sind tatsächlich sozial, leben in Kolonien, besitzen jedoch keine Kasten wie Königinnen, Könige, Soldaten, Drohnen wie im Film.

Am besten gefällt mir der Kinofilm *Arac Attack - Angriff der achtbeinigen Monster* (*Eight Legged Freaks, USA 2002*), in dem in Terrarien gehaltene Spinnen durch Chemiemüll zu Riesen heranwachsen, Menschen angreifen und töten. Es handelt sich um Vogelspinnen mit der größten Art *Theraphosa blondi*, die sich unser Junge und Spinnenfachmann anschaut und fachmännisch als enorm gewachsene *Lycosa narbonensis* benennt. Hier wurden zwei Dinge durcheinandergebracht: Vogelspinnen heißen in den USA *tarantulas*. Die Echten Taranteln sind jedoch Wolfspinnen. Die genannte *Lycosa*-Art ist eine nahe Verwandte der europäischen Tarantel. Weiterhin spielen mit: Große Springspinnen, die im Sprung ihre Menschenbeute fangen, sowie kleine Spinnenmänner, die wie Wespenspinnen (*Argiope*) gestreift sind, ihre Beute mit Seide umwickeln und sie *ihr* schön ordentlich nebeneinander an den Eingang ihrer Behausung legen, in Erwartung, Gehör zu finden. Die gewaltig große Schwarze Witwe, *Consuela* (von span. consuelo der Trost, Beiname Marias) genannt, wählt das mittlere Brautgeschenk.

Im Karbon mag es neben Riesenlibellen auch Riesenspinnen gegeben haben, sie sind bis heute jedoch nicht entdeckt worden. Und solch schnelles Größenwachstum zu gigantischen Monstern wie im Film klappt natürlich real nicht. Zudem arbeiten hier viele Spinnenarten zusammen. In der Realität sind sich die meisten Spinnen spinnefeind. Ausnahmen sind Balz und Paarung, die Jungenaufzucht sowie soziale Spinnenarten, die keine Arbeitsteilung mit anderen Arten kennen (s. o.).

Filme mit Spinnen in Hauptrollen

1955 Tarantula
1958 Die Rache der schwarzen Spinne
1975 Angriff der Riesenspinne
1977 Mörderspinnen
1977 Der Fluch der Schwarzen Witwe
1977 Tödliche Fracht
1983 Die Schwarze Spinne
1984 Der Kuß der Tarantel
1987 Spider Labyrinth
1990 Arachnophobia
1998 Larger than life
1999 Spiders
2000 Arachnid
2001 Spinnen des Todes
2001 À louer
2002 Arac Attack - Angriff der achtbeinigen Monster
2002 Spiders 2
2003 Arachnia
2003 Hangman's Curse
2009 Ice Spiders
2012 Spider City
2012 Arachnoquake
2015 Lavarantula

Spider-Man-Filme

1977 Spider-Man - der Spinnenmensch
1978-86 weitere Spider-Man-Filme
2002 Spider-Man
2004 Spider-Man 2
2012 The Amazing Spider-Man
2014 The Amazing Spider-Man 2: Rise of Electro
2017 Spider- Man: Homecoming

Ursprünglich, in der Comicversion, bekommt Peter Parker seine Spinnenkräfte durch den Biss einer radioaktiven Spinne beim Besuch einer Forschungseinrichtung. Er mutiert zum Spinnenmenschen. Spider-Man mit gewaltigen Kräften und den Fähigkeiten an Wänden hochzuklettern ist geboren. Fäden schießt er mithilfe technischer Geräte an den Handgelenken ab.

Passend zu einem aktuellen Forschungsschwerpunkt ist es in den neuen Filmen eine von Peters Vater erschaffene Klonspinne mit DNA verschiedener Spinnenarten, die über eine gewaltige Regenerationsfähigkeit verfügt und diese durch ihren Biss überträgt. Ihr Biss soll Menschen heilen. So sollte es sein, doch der Konzern will Spinnensoldaten erzeugen. Die Spinne beißt Peter. So geimpft durch den Nackenbiss erwachen in ihm nach dem Schlaf gewaltige Spinnenkräfte. Als Zugabe zu den Superkräften bekommt er klebrige Finger. Beide Fähigkeiten, Kraft und Klebrigkeit, müssen erst geübt werden, und so geht Einiges zu Bruch bzw. er bleibt daran ungewollt kleben. Die Spuckeigenschaften der Speispinne hat er in dieser Filmversion nicht geerbt, sondern verschafft er sich mittels kleiner Elektrobausteine selbst. Damit erzeugt er lange Fäden, an denen er durch die Gegend hangelt oder aber auch eine Art Radnetz, auf dem er handyspielend auf seinen Gegenpart wartet. Im Film von 2002 erfahren wir von drei Spinnenarten aus verschiedenen Familien und ihren Fähigkeiten: eine Riesenkrabbenspinne (Familie *Sparassidae*) der Gattung *Delena*, die gut springen kann (s. *Arac Attack)*, eine Southern house spider der Gattung *Kukulcania* (Familie Filistatidae) mit Netz, die ihre Beute mit cribellaten, d. h. Fäden ohne Klebstoff in ihrem Netz fängt und einwickelt, und eine »Grasspinne« (Familie Agelenidae), die äußerst schnelle Reflexe besitzt. Die DNA dieser drei Arten wird neu kombiniert. So entstehen 15 Exemplare einer Superspinne. Eine Spinne (schwarz-rot wie eine Schwarze Witwe (Redback) am ganzen Körper gezeichnet) kann entfliehen und lässt sich von ihrem unter der Decke hängenden Radnetz am Faden hinab, landet präzise auf dem rechten Handrücken des allseits gemobbten und elternlosen Peter Parker und beißt sofort zu. Am Set wurde übrigens hierfür eine Kugelspinne der Gattung *Steatoda* (Familie Theridiidae) eingesetzt.

Im neuesten Film von 2017 (*Spider-Man Homecoming*) geht es um Peter Parkers Rückkehr an eine naturwissenschaftlich-technische Highschool und Mädchen sowie um geklaute Alientechnologie. Peter, der unbedingt ein Mitglied der *Avengers* werden will, bekommt einen neuen Hightech-Anzug mit einer kleinen zur Erkundung ausschickbaren **Spinnendrohne**, die inaktiv zusammengefaltet sein Abzeichen auf der Brust ist.

Jahrmillionen vor Spider-Man lebte bereits die **Speispinne** *Scytodes thoracica*, die auch heute noch in unseren Wohnungen in der Nacht Seide über ihre Beute spuckt.

Spinnen im Internet

Facebook, Google, Wikipedia

Geben Sie doch einmal bei *Google* als Suchbegriff »Spinnen« ein. Schon werden Millionen Seiten angezeigt. Noch mehr sind es im englischsprachigen Raum unter »spiders«. Am 23.10.18 waren es 8 910 000 Einträge resp. 62 400 000 Einträge! Bei Wikipedia (de.wikipedia.org/wiki/Webspinnen) gibt es zahlreiche Artikel über Spinnen (allgemein, Familien, Arten). Fragen zu Spinnen können im »Forum europäischer Spinnentiere« (wiki.arages.de) gestellt werden, das zur *Arachnologischen Gesellschaft e. V. (AraGes)* gehört: . Hier gibt es auch Bestimmungshilfen für zahlreiche Arten nach Fotos und Merkmalen. Spinnenfreunde am Ort findet man über eins der sozialen Netzwerke, wie z. B. *facebook*. Dort treffen sich natürlich auch Spinnenfreunde und Arachnologen aus anderen Ländern , wie z. B. *The Spider Club of South Africa* (www.spiderclub.co.za).

Vogelspinnenseiten

Unter *www.arachnophilia.de* erfahren Vogelspinnenfans so manches über Körperbau, Haltung und Arten, können ihre Spinnen zum Verkauf anbieten und aktiv im Forum mitreden u. v. a. m. Ausgezeichnete Fotos gibt es im Artenteil beim Schweizer Vogelspinnenstammtisch, gegründet von Bastian Rast, unter www.Vogelspinnenforum.ch zu betrachten.

Spinnenfilme - youtube

Neben Spielfilmtrailern gibt es im Internet Filme über Spinnen in Terrarien. Geben Sie einmal auf *youtube* »Spinne« oder »spider« ein. Dort finden Sie auch Filme über die rollende Sahara-Spinne und über den Verzehr von lebenden Vogelspinnen in Kambodscha, Venezuela und - bei uns. Guten Appetit!

Spinnenvereine

In zahlreichen Ländern gibt es arachnologische Gesellschaften, deren Mitglieder sich mit Spinnen und ihren Verwandten befassen. Dies können Wissenschaftler, aber auch Laien sein. Hier nenne ich nur die für den deutschsprachigen Raum wichtigsten sowie die europa- und weltweit tätigen in alphabetischer Reihenfolge:

Arachnida In der Schweiz ist die *Arachnida Schweiz e. V.* (www.arachnida.ch), zuständig für die Haltung und Zucht von Spinnentieren und Insekten.

AraGes In Deutschland bemühen sich Biologen bei der *Arachnologischen Gesellschaft e. V.* unter: arages. de um einen Überblick über alle bei uns in Mitteleuropa vorkommenden Spinnentiere, wobei Milben inklusive Zecken ausgenommen sind. Hier findet man u. a. Infos zur »Spinne des Jahres« sowie Links und Informationen für den Einsteiger. Die Zeitschrift der AraGes heißt *Arachnologische Mitteilungen*. Hierzu gehört das *Forum europäischer Spinnentiere* bei Wikipedia (s. o.)

DeArGe *Die Deutsche Arachnologische Gesellschaft* unter www.dearge.de beschäftigt sich schwerpunktmäßig mit Biologie und Haltung von Vogelspinnen und Skorpionen. Sie gibt die Zeitschrift *Arachne* heraus, in der sich auch Artikel zu anderen Spinnentieren sowie Berichte von Reisen in tropische Länder befinden. Jedes Jahr gibt es ein Treffen, das »Arachnoweekend«, bei dem Vorträge über Spinnenthemen gehalten werden. Sie fördert Nachwuchswissenschaftler durch Stipendien und unterstützt regionale Gruppen bei Vorträgen.

ESA Für ganz Europa zuständig ist die *European Society of Arachnology*, zu finden unter: www.european-arachnology.org/

ISA Weltweit ist die *International Society of Arachnology* tätig, zu finden unter: www.arachnology.org/

Spinnenfamilien

In der Tabelle sind die deutschen und englischen Namen der im Buch erwähnten Spinnenfamilien (Endung -idae) aufgelistet. Weltweit gibt es 118 Familien (s. im Anschluss). Kurze Listen der bekanntesten bei uns vorkommenden Familien befinden sich in den Kapiteln *Verwandte und Ahnen* sowie *Artenzahl und Spinnennamen.*

Actinopodidae	Mouse spiders
Agelenidae	Trichterspinnen, Funnelweb spiders, Funnelweb Weavers, Funnel weavers
Amaurobiidae	Finsterspinnen, Meshweb weavers, Hackled-mesh weavers
Ammoxenidae	Termitenjäger, Termite hunters
Antrodiaetidae	
Anyphaenidae	Zartspinnen, Tube spiders, Phantom spiders, Seashore spiders
Araneidae*	Radnetzspinnen, Orb-web spiders, Orb-weavers
Archaeidae	Giraffenhalsspinnen, Long-necked spiders, Assassin spiders, Pelican spiders
Arkyidae	Ambush hunters
Arthromygalidae	(ausgestorben)
Atracidae	Trichternetzspinnen, funnelweb mygalomorphs, Australian Funnel-web spiders
Atypidae	Tapezierspinnen, Purseweb spiders
Austrochilidae	Junction-web weavers, Tasmanian Cave spiders
Barychelidae	Brush-footed trapdoor spiders
Burmathelidae	(ausgestorben)
Caponiidae	Bright Lungless spiders
Cithaeronidae	Cosmopolitan spider hunters
Clubionidae	Sackspinnen, Sac spiders
Corinnidae	Ameisensackspinnen Dark sac spiders Ant-like Sac spiders, Ant Mimics
Cretaceothelidae	(ausgestorben)
Ctenidae	Kammspinnen, Wandering spiders

	Tropical wolf spiders
Ctenizidae	Falltürspinnen, Cork-lid trapdoor spiders
	Saddle-legged trapdoor spiders
Cybaeidae	Wasserspinnen, Water spiders, Soft spiders
Deinopidae	Käscherspinnen, Net-casting spiders
	Ogre-faced spiders
Desidae	Intertidal and House spiders
Dictynidae	Kräuselspinnen, Meshweb spiders
Diguetidae	Kegelnetzspinnen, Coneweb spiders
Dipluridae	Funnelweb spiders, Curtain-web spiders
	Sheetweb Mygalomorphes
Dysderidae	Sechsaugenspinnen Woodlouse hunters
	Long-fanged Six-eyed spiders
Eresidae	Röhrenspinnen, Velvet spiders
Euctenizidae	
Eutichuridae	Sackspinnen, Slender sac spiders
Filistatidae	Crevice weaver spiders, Lochröhrenspinnen
Gnaphosidae	Plattbauchspinnen Ground spiders
	Flat-Bellied ground spiders
Gradungulidae	Long-claw spiders
Hexathelidae	Trichternetzspinnen
	Funnelweb mygalomorphs
	Australian Funnel-web spiders
Holarchaeidae	Minute Long-jawed spiders
Huttoniidae	New Zealand Palp-footed spiders
Hypochilidae	Lampshade web spiders
	Lampshade weavers
Idiopidae	Falltürspinnen, Spiny trapdoor spiders
	Spurred trapdoor spiders
Juraraneidae	(ausgestorben)
Lamponidae	White-tailed spiders
Linyphiidae	Baldachinspinnen, Sheet-web spiders
	Hammock-web spiders
	Zwergspinnen, Money spiders, Dwarf spiders
Liocranidae	Feldspinnen, Spiny-legged sac spiders
Liphistiidae	Gliederspinnen, Segmented spiders
Loxoscelidae	Brown spiders
Lycosidae	Wolfspinnen, Wolf spiders
Macrothelidae	

Malkaridae	Shield spiders
Mecicobothridae	
Megadictynidae	(Große Käuselspinnen)
Migidae	Tree trapdoor spiders
Miturgidae	Prowling spiders
Mimetidae	Spinnenfresser, Pirate spiders Cannibal spiders
Miturgidae	Dornfingerspinnen, Prowling spiders
Mongolaraneidae	(ausgestorben)
Mysmenidae	Minute litter spiders
Nemesiidae	Braune Falltürspinnen True-trapdoor spiders Wishbone (Trapdoor) spiders
Nesticidae	Höhlenspinnen, Cave cobweb spinners
Nicodamidae	Red-and-black spiders
Ochyroceratidae	Midget ground weavers
Oecobiidae	Scheibennetzspinnen Midget house spiders
Oonopidae	Zwergsechsaugenspinnen Goblin spiders
Orsolobidae	Sechsäugige Höhlenspinnen, Six-eyed ground spiders
Oxyopidae	Luchsspinnen, Lynx spiders
Parvithelidae	(ausgestorben)
Permaraneidae	(ausgestorben)
Philodromidae	Laufspinnen, Running crab spiders
Pholcidae	Zitterspinnen, Daddy long-leg spiders Cellar spiders
Pisauridae	Raubspinnen, Nursery-web spiders, Fishing spiders, Fish-eating spiders
Plectreuridae	Spur-lipped spiders
Porrhothelidae	
Prodidomidae	Long-spinnerets speedsters
Pyritaraneida	(ausgestorben)
Salticidae	Springspinnen, Jumping spiders
Scytodidae	Speispinnen, Spitting spiders
Segestriidae	Fischernetzspinnen Tube-web spiders
Sicariidae	Sechsäugige Sandspinnen Brown spiders Brown recluse spiders, Recluse spiders Violin spiders, Six-eyed sand spiders
Sparassidae	Riesenkrabbenspinnen Huntsman spiders Giant crab spiders

Stiphidiidae   Cone-web spiders
Symphytognathidae Zwergradnetzspinnen, Dwarf orb-weavers,
                   Dwarf orb-weaving spiders
Tetrablemmidae   (Panzerspinnen), Armoured spiders
Tetragnathidae   Streckerspinnen, Long-jawed spiders,
                   Long-jawed orb-weavers,
                   Water orb-weavers
Theraphosidae   Vogelspinnen, Tarantulas, Baboon spiders
Theridiidae   Kugelspinnen, Cob-web Weavers,
                   Haubennetzspinnen, Cob-web spiders,
                   Gumfoot-web spiders
Theridiosomatidae Ray spiders
Thomisidae   Krabbenspinnen, Crab spiders
Trechaleidae   Langbeinige Wasserspinnen, Leaf hunters
Trochanteriidae   Scorpion spiders, Unusual flatties
Trogloraptoridae
Uloboridae   Kräuselradnetzspinnen, Venomless spiders,
                   Hackled-band orb-weavers,
                   Hackled-orb web spiders
Zodariidae   Ameisenjäger, Ant-eating spiders,
                   Burrowing spiders
Zoropsidae   Kräuseljagdspinnen, Ground spiders,
                   False Wolf spiders

Die Wolfspinne *Pardosa lugubris* bei der Balz (links Männchen).

Alle 118 Familien auf einen Blick (aus: World Spider Catalogue 2018-10-10), fett: die in Europa vorkommenden Familien).

Familie	Familie	Familie
1. Actinopodidae	2. **Agelenidae**	3. **Amaurobiidae**
4. Ammoxenidae	5. Anapidae	6. Antrodiaetidae
7. **Anyphaenidae**	8. **Araneidae**	9. Archaeidae
10. Arkyidae	11. Atracidae	12. **Atypidae**
13. Austrochilidae	14. Barychelidae	15. Caponiidae
16. Cithaeronidae	17. **Clubionidae**	18. Corinnidae
19. Ctenidae	20. Ctenizidae	21. Cyatholipidae
22. Cybaeidae	23. Cycloctenidae	24. Cyrtaucheniidae
25. Deinopidae	26. Desidae	27. **Dictynidae**
28. Diguetidae	29. Dipluridae	30. Drymusidae
31. **Dysderidae**	32. **Eresidae**	33. Euctenizidae
34. Eutichuridae	35. Filistatidae	36. Gallieniellidae
37. **Gnaphosidae**	38. Gradungulidae	39. **Hahniidae**
40. Halonoproctidae	41. Hersiliidae	42. Hexathelidae
43. Homalonychidae	44. Huttoniidae	45. Hypochilidae

Familie	Familie	Familie
46. Idiopidae	47. Lamponidae	48. Leptonetidae
49. **Linyphiidae**	50. **Liocranidae**	51. Liphistiidae
52. **Lycosidae**	53. Macrothelidae	54. Malkaridae
55. Mecicobothriidae	56. Mecysmaucheniidae	57. Megadictynidae
58. Microstigmatidae	59. Migidae	60. **Mimetidae**
61. Miturgidae	62. **Mysmenidae**	63. Nemesiidae
64. **Nesticidae**	65. Nicodamidae	66. Ochyroceratidae
67. **Oecobiidae**	68. **Oonopidae**	69. Orsolobidae
70. **Oxyopidae**	71. Pacullidae	72. Palpimanidae
73. Paratropididae	74. Penestomidae	75. Periegopidae
76. **Philodromidae**	77. **Pholcidae**	78. Phrurolithidae
79. Physoglenidae	80. Phyxelididae	81. Pimoidae
82. **Pisauridae**	83. Plectreuridae	84. Porrhothelidae
85. Prodidomidae	86. Psechridae	87. Psilodercidae
88. **Salticidae**	89. **Scytodidae**	90. **Segestriidae**
91. Selenopidae	92. Senoculidae	93. Sicariidae

Familie	Familie	Familie
94. **Sparassidae**	95. Stenochilidae	96. Stiphidiidae
97. Symphytogna-thidae	98. Synaphridae	99. Synotaxidae
100. Telemidae	101. Tetrablem-midae	102. **Tetragna-thidae**
103. Theraphosi-dae	104. **Theridiidae**	105. **Theridioso-matidae**
106. **Thomisidae**	107. **Titanoeci-dae**	108. Toxopidae
109. Trachelidae	110. Trechaleidae	111. Trochanteri-idae
112. Troglorapto-ridae	113. Udubidae	114. **Uloboridae**
115. Viridasiidae	116. Xenoctenidae	117. **Zodariidae**
118. Zoropsidae		

Eine **Veränderliche Krabbenspinne** (*Misumena vatia*) (Familie Thomisidae) lauert **weiß gefärbt = gut getarnt** auf weißen Blüten auf Beute.

Fachbegriffe

Für die Biologie der Spinnen wichtige Fremdwörter sind hier in alphabetischer Reihenfolge aufgeführt. Sie haben häufig lateinische und altgriechische Wurzeln. Englische Ausdrücke wurden zum Verständnis der englischen Fachliteratur hinzugefügt. Kursiv gedruckt sind Querverweise und wissenschaftliche Artnamen.

Aasfresser Tiere, die sich ausschließlich von Kadavern anderer Tiere ernähren. Sie sind *Nekrophagen*.

Abdomen Hinterleib. Wird im Englischen oft noch gebraucht. Besser ist es, den Begriff *Opisthosoma* zu verwenden, da der Hinterleib der Spinnen nicht dem Abdomen der Insekten entspricht.

adult erwachsen, geschlechtsreif. Die beiden Geschlechter können sich paaren, Männchen Väter, Weibchen Mütter werden.

Adulthäutung Mit dieser Häutung werden Spinnen geschlechtsreif. Es ist die letzte Häutung für alle Männchen und die Weibchen der meisten Arten. Vogelspinnenweibchen und ihre Verwandten jedoch häuten sich noch mehrmals, ca. einmal im Jahr.

Agonistisches Verhalten Kampf von Individuen einer Art, meist von Männchen gegen Männchen um den Zugang zum Weibchen. So erobern Männchen von *Pisaura mirabilis* Brautgeschenke von Rivalen und vertreiben die Unterlegenen. Doch nicht nur Männchen kämpfen gegeneinander, sondern auch Weibchen einiger Arten verteidigen ihre Reviere gegen andere Weibchen, kämpfen ritualisiert, anstatt die Gegnerin zu erbeuten (Beispiele: Baldachinspinnen, Kammspinnen der Gattung *Cupiennius,* Wolfspinnen).

Aggregative Netze Sie entstehen zufällig und funktionieren im Unterschied zu den Netzen sozialer Spinnen nicht als Einheit. Mehrere Arten sind daran beteiligt. Wetterbedingungen und Störungen führen z. B. zur Flucht von Spinnen nach oben in die Bäume, die dann zugesponnen werden.

Aggressive Mimikry s. *Peckham'sche Mimikry*.

Agrobiont Lebewesen, das nur in der Agrarlandschaft vorkommt bzw. in einer hohen Dichte dort lebt. Die Fortpflanzungszyklus stimmt mit der Mahd oder der Ernte überein.

Akinese, akinetisch Bewegungslosigkeit, besonders der Beine. Schutzmechanismus gegen Feinde, wird auch für den Beutefang eingesetzt. Flachstreckerspinnen der Gattung *Tibellus* strecken an Grashalmen die beiden ersten langen Vorderbeinpaare nach vorne, das vierte Paar nach hinten, das dritte kurz hält die Spinne am Blatt. Vogelspinnen warten in der Nacht bewegungslos mit erhobenen Vorderbeinen, um die ersten Luftschwingungen beim Weiterlauf einer sich ruhig verhaltenden Grille wahrzunehmen und sofort zuzupacken.

Allergie Das ist eine viel zu starke Reaktion unseres Immunsystems auf harmlose Umweltstoffe. Entzündungen entstehen. Doch können auch Atmung und Herzschlag aussetzen. Manche Menschen reagieren auf Spinnengifte nach Bissen allergisch, auch auf die Brennhaare der amerikanischen Vogelspinnen.

Allomon Eine Substanz, die Informationen zwischen Individuen verschiedener Arten vermittelt im Unterschied zu *Pheromonen*, die innerartlich wirken. Ein Beispiel für Allomone sind die von Bolaspinnen nachgemachten Duftstoffe weiblicher Nachtfalter, womit sie deren Männchen anlocken und mit ihrer Bola einfangen.

Altweibersommer Seidenansammlungen in der Luft von am Faden davonfliegenden Jungspinnen, aber auch erwachsenen Zwergspinnen-Männchen an sonnigen Tagen im Herbst.

Ameisenmimikry s. *Bates'sche Mimikry*.

Analhügel Eine kleine Erhebung am Hinterende der Spinne. Dort endet der Darm mit dem After, durch den unverdauliche Nahrungsreste ausgeschieden werden. Weil Spinnen ihre Nahrung vor dem Mund verdauen und flüssig aufnehmen, gelangen gar keine großen harten Beuteteile in den Darm. Also müssen sie auch wenig Kot ausscheiden.

Antiseptikum Ein Mittel für die Wundbehandlung, das Bakterienwachstum hemmt, z. B. Jod.

Antiserum s. *Gegengifte*.

Antivenin s. *Gegengifte*.

Apophyse Fortsatz an einem Bein (Tibiaapophyse) oder am Pedipalpus (verschiedene Fortsätze zur Befestigung an der weiblichen Epigyne bei der Kopulation, s. *Kopulationsorgane Männchen*).

Äquilaterale Insertion Der Embolus des rechten Bulbus wird vom Männchen in die rechte Begattungsöffnung des Weibchens eingeführt, der linke in die linke. Diese gleichseitige Einführung kommt bei allen entelegynen Spinnen vor.

Arachnida s. *Spinnentiere*.

Arachnologe Spinnenforscher.

Arachnologie Lehre von den Spinnentieren. Spinnentierkunde.

Arachnophage, arachnophag Spinnenfresser (eigentlich: Spinnentierfresser). Feinde, aber auch auf Insekten und Spinnen spezialisierte parasitische Pilze sowie Fadenwürmer (Nematoden) ernähren sich von Organen und Körperflüssigkeit ihrer Spinnenopfer.

Arachnophobie, arachnophob Angst vor Spinnen. Sie gibt es bei Naturvölkern nicht. Bei uns ist sie weit verbreitet. Meist wird die Spinnenangst als Kleinkind von den Eltern, Geschwistern, FreundInnen gelernt. Doch auch unheimliche

Begegnungen mit Spinnen abends vor dem Einschlafen können zu einem Schockerlebnis werden und die Angst auslösen. Schlimm wirken auf Ängstliche die schnellen ruckartigen Laufbewegungen der Spinnen. Gegen die Arachnophobie hilft eine *Konfrontationstherapie*. Dabei erhält der Patient zunächst Informationen über Spinnen, schaut sich Bilder an, schließlich eine echte Vogelspinne (z. B. eine *Grammostola*), die er am Ende sogar auf seine Hand krabbeln lässt. Ein Verhaltenstherapeut leitet die Sitzungen. Nicht alle schaffen es. Einige wenige legen sich danach sogar eine Vogelspinne als Haustier zu.

Araneae s. *Webspinnen*.

Araneidae Die Familie der Radnetzspinnen. Hierzu gehört die Gartenkreuzspinne.

Araneomorphae Eine der drei Unterordnungen der Spinnen, zu der mehr als 90 % aller heute lebenden Arten gehören.

Araneophage Spinnenfresser, s. *Arachnophage*.

arid trocken, wüstenhaft - arides Klima, aride Landschaften.

Arthropoden s. *Gliederfüßer*.

Augen Die meisten Spinnenarten haben 8 Augen (Ocellen), andere nur 2, 4 oder 6 Augen oder gar keine mehr. Angehörige einiger achtäugiger Spinnenfamilien lassen sich direkt an der Augenstellung erkennen, z. B. Raubspinnen, Springspinnen und Zitterspinnen. Es handelt sich um einfache Linsenaugen. Nächtliche Jäger wie *Deinopis* sehen mit ihren vergrößertern mittleren Hinteraugen enorm gut, während Wolf- und Springspinnen mit ihren vorderen Mittelaugen (*Hauptaugen*) am Tag gut sehen. Alle anderen Augen sind *Nebenaugen*, bei denen das Licht indirekt auf die Netzhaut fällt. Springspinnen benutzen ihre Augen zum Beutefang, aber auch zu Kommentkämpfen und bei der Balz. Sie sehen Farben. Die meisten Spinnen nehmen Bewegungen je nach Anordnung mit ihren ringsum und nach oben angeordneten acht Augen wahr und reagieren sofort mit Flucht bei Annäherung eines großen Tieres oder Menschen von oben. Es gibt aber auch Spinnen, die gänzlich blind sind. Sie leben in Höhlen und finden sich mit ihren Sinneshaaren dort gut zurecht.

Autotomie Spinnen können ihre Beine an einer bestimmten Stelle, meist zwischen Coxa und Trochanter, bei Baldachinspinnen zwischen Patella und Tibia abbrechen und abwerfen, wenn sie von einem Feind am Bein gepackt werden. An dieser Sollbruchstelle schließt sich die Wunde schnell. So verliert die Spinne wenig Blut. Vorteil der Autotomie: Die Spinne verliert nur ein oder einige Beine und kann entkommen. Hatte sie zuvor acht, behält sie noch genügend zum Laufen. Von Häutung zu Häutung werden verlorene Beine ersetzt (regeneriert), d. h., sie wachsen nach. Findet man also eine

Spinne mit einem dünnen verkürzten Beinen, so ging dort vor der letzten Häutung eins verloren.

Ballooning Jungspinnen und kleine Spinnenarten klettern auf einen erhöhten Punkt, geben Seide aus ihren Spinnwarzen ab und lassen sich vom Wind oder der aufsteigenden warmen Luft davontreiben.

Balz Das Männchen gibt sich dem Weibchen der eigenen Art als begehrenswerter Freier zu erkennen und zeigt damit, dass *er* der ideale Vater ihrer Kinder ist. Ob *sie* da mitmacht, ist wieder eine andere Sache. In den meisten Fällen entscheidet also sie. Bei einigen wenigen Arten balzt *sie* ihn an. Beide Partner tauschen bei der Balz Signale unterschiedlicher Art aus.

Barcoding s. *DNA Barcoding*.

Bastardierung Artkreuzung, Rassenmischung, kommt bei nah verwandten Arten (oder Unterarten) bei Spinnen vor.

Bates'sche Mimikry Eine Art imitiert eine andere und wird dadurch geschützt. Der Nachahmer hat davon Vorteile, dass er so aussieht, riecht, klingt oder sich verhält wie sein Vorbild. Ameisenspinnen machen Ameisen nach und werden wegen der Ameisensäure ihrer Vorbilder von Vögeln nicht gefressen.

Becherhaare Senkrechte in becherförmigen Vertiefungen stehende Haare, die durch feinste Luftschwingungen ausgelenkt werden. Sie befinden sich an allen Beinen und den Tastern. Mit ihnen kann die Spinne am Tag und in völliger Dunkelheit sich nähernde Beutetiere oder Feinde wahrnehmen und erkennen. Dann entscheidet sie, ob sie flieht und sich versteckt oder zuschlägt.

Befestigungszone s. *Radnetze*.

Befruchtung Die Verschmelzung einer Samenzelle mit einer Eizelle bei der geschlechtlichen Fortpflanzung. Bei Spinnen erfolgt diese erst bei der Eiablage.

Befruchtungsgänge s. *Kopulationsorgane Weibchen*.

Begattung s. *Kopulation*.

Begattungsgänge s. *Kopulationsorgane Weibchen*.

Begattungsorgane s. *Kopulationsorgane Männchen*.

Begattungspropfen, Begattungszeichen Mit Teilen eines männlichen Kopulationsorgans (abgebrochener *Embolus*), dem ganzen *Bulbus* oder speziellen Sekreten verschließen Spinnenmännchen Geschlechtsöffnungen von Weibchen, um zu verhindern, dass Rivalen diese begatten können. Abgebrochene *Emboli* gibt es bei Wespenspinnen der Gattung *Argiope*, Seidenspinnen der Gattung *Nephila* und Witwen der Gattung *Latrodectus*, Sekrete benutzt z. B. die Zwergspinne *Oedothorax gibbosus* (Familie Linyphiidae).

Beingliederung Alle Spinnen besitzen acht Beine, wenn nicht, dann haben sie eins oder mehrere verloren. Bei Vogelspinnen werden die langen beinartigen Taster oft auch für Beine gehalten. Spinnenbeine sind oft sehr lang. Weshalb? Sie bestehen aus sieben Gliedern: Am Körper sitzt die Coxa (Hüfte), dann folgen nach außen hin: Trochanter (Schenkelring), Femur (Schenkel), Patella (Knie), Tibia (Schiene), Metatarsus (Ferse) und Tarsus (Fuß). Am Fuß sitzen zwei oder drei Krallen. Vogelspinnen haben am Metatarsus und Tarsus Hafthaare (*Skopula*).

Belt'sche Körperchen Eiweiß- und fettreiche Futterkörperchen von Akazien. Sie dienen Ameisen als Nahrung, die dafür diese Pflanzen beschützen. Doch werden sie auch von der Springspinne *Bagheera kiplingi* gefressen.

Binäre Nomenklatur Jeder Tier-, Pflanzen- und Pilzart ist ein wissenschaftlicher Name aus zwei Worten zugeordnet: Gattung und Art. Beispiel: Die Gartenkreuzspinne trägt den wissenschaftlichen Namen: *Araneus diadematus.* Um Unklarheiten zu beseitigen, werden noch der Name des Erstbeschreibers, der Merkmale dieses Tiers in einer wissenschaftlichen Zeitschrift veröffentlicht hat, sowie das Jahre der Beschreibung hinzugefügt. Unsere Gartenkreuzspinne heißt somit korrekt: *Araneus diadematus* Clerck, 1757.

Bio-Insektizid s. *Insektizide*.

Bionik Kurzwort aus »**Bio**logie« und »Tech**nik**«. Erfindungen, die Lebewesen in ihrer Jahrmillionen dauernden Entwicklung (*Evolution*) gemacht haben, werden erforscht und nachgebaut. Bei Webspinnen sind es vor allem die Spinnenseide, weil sie so elastisch und fest zugleich ist, und die Gifte.

Biotop Ein Lebensraum von Lebensgemeinschaften, in dem verschiedene Arten zusammenleben, Beispiel: Moor.

Blut Spinnen haben blaues Blut. Ihre frische *Hämolymphe* (so heißt das Spinnenblut) ist bläulich und gerinnt rasch nach einer Verletzung. Spinnen können an einer bestimmten Stelle, der Sollbruchstelle, ihr Bein abwerfen (s. *Autotomie*). Dort schließt sich die Wunde sehr schnell. Das Blut macht ein Fünftel des Gewichts einer Spinne aus. Wichtig ist der Blutdruck für das Strecken der Beine. Tote Spinnen haben eingekrümmte Beine.

Bola Seidenfaden mit Klebtropfen am Ende, der nach der Beute geschwungen wird, s. *Peckham'sche Mimikry*.

Brautgeschenk Männchen einiger Spinnenarten der Raubspinnen (Pisauridae) und Langbeinigen Wasserspinnen (Trechaleidae) umspinnen Beutetiere oder auch Fraßreste zu weißen runden Paketen. Das Männchen trägt solch ein Brautgeschenk auf der Weibchensuche mit sich. *Er* bietet es *ihr* an und paart sich mit ihr, während sie daran frisst. Das funktioniert auch in der Nacht. Zuerst wurde dieses Paarungsverhalten bei unserer heimischen Brautgeschenkspinne (*Pisaura mirabilis*) entdeckt.

Brennhaare Spezielle kurze Haare auf dem Hinterleib von amerikanischen Vogelspinnen, z. B. der Gattung *Brachypelma.* Sie dienen der Verteidigung. Die Spinne *bürstet* sie blitzschnell mit den Hinterbeinen ab. Auf unserer Haut lösen sie einen Juckreiz aus. Wir kratzen uns. Auch Bläschen können entstehen. Achtung: Kleidung in die Wäsche tun, sonst juckt es am nächsten Tag von Neuem!

Brutfürsorge Alle Verhaltensweisen *vor* der Eiablage / Geburt der Jungen, die dem Nachwuchs optimale Überlebenschancen geben. Bei den Spinnen sind hierfür die Weibchen zuständig. Sie legen ihre Eier zur richtigen Zeit am richtigen Ort ab und umspinnen sie mit Seide zu Kokons.

Brutpflege Eltern oder Verwandte kümmern sich um die Kinder. Bei Spinnen müssen Jungtiere oft alleine zurechtkommen, sie werden nicht gepflegt. Wolfspinnenmütter tragen ihre Kokons an den Spinnwarzen angeheftet mit sich. Sie sonnen sie und bringen sie vor Feinden in Sicherheit. Sie öffnen ihre Kokons mit den Cheliceren und tragen ihre Kinder auf dem Hinterleib. Andere Spinnenarten füttern ihre Jungen oder leben mit ihnen sogar in Kolonien zusammen.

Buchlungen oder **Fächertracheen** Ihren Namen verdanken die paarweise angebrachten Organe ihrem Aufbau: Sie bestehen aus gut durchbluteten Blättchen, die von Luft umflossen werden. Hier erfolgt der Gasaustausch: Sauerstoff wird aus der Luft aufgenommen, Kohlendioxid abgegeben. Ihre Lage vorne auf der Unterseite des Hinterleibs ist bei Vogelspinnen gut zu erkennen, die vier Buchlungen haben. Die meisten Spinnenarten (Araneomorphae) besitzen nur noch zwei Buchlungen, zusätzlich Tracheen, also Röhren, die Luft direkt zu den Organen befördern.

Bulbus genitalis einfach: Bulbus, Plural: Bulbi, Bulben, s. *Kopulationsorgane Männchen.*

Calamistrum Kamm aus speziellen Borsten am vorletzen Beinglied des vierten Beines, dient zum Herausbürsten von Fadenwolle aus dem *Cribellum* bei cribellaten Spinnen.

Camouflage Tarnung, s. *Mimese.*

Carapax Harte Rückenplatte des Spinnenvorderkörpers mit einer Rückengrube und Furchen.

carnivor s. *karnivor.*

Cephalothorax Veralteter Begriff für den Vorderkörper der Spinnen, heute *Prosoma* genannt.

Cheliceren = Chelizeren, Kieferklauen. Erstes Gliedmaßenpaar mit kräftigen Grundgliedern, die meist zwei Reihen von Chitinzähnen tragen, in die die ausklappbaren Giftklauen eingeschlagen werden. Cheliceren fungieren zusammen mit den Pedipalpen als Hände der Spinnen. Sie werden nicht nur zum Beutefang und -transport, sondern auch zum Graben, Transportieren von Eikokons und Brautgeschenken, Festhalten von Falltüren und zum Verhaken der Partner bei der Paarung verwendet. Es gibt zwei Grundtypen: den ursprünglichen *orthognathen* und den für kleinere Arten effektiveren, am häufigsten heute vorhandenen *labidognathen*.

Chemotaktile Haare Sie reagieren auf Berührungen und chemische Reize.

Chitin Ein Mehrfachzucker (wie Stärke, Zellulose), Bestandteil des Außenskeletts aller Gliederfüßer, also auch der Spinnen. Es ist für die Biegsamkeit des Panzers verantwortlich. Zusammen mit *Sklerotin* wird die Außenhülle zum harten Panzer.

CITES Übereinkommen über den internationalen Handel mit gefährdeten Arten freilebender Tiere und Pflanzen, Washingtoner Artenschutzübereinkommen.

Cleistospermium s. *Sperma*.

Coenospermium s. *Sperma*.

Colulus Funktionsloser Hügel vor den Spinnwarzen, z. B. bei Kreuzspinnen, Krabbenspinnen, rückgebildeter Rest der vorderen mittleren Spinnwarzen.

Conductor Fortsatz am Bulbus genitalis des Männchen, der den Embolus beim Eindringen in die weibliche Geschlechtsöffnung unterstützt, s. *Kopulationsorgane Männchen*.

Contralaterale Insertion Der Embolus des rechten Bulbus wird vom Männchen in die linke Spermathek des Weibchens eingeführt, der linke in die rechte. Diese gleichseitige Einführung kommt bei allen vogelspinnenartigen Spinnen vor. Sie ergibt sich aus der Paarungsstellung: Männchen drückt Weibchen hoch, d. h. seine rechte Seite liegt ihrer linken gegenüber.

Coxa s. *Beingliederung*.

Cribellate Spinnen Sie besitzen ein *Cribellum* und ein *Calamistrum* und erzeugen damit Fadenwolle ohne Klebtröpfchen, optimal für trockene Gegenden. Beispiele: Finsterspinnen (Amaurobiidae), Kräuselspinnen (Dictynidae), Röhrenspinnen (Eresidae), Kräuselradnetzspinnen (Uloboridae).

Cribellum Spinnplatte vor den Spinnwarzen, s. *Spinnfelder*.

Cuticula s. *Exoskelett*.

Cymbium Verbreiteter, ausgehöhlter Fuß (*Tarsus*) des männlichen Tasters, an dem das Begattungsorgan, der *Bulbus genitalis* sitzt, s. Kopulationsorgane männlich.

discs / disks Anheftungspunkte, Seidenplacken zur Befestigung von Sicherungsfäden und Spermanetzen.

Divertikel Ausstülpungen. Bei den Spinnen besitzt der Mitteldarm zahleiche Blindsäcke, besonders im Hinterleib zur Speicherung von Nährstoffen.

DNA-Barcoding Tiere, Pflanzen, Pilze und Einzeller erhalten einen Buchstabenzahlencode (Barcode, EDV Strichcode), der auf einem bestimmten Abschnitt der mitrochondrialen DNA beruht. Diese DNA liegt in jeder Zelle nur einmal vor, ganz im Gegensatz zur DNA des Zellkerns, wo die Chromosomen seit der Befruchtung doppelt vorhanden sind, vom Weibchen und Männchen stammen. Je ähnlicher ein Markergen, das ist ein Abschnitt auf der DNA, der konstant vererbt wird, bei zwei Exemplaren ist, desto näher sind z. B. die Spinnen miteinander verwandt. Bei Übereinstimmung können Jungtiere und in verschiedenen Gebieten gefundene Männchen und Weibchen sowie Spinnen, die äußerlich nicht zu unterscheiden sind, einer Art zugeordnet werden, die den zweiteiligen wissenschaftlichen Namen trägt (s. *binäre Nomenklatur*). Verwendet wird beim DNA-Barcoding nicht irgendein Gen, sondern ein Fragment des mitochondrialen Gens Cytochrome c Oxidase Subunit I (CO1).

dorsal auf dem Rücken gelegen.

Dyskinetisches Syndrom Zittern und Taumeln bei Vogelspinnen in der Gefangenschaft. Hier könnte eine Vergiftung vorliegen.

Ecdysis s. *Häutung*.

Echte Spinnen s. *Webspinnen*.

Ecribellate Spinnen Spinnen, die weder Cribellum noch Calamistrum besitzen. Hierzu gehören die meisten Familien und Arten. Viele dieser Spinnen stellen klebrige Fangfäden her, z. B. die Radnetzspinnen (Araneidae).

Ei Alle Spinnen legen Eier. Winzige Spinnenarten legen wenige, große Vogelspinnen sehr viele kleine oder wenige große Eier.

Eikannibalismus Spinnenjunge fressen noch im Kokon Eier. Diese werden unbefruchtet von der Mutter als Nahrung zur Verfügung gestellt.

Eikokon s. *Kokon*.

Einzelgänger Die meisten Spinnenarten leben für sich allein. Nur als kleine Kinder (*Nymphen* im Stadium 1 = Nymphe 1) vertragen sie sich. Danach sind sie sich »spinnefeind«.

Ektoparasiten Sie sitzen außen an ihrem Wirt, von dem sie sich ernähren, aber nicht töten. Beispiel: Zecke.

Ektoparasitoide Sie fressen von außen an ihrem Wirt. Oft sind der Kopf oder die Mundwerkzeuge in dessen Körperoberfläche verankert.

Elterlicher Aufwand s. *Parental Investment*.

Embolus s. *Kopulationsorgane Männchen*.

Embryogenese Keimesentwicklung, Entstehung des Embryos aus dem befruchteten Ei und seine Entwicklung.

Endemiten Pflanzen bzw. Tiere, die in einem begrenzten Lebensraum vorkommen.

Endite auch *Maxillen* genannt, s. *Mundöffnung*.

Endoparasiten Leben im Innern ihres Wirtes und ernähren sich dort, töten ihren Wirt dabei nicht. Beispiel: Bandwürmer.

Endoparasitoide fressen im Inneren ihres Wirtes und töten ihn schließlich. Beispiel: Schlupfwespenlarven.

Entelegynae, entelegyne Spinnen Spinnen mit kompliziert aufgebauten Begattungsorganen bei den Männchen und Epigynen mit getrennten Begattungs- und Befruchtungsgängen bei den Weibchen, Beispiele: Araneidae (Radnetzspinnen), Pisauridae (Raubspinnen).

Entwicklung Spinnen gebären nicht, sondern legen *Eier*. Alle Spinnenmütter umgeben die Eier mit Seide: Sie weben einen *Kokon*. Diesen legen sie an einer gut geeigneten Stelle ab und kümmern sich dann nicht mehr um den Nachwuchs. Oder sie tragen ihn mit sich, bewachen ihn, wärmen oder kühlen ihn und öffnen ihn schließlich, um ihre Kinder herauszulassen. Aus den Eiern schlüpfen im Kokon *Prälarven*, diese häuten sich zu *Larven*, diese zu *Nymphen*. Nymphen wachsen von Häutung zu Häutung. Nach der letzten Häutung sind sie geschlechtsreif, also *Männchen* oder *Weibchen*. Jetzt können sie sich fortpflanzen. Vogelspinnen und ihre Verwandten häuten sich auch noch als geschlechtsreife Weibchen.

Epigastralfurche Querliegender Einschnitt vorne auf der Unterseite des Hinterleibs, an dem die Atmungs- und Geschlechtsöffnungen münden.

Epigyne s. *Geschlechtsöffnungen*.

euryphag Tiere, die ein weites Nahrungsspektrum haben, nicht auf bestimmte Nahrung angewiesen sind.

eusynanthrop s. synanthrop.

Eusozialität, eusozial Staatenbildung im Tierreich. Ameisen, Termiten sind bekannte Beispiele. Sie haben eine strenge Rangordnung: Aufgaben wie Bauarbeiten, Begattung, Brutpflege, Feindabwehr und Führung stehen für einzelne Gruppen fest. Auch einige koloniebildende Spinnenarten haben sich in diese Richtung entwickelt. Hier gibt es große Weibchen, die Eier legen, während kleine das nicht mehr tun.

Evolution Nicht umkehrbare Veränderung: Universum, Sterne, Planeten, Leben. Entstehung der Formenvielfalt von Lebewesen, stammesgeschichtliche Entwicklung von Lebewesen von niederen zu höheren Formen. Dabei verändern sich die vererbbaren Merkmale (*Gene*) innerhalb einer Population mit der Zeit mehr oder weniger stark, was zur Entstehung einer neuen Art führen kann.

Exoskelett Eine feste Außenhülle überzieht den Spinnenkörper. Diese Cuticula ist ein Verbundstoff aus Eiweiß mit einem Chitingerüst, den mehr oder weniger hohe Festigkeit (Panzer des Vorderkörpers und der Beine) und Dehnbarkeit (Hinterleib, pro Nahrungsspeicherung, Eireifung) auszeichnet. Sie schützt die weichen Innenorgane und verhindert die zu schnelle Austrocknung.

Extremitäten s. *Gliedmaßen*.

Exuvie Nach der Häutung zurückbleibende Körperhülle mit festem

Vorderkörper und Gliedmaßen sowie zusammengefaltetem Hinterleib.

Fächertracheen s. *Buchlungen*.

Fadenwolle s. *Cribellate Spinnen*.

Familie 1) Verwandte Gattungen von Spinnen bilden eine Familie. Sie unterscheiden sich in wichtigen Merkmalen von anderen Spinnenfamilien. Beispiel: Springspinnen. 2) Eltern und Kinder bilden eine Familie. Bei den Spinnen kümmert sich die Mutter oft fürsorglich um ihre Kinder. Der Vater lebt meistens schon nicht mehr, wenn die Spinnenkinder zur Welt kommen. Bei einigen Arten (Dornfinger, Wasserspinne) leben Spinnenmännchen und –weibchen eine Zeitlang zusammen. 3) Es gibt auch soziale Spinnenarten, die in der Kolonie eine große Familie bilden.

Fangfäden Kleb- und Kräuselfäden halten die Beute fest, bis die Spinne zubeißt oder sie umspinnt. Sie befinden sich in Netzen oder werden einzeln eingesetzt, z. B. durch Bolaspinnen.

Fangspirale s. *Radnetze*.

Femur s. *Beingliederung*.

Fesseln Männchen einiger Arten spinnen mit wenigen Seidenfäden die Beine ihrer Weibchen zusammen oder spinnen sie am Untergrund fest (*tying down*). Dies gehört zum Paarungsritual und ist keine effektive Fesselung, denn die Weibchen befreien sich nach der Kopulation selbst wieder. Beispiele: Krabbenspinnen der Gattung *Xysticus*, einige Raubspinnenarten.

First-Male Sperm Priority Paaren sich Weibchen mit mehreren Männchen, stellt sich die Frage der Vaterschaft. Wegen der Genitalstruktur des Weibchens befruchtet das erste Männchen die meisten Eier. Dies erscheint logisch, da bei den meisten Spinnenarten ein Begattungsgang zur Spermathek und ein Befruchtungsgang von ihr weg zum Eileiter hin vorliegen. Das Sperma des 1. Männchen befindet sich direkt am Befruchtungsgang und kommt so bei der Eiablage als erstes zum Zug, s. a. *Spermakonkurrenz*.

Flagellum Geißel bei Ein- und Vielzellern. Bei den Spinnentieren handelt es sich um einen gegliederten Schwanzanhang, typisch für die Geißelskorpione (Uropygi), aber auch bei den Uraranea zu finden.

Freie Zone s. *Radnetze*.

Fresshaut (FH) Mit 1. FH ist das erste *Nymphenstadium* einer Vogelspinne gemeint. In dieser Wachstumsphase verlässt die meist winzige Spinne (*spiderling*) den Kokon. Sie hat jetzt alle Sinnesorgane und kann selbstständig Beute fangen. Mit der nächsten Häutung erreicht die Spinne die 2. FH usw.

Gegengifte Weltweit halten Krankenhäuser und Tropeninstitute Gegenmittel (*Antivenine*, *Antiseren*) gegen die gefährlichsten Giftspinnen bereit. Jedes Gegengift wirkt nur bei Bissen einer bestimmten Spinnenart oder -gattung, z. B. bei Witwen (*Latrodectus*-Arten), Bananenspinnen (*Phoneutria*-Arten) oder der Sydney-Trichternetzspinne (*Atrax robustus*). Daher ist es wichtig zu wissen, welche Spinne gebissen hat, und das bedeutet: Spinne lebend oder tot ins Krankenhaus mitnehmen oder den wissenschaftlichen Artnamen aufschreiben.

Gen Erbanlage, ein Abschnitt auf dem Chromosom, der für die Bildung bestimmter Stoffe oder Merkmale zuständig ist.

Genanalyse Ermittlung, Untersuchung von Erbanlagen.

Genitalmerkmale Die Artbestimmung von Spinnen ist meist nur durch mikroskopische Betrachtung der Geschlechtsorgane (*Kopulationsorgane*) möglich, d. h. nah verwandte Männchen unterscheiden sich in Details der zur Begattung benutzten Taster, Weibchen in der Form der *Epigyne* (*Schlüssel-Schloss-Prinzip*).

Geschlechtsdichromatismus s. *Sexualdichromatismus*.

Geschlechtsdimorphismus s. *Sexualdimorphismus*.

Geschlechtsöffnungen Sie liegen bei beiden Geschlechtern vorne auf der Unterseite des Hinterleibs. 1) Die weiblichen Vogelspinnenartigen - also auch unsere heimischen Tapezierspinnen (*Atypus*-Arten) - sowie haplogyne Arten haben nur eine einfache Öffnung für Begattung und Eiablage. 2) Die meisten Spinnenweibchen besitzen dort eine Chitinplatte (*Epigyne*) mit zwei zusätzlichen Öffnungen für die Begattung durch den rechten bzw. linken *Embolus* des Männchens (s. *Kopulationsorgane*).

Gift Die meisten Spinnen besitzen Gift und geben es beim Biss mit den Giftklauen der *Cheliceren* ab. Kräuselradnetzspinnen (Uloboridae) besitzen kein Gift. Bei den Giftwirkungen unterscheidet man zwischen *hämolytisch*, *nekrotisch* und *neurotoxisch*.

Giftklauen s. *Cheliceren*.

Glandulae s. *Spinndrüsen*.

gleichwarm s. *wechselwarm*.

Gliederfüßer Tiere mit einem festen Außenpanzer aus Chitin. Hierzu gehören Krebse, Hundert- und Tausendfüßer, Insekten und Spinnentiere. Sie besitzen Beine aus unterschiedlich vielen Gliedern, müssten also eigentlich »Gliederbeinler« heißen.

Gliederspinnen s. *Mesothelae*.

Gliedmaßen Durch Muskeln bewegte paarige Körperanhänge, die aus mehreren Gliedern bestehen. Spinnen besitzen zwei Kieferklauen (Cheliceren), zwei Pedipalpen und acht Beine. Auch die Spinnwarzen am Hinterleib sind Gliedmaßen.

Gonopoden Zur Begattung verwendete *Extremitäten*. Bei männlichen Spinnen sind dies die *Pedipalpen* (Taster) mit den *Bulben*.

Guanin Eine der vier Substanzen der DNA. In Kristallform innerhalb von Zellen erzeugt es aufgrund der vollen Reflexion des Lichts eine weiße Hautfärbung. Beispiele: das Kreuz auf dem Hinterleib der Gartenkreuzspinne und die Weißfärbung der Veränderlichen Krabbenspinne.

Haare Spinnen sehen meist ziemlich haarig aus, z. B. Vogelspinnen. Zitterspinnen erscheinen nackt. Die meisten Haare sind Sinnesorgane. Mit ihnen nehmen sie Luftschwingungen und Töne wahr und ertasten ihre Umwelt.

Hafthaare Vogelspinnen besitzen Polster von winzigen Hafthaaren (*Scopula*) an den Enden ihrer Beine (Tarsen und Metatarsen). Damit halten sie die Beute beim Fang fest und ziehen sie zu den Cheliceren. Mit den Klauenbüscheln zwischen den Krallen können sie mühelos an Stämmen, Ästen und Blättern hoch- und runterlaufen. In Terrarien tun sie das auch an Scheiben. Hauswinkelspinnen haben diese Haare nicht. Deshalb kommen Männchen dieser Arten auf Weibchensuche in der Nacht nicht aus glatten Waschbecken und Badewannen heraus.

Hämatodocha, Hämatodochae s. *Kopulationsorgane*.

Hämocyanin Bläulicher Blutfarbstoff mit Kupferatomen, die den Sauerstoff binden und zu den Zellen transportieren (Atmung).

Hämolymphe s. *Blut*.

Hämolyse, hämolytisch Die Auflösung von Roten Blutkörperchen bei Wirbeltieren, den Erythrozyten, durch Spinnengift, Malaria und andere Ursachen.

Häutung Spinnen besitzen ein Außenskelett aus Chitin. Um zu wachsen, müssen sie ihre alte Haut abstreifen, die neue befindet sich bereits zusammengefaltet darunter. Geschlechtsreife Männchen und Weibchen der meisten Arten häuten sich nicht mehr, die Weibchen der Vogelspinnen und ihrer Verwandten jedoch von Zeit zu Zeit.

Haplogynae, haplogyne Spinnen Spinnen mit einfachen Genitalien: Von der Geschlechtsöffnung ohne *Epigyne* zu den beiden Samenspeichern (*Receptacula semines*) führt nur jeweils ein Kanal, Beispiele: Zitterspinnen (Pholcidae), Speispinnen (Scytodidae).

Hinterleibssegmente Bei den meisten heute lebenden Spinnen ist der Hinterleib ungegliedert. Ursprünglich jedoch gegliedert und besteht aus 12 äußerlich sichtbaren Segmenten. So ist es heute noch bei den *Mesothelae*, z. B. der Gattung *Liphistius*. Jedes Segment besteht aus einer Rückenplatte (*Tergit*) und einer Bauchplatte (*Sternit*), miteinander verbunden durch eine weichhäutige Seitenwand, die ungegliedert den ganzen Hinterleib seitlich begrenzt (*Pleuren*).

Hochzeitsgeschenk s. *Brautgeschenk*.

Hoden Schlauchförmiges oder stark aufgerolltes paariges Organ im Hinterleib des Männchens, das Sperma produziert.

Holarktis Pflanzen- u. tiergeografische Region, die die ganze nördliche gemäßigte und kalte Zone umfasst. Im Tierreich unterscheidet man zwischen Nearktis (Nordamerika mit Grönland) und Paläarktis (Europa, Nordafrika, größter Teil von Asien).

homoiotherm *gleichwarm*, das Gegenteil ist *wechselwarm*.

Hybrid Mischform, ein Individuum mit Eltern aus zwei verschiedenen Arten.

Hybridisierung Artenkreuzung.

Hypermetamorphose s. *Metamorphose*.

Idiobionte Parasitoide Bei ihnen lähmt das eierlegende Weibchen den Wirt auf Dauer durch einen Giftstich. Dieser lebt weiter, bleibt aber unbeweglich und wird nach und nach von der Larve des Parasitoiden von innen oder außen aufgefressen. Wirte leben entweder versteckt in Bohrgängen im Holz, andere werden im Freien attackiert. Beispiel: Wegwespen und Spinnen.

Imago, Imagines Vollkerf, geschlechtsreifes Insekt.

Infantizid Kindstötung. Die Kokonvernichtung durch Männchen von *Stegodyphus lineatus*, die damit Weibchen zur Ablage neuer von ihnen befruchteter Eier zwingen.

Insekt Klasse der Gliederfüßer mit den meisten Arten. Typisch für ausgewachsene Insekten: Körper in drei Teile gegliedert (Kopf, Brust, Hinterleib), 6 Beine und meist 4 Flügel an der Brust, Beispiel: Biene.

Insektizid Stoff, der Insekten (und Spinnen) tötet, wird heute meist chemisch hergestellt. Ein erstes Bio-Insektizid aus einem Toxin der australischen Spinne *Hadronyche* ist inzwischen auf dem Markt, es wirkt selektiv, d. h. nur gegen bestimmte Schädlinge.

Insertion, inserieren Einführung eines Pedipalpen, genauer des Embolus, in eine weibliche Geschlechtsöffnung. Gelingt sie, schwellen die Tasterblasen auf und ab. Die Länge von Insertionen variiert von 1 s bis mehrere Stunden.

interaktiv In Wechselbeziehung zueinander stehend.

Interattraktion Anziehung zueinander. Spinnen bleiben aus einem inneren Drang heraus beisammen.

Inzest Geschlechtsverkehr zwischen eng verwandten Tieren und Menschen.

Inzucht Fortpflanzung von nah verwandten Lebewesen mit der Gefahr von vermehrt auftretenden Erbkrankheiten. Findet z. B. bei Vogelspinnennachzuchten im Inland ohne Auffrischung aus Wildfängen statt.

Jetstreams Schnelle Windströme hoch oben in der Atmosphäre unserer Erde. In ihnen wurden schon lebende Spinnen gefunden, die so Inseln besiedeln könnten.

Kannibalen, Kannibalismus Tiere (und Menschen), die Artgenossen (fr)essen. Die meisten Spinnenarten tun das: Sie sind »sich spinnefeind«.

Karnivore, karnivor Fleischfresser unter den Tieren, aber auch unter den Pflanzen und Pilzen. Sie ernähren sich hauptsächlich oder ausschließlich von tierischem Gewebe. Sie sind karnivor bzw. *zoophag*. Zu ihnen gehören auch die Raubtiere innerhalb der Säugetiere (Ordnung Carnivora).

Karnivore Prädatoren Fleischfressende Räuber, Beutegreifer.

Kastration Ausschaltung oder Entfernung der Keimdrüsen bei Mensch und Tier. Fadenwürmer (Nematoden) parasitieren Spinnen. Im Hinterleib lebend fressen sie Muskeln, Darm und Eierstöcke bzw. Hoden auf und kastrieren so ihren Spinnenwirt.

Katalepsie, kataleptisch Muskelstarre, vom Starrkrampf befallen. Bedrohte Spinnen stellen sich so tot. Doch tun dies auch die Weibchen einiger Trichternetzspinnen bei der Paarung (*Agelena labyrinthica*, *Agelenopsis aperta*).

Kieferklauen s. *Cheliceren*.

Kiefertaster s. *Pedipalpen*.

Klaue Chelicerenklaue: Spitzes gebogenes vom Giftkanal durchzogenes Endglied der *Chelicere*, mit dem die Beute gebissen wird.

Klauenbüschel s. *Hafthaare*.

Klebfadenweberinnen s. *Ecribellate Spinnen.*

Kleptoparasiten, Kleptoparasitismus *Parasiten* schädigen andere Lebewesen, nutzen sie aus. Kleptoparasiten stehlen Beute. Beispiel: Diebsspinnen der Gattung *Argyrodes*.

Kloake Vergrößerte Enddarmbereich vor dem After.

Koinobionte Parasitoide Sie lähmen ihren Wirt bei der Eiablage nicht oder nur vorübergehend. Der Wirt bleibt weiter aktiv, er kann fressen, wachsen und sich mehrfach häuten. Währenddessen frisst der *Parasitoid* Teile seines Körpers, verschont aber zunächst lebenswichtige Organe. Kurz vor der Verpuppung oder dem Schlupf wird der Wirt getötet. Koinobionte sind in der Regel Endoparasitoide, die Wespen bei Spinnen jedoch Ektoparasoide.

Kokon Spinnenweibchen umhüllen ihre Eier mit Seide. Sie stellen *Eikokons* her. Der Kokon einer Kreuzspinne setzt sich aus Basalplatte, Randwall, Deckplatte und lockerer Gespinstschicht zusammen.

Kokonnetz Unter dem Einfluss des letzten Larvenstadiums einer Schlupfwespe von der Spinne erzeugtes Netz, das von einem Radnetz deutlich abweicht und im wesentlichen dazu dient, der Parasitoidenpuppe Schutz zu gewähren.

Kollektive Mimikry Die Gemeinschaft ahmt ein Vorbild nach, z. B. lebt die Springspinne *Myrmarachne melanotarsa* in Seidennestern auf Bäumen, die denen der Ameisen der Gattung *Crematogaster* gleichen und werden so von größeren Springspinnen in Ruhe gelassen, da diese Ameisen meiden.

Kommensalen, Kommensalismus Mitesser, Mitessertum. Diese nehmen am Spinnenbeutetisch Platz, bauen ihr Netz *in* dem der Nachbarin und fangen eigene Beute, ohne zu schaden, da sie selbst sehr klein sind. So leben die jungen Kräuselradnetzspinnen der Gattung *Philoponella* in den großen Netzen der sozialen Spinnen der Gattung *Anelosimus.*

Kommentkampf Kampf zwischen Rivalen, der durch Zurschaustellen der eigenen Fähigkeiten entschieden wird, ohne dass es zu Handgreiflichkeiten kommt, Beispiel: Springspinnen-Männchen (Salticidae).

Konduktor s. *Kopulationsorgane Männchen.*

Konfrontationstherapie s. *Arachnophobie.*

Kontaktsexpheromone Arteigene Duftstoffe, die Spinnenweibchen mit ihrer Seide auf den Untergrund abgeben. Männchen, die damit in Kontakt kommen, geben sich durch ihre Balzsignale zu erkennen, s. a. *Pheromone.*

Konvergenz, konvergente Entwicklung Die Entwicklung ähnlicher (analoger = sich entsprechender) Merkmale (Organe, Gestalt, Verhalten) im Laufe der Evolution bei nicht näher verwandten Arten.

Kooperation Zusammenarbeit. Soziale Spinnen fangen gemeinsam Beute und ziehen gemeinsam Junge auf.

Kopulation Die geschlechtliche Vereinigung eines Männchens mit einem Weibchen. Bei den Spinnen wird Sperma mit dem am Tasterende liegenden *Bulbus* oder *Embolus* übertragen. Zuvor muss das Männchen dieses auf ein selbst gesponnenen *Spermanetz* abgeben und aufnehmen, denn es gibt keine innere Verbindung von den Hoden zum *Bulbus genitalis*. Die männliche *Geschlechtsöffnung* liegt wie bei den Weibchen vorne auf der Unterseite des Hinterleibs. Spinnenweibchen besitzen *Samentaschen (Spermatheken, Receptacula semines)*, in dem sie das inaktive Sperma bis zur Befruchtung der Eier speichern. Das bedeutet, dass folgende Männchen, aber auch das Weibchen Manipulationen am Sperma des ersten Männchens vornehmen können, z. B. es entfernen. Um dies zu verhindern, blockieren Männchen mit abgebrochenen *Emboli* oder *Begattungspropfen* den Zugang zur Spermathek.

Kopulationsorgane Männchen: Geschlechtsreife Spinnenmännchen sind daran zu erkennen, dass sie am Ende ihrer beiden *Pedipalpen*, dem *Tarsus* = Fuß, jeweils eine Verdickung, den *Bulbus genitalis*, tragen. Er speichert das Sperma. Er selbst oder ein dünnes biegsames Rohr, der *Embolus*, wird bei der Kopulation in die Geschlechtsöffnung des Weibchens eingeführt und überträgt das Sperma. Die Fußbasis, auf dem der Bulbus sitzt, heißt *Cymbium.*

1) Der Bulbus enthält bei *Vogelspinnen* und ihren Verwandten (*Mygalomorphae*) sowie bei *haplogynen Spinnen* im Innern

einen aufgerollten *Samenschlauch*, in dem sich das Sperma nach der Aufnahme befindet, und läuft am Ende spitz aus.

2) Bei allen anderen Spinnen (*entelegyne Arten*) ist der Bulbus meist sehr kompliziert aufgebaut. Namen für die festen Chitinteile (*Sklerite*) bei der Kreuzspinne von der Basis bis zum Ende hin: *Subtegulum, Tegulum, mediane Apophyse, Conduktor, Radix, Stipes, terminale Apophyse, Embolus*. Mit dem oft dünnen und langen Endteil, dem *Embolus*, wird das Sperma bei der Kopulation übertragen. Er wird durch Blutdruckerhöhung mittels zweier Tasterblasen (*Hämatodochae*) in eine der beiden weiblichen Geschlechtsöffnungen hineingedreht. Das Hinein- und Hinausdrehen ist sichtbar an ihrem Auf- und Abschwellen. Bei einigen Spinnenarten, Witwen (*Latrodectus* sp.) und Seidenspinnen (*Nephila* sp.) bricht der Embolus bei der Kopulation regelmäßig ab und bleibt im Weibchen stecken.

Kopulationsorgane Weibchen Sie liegen vorne in der Mitte auf der Unterseite des Hinterleibs.

1) Bei Vogelspinnen und ihren Verwandten (*Mygalomorphae*) sowie bei *haplogynen Spinnen* folgen von außen nach innen: *Geschlechtsöffnung, Samentaschen*, in denen das Sperma bei der Begattung gespeichert wird, der *Uterus externus*, in dem die Eier bei der Ablage befruchtet werden, und der *Eileiter*, durch den die Eier die *Eierstöcke* verlassen.

2) Bei allen anderen Spinnen (*entelegyne Arten*) liegt vor der Geschlechtsöffnung eine Chitinplatte (*Epigyne*) mit zwei *Begattungsöffnungen*. Sie sind die Enden der *Begattungsgänge*, die in Samentaschen münden. Gesonderte Befruchtungsgänge führen von den Samentaschen in den Uterus externus. Bei der Begattung dringt der Embolus durch die Begattungsgänge bis zu den Samentaschen vor. Bei der Eiablage wird das Sperma aus diesen vom Weibchen durch die Befruchtungsgänge in den Uterus externus abgegeben.

Kosmopolit, kosmopolitisch Weltbürger, weltweit. Einige Spinnenarten, wie die Falsche Witwe *Steatoda grossa*, kommen auf allen Kontinenten mit Ausnahme der Antarktis vor.

Krallen Am Fußende besitzen Spinnen zwei große Krallen mit vielen Zähnchen. Sie sehen aus wie ein Kamm. Radnetzspinnen haben noch eine dritte kleinere Kralle, mit der sie den Spinnfaden greifen, wenn sie sich in ihrem Netz bewegen.

Kräuselfadenweberinnen s. *Cribellate Spinnen*.

Kutikula Körperoberfläche von Spinnen, ihr »Panzer« aus Chitin und Sklerotin.

labidognath Die meisten heute lebenden Spinnen haben senkrecht bis schräg nach unten stehende Cheliceren. Ihre Klauen bewegen sich beim Biss von außen nach innen. Sie sind labidognath.

Labium s. *Mundöffnung*.

Larve Sie lebt im Kokon und ist das Stadium nach *Ei* und *Prälarve*. Sie sieht schon sehr nach einer Spinne aus, kann schon laufen, aber noch keine Beute fangen.

Läsion Verletzung. Das Gift einiger weniger Spinnenarten, z. B. von *Loxosceles*-Arten, verursacht nach einem Biss *Läsionen*, wobei sich die Haut rings um die Bisswunde durch Absterben der Zellen auflöst.

Last-male sperm priority Das Männchen, das sich als Letztes mit dem Weibchen paart, befruchtet die meisten Eier. Sein Sperma ist dem Eileiter am nächsten und kommt daher als erstes zum Zug. Das ist bei *haplogynen* Spinnen der Fall, s. a. *Spermakonkurrenz*.

Lyriforme Organe s. *Spaltsinnesorgane*.

Male Mating Effort Besonderer Aufwand des Männchens bei der Paarung als Investition in den eigenen Nachwuchs, z. B. durch Überreichen von Brautgeschenken um Vater von mehr Kindern zu werden.

Marker (Marker-Gen, molekularer Marker) Eindeutig identifizierbare kurze Abschnitte der DNA.

Maternal Investment Mütterliche Investitionen in den Nachwuchs, wie Brutfürsorge, Brutpflege, Füttern, Bewachen.

Mating Plug s. *Begattungspfropfen*.

Matriphagie, matriphag Kinder fressen ihre Mutter auf. Das ist eine besondere Form von Kannibalismus und zugleich ein extremer Fall von mütterlicher Investition in den eigenen Nachwuchs, Beispiel: Finsterspinne (*Amaurobius fenestralis*).

Maxillen auch *Endite* genannt, s. *Mundöffnung*.

mediane Apophyse s. *Kopulationsorgane Männchen*.

medizinisch-relevant = von medizinischer Bedeutung. Dies trifft für die Spinnenarten zu, deren Bisse zu schweren Vergiftungssymptomen oder sogar zum Tod von Menschen führen.

Mesothelae Eine der drei Unterordnungen der Spinnen. Älteste Spinnen mit einer Familie, den Liphistiidae, die einen gegliederten Hinterleib und acht weit vorne liegende Spinnwarzen besitzen.

Metamorphose Verwandlung. Entwicklung vom Ei bis zum geschlechtsreifen Tier über mehrere Larvenstadien bei Insekten. *Vollständige Metamorphose* mit Ei - Larve - Puppe - Imago (ausgewachsenes Insekt), z. B. Schmetterling, Schlupfwespe). *Unvollständige Metamorphose* mit Ei - Larve - Imago (Larven sehen aus wie kleine Erwachsene), z. B. Heuschrecken. Bei zwei völlig verschiedenen an die Lebensweise angepassten Larvenstadien spricht man von *Hypermetamorphose*, Beispiel Spinnenfliegen.

Metatarsus s. *Beingliederung*.

Mimese *Camouflage*, Untergrundangleichung in Form und Farbe zur Tarnung, z. B. gelbgefärbte Veränderliche Krabbenspinne *Misumena vatia* auf gelber Blüte.

Mimikry Nachahmung von Merkmalen und Verhalten von einer Tierart durch eine andere zum Vorteil des Nachahmers, s. a. *Aggressive, Bates'sche, Kollektive, Multiple und Peckham'sche Mimikry.*

Minieier Spezielle zur Ernährung der Jungen von der Spinnenmutter abgelegte Eier, z. B. bei der Erdfinsterspinne *Coelotes terrestris.*

Mitochondrium/ Mitochondrien faden- oder kugelförmiges Gebilde in menschlichen, tierischen, pflanzlichen Zellen und in Einzellern, das der Atmung und dem Stoffwechsel der Zelle dient.

Monoandrie, monoandrisch Ein Weibchen lebt mit einem Männchen zusammen und hat nur mit ihm Geschlechtsverkehr.

Monogamie, monogam Einehe. Zusammenleben mit einem Partner. Ein Mann / Männchen ist mit einer Frau / einem Weibchen liiert. Geschlechtsverkehr findet nur mit einem Partner statt.

Monogynie, monogyn Ein Männchen lebt mit einem Weibchen zusammen und hat nur mit ihr Geschlechtsverkehr.

Monokultur Nur eine Pflanzenart wird angebaut. Statt Mischwald gibt es z. B. einen dunklen Forst aus Nadelbäumen.

Morphologie, morphologisch Lehre von der Gestalt. Äußere und innere körperliche Merkmale werden betrachtet, nicht jedoch das Verhalten.

Multiple Mimikry Vertreter einer Art ahmen mehrere Vorbilder nach. So sehen Männchen, Weibchen und Jugendstadien der Ameisenspinne *Myrmarachne melanotarsa* verschiedenen Ameisenarten verblüffend ähnlich.

Mundöffnung Sie ist klein, liegt auf der Unterseite hinter den Cheliceren und wird vorne vom *Rostrum*, an den Seiten von den *Maxillen* und hinten vom *Labium*, der chitinisierten Unterlippe, umschlossen. Hier wird die Nahrung von Verdauungssäften verflüssigt aufgesaugt. Die Maxillen tragen dichte Haarkränze, die feste Nahrungsbestandteile ausfiltern und bei den labidognathen Spinnen einen gesägten Rand, die *Serrula*, die beim Zerkleinern der Nahrung hilft.

Mutualismus Lebensgemeinschaft von Tieren oder Pflanzen zum gegenseitigen Nutzen.

Mygalomorphae Eine der drei Unterordnungen der Spinnen. Definition s. *Vogelspinnenartige.*

myrmekomorph Das sind alle Tiere, die aussehen wie Ameisen. Hierzu gehören auch Spinnen, vor allem Springspinnen.

myrmekophil Das sind alle Tiere, die mit oder bei Ameisen leben. Hierunter befinden sich Gäste sowie Feinde, die

Ameisen erbeuten, z. B. Springspinnen.

Myzel Fadengeflecht der Pilze in der Erde sowie in parasitierten Tieren und Pflanzen.

Nabe s. *Radnetze*.

Nekrophage, nekrophag Aasfresser.

Nekrose, nekrotisch Zellen eines lebenden Wesens gehen zugrunde. Sie sterben aufgrund einer Krankheit oder nach einem Biss ab. Hierfür ist besonders die Braune Einsiedlerspinne (*Loxosceles reclusa*) gefürchtet. Oft ist es jedoch nicht ihr Gift, sondern sind es Bakterien, die die Haut von gebissenen Menschen absterben lassen.

Nektar Das ist von Pflanzen in Blüten oder an Blattstielen hergestelltes Zuckerwasser mit Duftstoffen. Diese locken damit Insekten an, die dann den Pollen der Pflanzen transportieren und sie so bestäuben. Springspinnen trinken diesen Nektar.

Netzraub Arteigene Männchen oder auch Weibchen bei hoher Besiedlungsdichte übernehmen das Netz der Erbauerin (*web-robbery*).

Neurotoxin, neurotoxisch Nervengift, wesentlicher Anteil im Gift der meisten Spinnenarten, lähmt und tötet Bissopfer: Beute oder Feinde.

Nuptial feeding Jede Art von Substanzübergabe während der Paarung. Hierzu gehören Brautgeschenke sowie Sekrete.

Nuptial gift s. *Brautgeschenk*.

Nymphe Eine Spinne, die wie eine erwachsene Spinne aussieht, aber noch nicht geschlechtsreif ist.

Oberschlundganglion s. *ZNS*.

obligatorisch synanthrop *s. synanthrop.*

Ocellen Einfache kugelförmige Linsenaugen. Spinnen besitzen nur diese Augenart, also keine Facettenaugen, wie wir sie von Insekten kennen.

Ökologie Lehre von den Beziehungen der Lebewesen zu ihrer unbelebten Umwelt.

Ökologische Nische Jede Art kann nur in einem bestimmten Bereich von Umweltbedingungen existieren, wozu Temperatur, Feuchte, Nahrungsangebot, Feinddruck sowie der entsprechende Lebensraum gehören. Dies ist ihre ökologische Nische, die sie inne-, ja gebildet hat. Es handelt sich bei dem Nischenbegriff also nicht um einen Ort oder einen Raum, den eine Art aufgesucht, besetzt hat.

Ontogenese Entwicklung von der befruchteten Eizelle bis zur geschlechtsreifen Spinne.

Oophagie Eifraß. Bei einigen Spinnenarten fressen die Jungen im Kokon von ihren Müttern hinzugefügte unbefruchtete Eier auf. s. a. *Eikannibalismus*.

Opisthosoma Hinterleib.

Organellen Organartige Strukturen innerhalb einer Zelle, z. B. das Mitochondrium.

orthognath Die Cheliceren der Vogelspinnen und verwandter Spinnengruppen sind nach vorne gerichtet. Ihre Klauen sind in der Ruhe nach unten eingeklappt. Beim Zubeißen werden sie hochgeklappt und von oben nach unten in die Beute geschlagen. Zu den orthognathen Spinnen gehören u. a. Vogelspinnen (Theraphosidae), Tapezierspinnen (Atypidae) und Falltürspinnen wie z. B. die Ctenizidae.

Ösophagus Speiseröhre.

Ovidukt Eileiter.

Ovipositor Eiablageapparat. Bei Schlupfwespen handelt es sich um einen Legebohrer, mit dem sie ihre Eier in Wirte, z.B. Schmetterlingsraupen legen.

Paarung 1) Männchen und Weibchen einer Art kommen zusammen, sie bilden jetzt ein Paar. 2) Meist wird unter Paarung die *Begattung* (*Kopulation*) verstanden.

Palpen Kurzform von *Pedipalpen*.

Parasiten Schmarotzer. Sie schädigen ihren Wirt, töten ihn aber nicht. Beispiele: Milben saugen Blut an Weberknechten, Flöhe und Stechmücken saugen Menschenblut.

Parasitoide Lebewesen, die sich während ihrer Entwicklung von Wirten ernähren und sie dadurch töten. Beispiele: Grabwespen, Schlupfwespen, Wegwespen fangen Spinnen und legen ihre Eier an sie. Die Larven fressen die gelähmten Spinnen auf.

parasozial Andere Bezeichnung für *quasisozial*.

Parental Investment Alles, was Eltern für ihren Nachwuchs aufwenden, damit er überlebt. Hierzu zählen Brutfürsorge sowie das Beschützen und Füttern der Jungen.

Parthenogenese Jungfernzeugung. Eine Form der ungeschlechtlichen Fortpflanzung. Embryos entwickeln sich aus unbefruchteten Eiern. Für Spinnen ist sie nicht typisch, soll jedoch bei einigen winzigen Spinnenarten vorkommen z. B. bei *Theotima minutissima* (Familie Ochyrocerathidae).

Patella s. *Beingliederung*.

Paternal Investment Väterliche Investitionen in den Nachwuchs, z. B. Brautgeschenke bei Spinnen und Insekten.

pathogen krankheitserregend, Verursacher sind Bakterien und Pilze bei Mensch und Spinnen.

Peckham'sche Mimikry Nachahmung von Signalen durch Räuber oder Parasiten zur Anlockung eines Opfers. Beispiele: Bolaspinnen machen die Sexuallockstoffe von bestimmten weiblichen Nachtschmetterlingen nach und fangen sie dann mit ihren »Bolas« ein. Die Springspinne der Gattung *Portia* imitiert durch Zupfen am Netz eine Beute und überwältigt die herankommende Netzinhaberin.

Pedicel s. *Petiolus*.

Pedipalpen Taster, Zweites beinartiges um den Metatarsus verkürztes Gliedmaßenpaar hinter den Cheliceren mit

Tast- und Greiffunktion beim Beute-, Brautgeschenk- und Kokonhalten. Die Hüften (*Coxae*) der Pedipalpen sind bei den meisten Spinnen zu Kauladen (*Maxillen*) umgewandelt. Ihre Vorderseiten sind mit Zahnreihen (*Serrulae*) besetzt und helfen beim Zerkauen der Nahrung. Die mit Haarsäumen bedeckten Innenseiten dienen als Filter bei der Aufnahme der verflüssigten Nahrung. Beim Männchen ist das Endglied, der Tarsus, umgewandelt: Das *Cymbium* trägt den *Bulbus genitalis*, das Kopulationsorgan. Die Tarsen der Jungen und Weibchen sind beinartig und tragen 2-3 Endkrallen.

Petiolus (englisch *Pedicel*) Das sehr schmale erste Hinterleibssegment trennt deutlich den Vorderkörper (*Prosoma*) vom Hinterleib (*Opisthosoma*) ab.

Pharynx Schlund zwischen Mundöffnung und Speiseröhre (*Ösophagus*).

Pheromone Botenstoffe. Sie wirken im Unterschied zu Hormonen außerhalb des Körpers und dienen der Verständigung zwischen Artgenossen. Spinnenmännchen finden so zu den noch jungfräulichen Weibchen ihrer Art und beginnen in ihrer Nähe mit der Balz. Doch auch Weibchen achten auf Duftstoffe der Männchen. Bolaspinnen imitieren die Duftstoffe bestimmter Nachtfalterweibchen und locken so deren Männchen an.

Phoresie Beziehung zwischen zwei Tieren verschiedener Arten, bei der das eine das andere vorübergehend zum Transport benutzt, ohne es zu schädigen.

Phylogenese Stammesgeschichtliche Entwicklung. Zentrale Frage: Wer stammt von wem ab? Wer ist mit wem verwandt? Wie sah die erste Spinne aus, aus der sich alle heute lebenden Arten entwickelten?

Pigmente Farbstoffe, Farbkörper. Beim Farbwechsel bei der Veränderlichen Krabbenspinne *Misumena vatia* von weiß nach gelb werden gelbe Pigmente produziert, die beim Wechsel zu weiß wieder zerstört werden.

Placebo Scheinmedikament ohne Wirkstoffe. Es wird bei Tests einer Kontrollgruppe gegeben. So geschah es auch bei dem Antiserum (Gegengift), das nach Bissen der Australischen Witwe, Redback Spider (*Latrodectus hasselti*) verabreicht wird.

Placeboeffekt Wirkung tritt ein, obwohl keine Wirkstoffe verabreicht worden sind - psychisch bedingt.

plagiognath Chelicerenstellung zwischen orthognath und labidognath bei ursprünglichen Spinnen, den Mesothelae.

poikilotherm s. *wechselwarm*.

Polarisiertes Licht Geordnet schwingende Lichtwellen. Spinnen können die Polarisationsrichtung von Sonnenlicht mit ihren Hauptaugen wahrnehmen. Ist der Himmel unbewölkt, finden sie so wieder zu ihrem Versteck zurück.

Polyandrie, polyandrisch Vielmännerei. Ein Weibchen paart sich mit vielen Männchen.

Polygamie, polygam Vielehe, Geschlechtsverkehr mit mehreren Partnern. Einer ist mit Vielen verheiratet bzw. paart sich mit Vielen. Ein Männchen hat viele Weibchen oder ein Weibchen hat viele Männchen.

Polygynie, polygyn Vielweiberei. Ein Männchen paart sich mit vielen Weibchen.

Polyphage Prädatoren Jäger, die viele verschiedene Beutetiere fangen und fressen. Hierzu gehören die meisten Spinnenarten. Gegensatz: *stenophage* Arten.

Population Eine Gruppe von Tieren einer Art, die in einem bestimmten Gebiet zur selben Zeit lebt und sich dort fortpflanzt.

Postembryonale Entwicklung Nach der Entwicklung des Embryos aus der befruchteten Eizelle (*Embryogenese*) wächst das Tier weiter, bis es geschlechtsreif wird. Spinnen durchlaufen verschiedene Phasen, bevor sie den Kokon verlassen. Sie sind zunächst *Prälarven*, dann *Larven* und schließlich Junge, die wir ihre Eltern aussehen und *Nymphen* heißen. Nymphe 1 bildet das erste Stadium, das den Kokon verlässt und ein selbstständig Leben beginnt. Jeweils durch Häutungen getrennt entwickeln sich die Nymphen 2, 3 etc., bis mit der letzten Häutung die Geschlechtsreife eintritt.

Prädator Räuber, Beutegreifer. Diejenigen, die in der Nahrungskette ganz oben stehen heißen *Spitzenprädatoren*.

Prälarve Sie entwickelt sich aus dem Spinnenei, liegt als Ei mit Beinen bewegungslos im Kokon.

Priapismus Eine schmerzhafte Dauererektion, hier nach Biss einer *Phoneutria*-Art.

Promiskuität, promiskuitiv, promisk Geschlechtsverkehr mit häufig wechselnden Geschlechtspartnern.

Prosoma *Vorderkörper*.

Punktaugen s. *Ocellen*.

quasisozial Zweite Stufe der Sozialität bei Insekten nach solitär und vor semisozial und eusozial. Quasisoziale Arten betreiben gemeinsame Brutpflege, doch gibt es keine sterilen Individuen und keine überlappenden Generationen. *Soziale Spinnen* betreiben gemeinsame Brutpflege und leben in mehreren Generationen zusammen, haben jedoch keine sterilen Individuen.

Radien *Speichen*, s. *Radnetze*.

Radix s. *Kopulationsorgane Männchen*.

Radnetze Sie kommen bei verschiedenen Spinnenfamilien vor, so z. B. bei den Radnetzspinnen (Araneidae) mit der Gartenkreuzspinne (*Araneus diadematus*) als bekannteste Spinne. Von innen nach außen besteht ein Radnetz aus: *Nabe*, *Befestigungszone, Freie Zone, Fangspirale* mit Klebfäden und *Rahmenfäden*. Radiale Fäden bilden stabilisieren als Speichen die Spirale und reichen bis zur Befestigungszone.

Kräuselfadenweberinnen (cribellate Spinnen) verwenden bei den Fäden der Fangspirale statt Klebstoff Kräuselwolle. Manche Arten, wie die Wespenspinne *Argiope bruennichi*, lauern auf der Nabe im Zentrum auf Beute und sind dabei durch ein zickzackförmiges Fadenband, das *»Stabiliment«*, getarnt. Die Sektorspinne *Zygiella x-notata* sitzt in einem Schlupfwinkel und ist mit einem Signalfaden, der durch einen seidenfreien Sektor führt, mit der Nabe verbunden.

Rahmenfäden s. *Radnetze*.

Receptacula semines s. *Kopulation*.

Recycling Wiederverwenden von Material. Radnetzspinnen fressen ihr altes Netz auf und verwenden die Seidenbestandteile für ein neues. Die meisten Spinnen benutzen ihre Seide nur einmal.

Regeneration Die Neubildung verlorener Körperteile. Spinnen können Beine von Häutung zu Häutung nachwachsen lassen.

Regurgitation Hervorwürgen von Nahrungsbrei zur Fütterung der Jungen durch Spinnenmütter einiger Arten.

Reifehäutung s. a. *Adulthäutung*. Mit dieser Häutung werden Spinnen geschlechtsreif.

REM-Aufnahme Rasterelektronenmikroskopische Fotografie von Außenstrukturen mit extrem guter Auflösung mittels eines Elektronenstrahls anstelle von Tageslicht.

Riesenweibchen s. *Zwergmännchen*.

Rostrum s. *Mundöffnung*.

Rote Liste Auf einer Roten Liste stehen gefährdete und ausgestorbene Tier- und Pflanzenarten, aber auch Biotope.

Samenleiter s. *Vasa deferentia*.

Samenschlauch s. *Kopulationsorgane Männchen*.

Samentaschen s. *Kopulation*.

Schlüssel-Schloss-Prinzip Die Kopulationsorgane von Männchen und Weibchen der meisten Spinnenarten passen nur bei der eigenen Art ineinander, so wie Schlüssel und Schloss. So können sich nur Individuen einer Art miteinander paaren. Dies gilt besonders für die kompliziert aufgebauten Genitalien der Spinnenarten, deren Weibchen eine *Epigyne* besitzen (*entelegyne Spinnen*).

Scopula s. *Hafthaare*.

Scutum Feste Chitinplatte auf dem Hinterleib einiger Spinnenarten, Beispiele: Zwergspinnen der Gattung *Ceratinella* (Familie Linyphiidae), Zwergsechsaugen (Familie Oonopidae).

Selektion Auswahl. Auslese in der Biologie. Individuen sind unterschiedlich gut an Umweltbedingungen angepasst. Die am besten angepassten pflanzen sich mehr fort als die anderen. Ihr Erbgut reichert sich in Populationen an.

semiarid halbtrocken, Gebiete mit geringen Niederschlägen,

20-400 Liter pro m² gelten als semiarid.

Serrula s. *Mundöffnung*.

Sexualdichromatismus Die Geschlechter einer Art sind unterschiedlich gefärbt.

Sexualdimorphismus Beide Geschlechter unterscheiden sich stark in ihrer Gestalt voneinander. Spinnenmännchen sind anders gefärbt (Springspinnen) oder haben verbreiterte kontrastreich gefärbte Vorderbeine für die Balz (Wolfspinnen). Bei manchen Arten sind die Männchen relativ klein geraten (»Zwergmännchen« bei Seidenspinnen und Radnetzspinnen der Gattungen *Gasteracantha* und *Micrathena*), bei anderen besitzen sie spezielle Kopffortsätze mit Drüsen, die Sekrete bei der Paarung abgeben (Zwergspinnen, Diebsspinnen).

Sexualpheromone s. *Pheromone*.

Sexuelle Selektion Auswahl von Individuen aufgrund des Sexualverhaltens. Weibchen wählen Männchen mit bestimmten Verhaltensweisen und Aussehen bevorzugt für die Paarung / Vaterschaft aus.

Sexueller Kannibalismus Vor, bei oder nach der Paarung wird ein Geschlechtspartner vom anderen erbeutet und gefressen. Bei einigen Spinnenarten erbeutet das Weibchen häufig das kleinere, erregte Männchen (Schwarze Witwe, Wespenspinne). Doch bei der Plattbauchspinne *Micaria sociabilis* verspeisen Männchen ältere Weibchen und paaren sich mit jüngeren.

Signifikanztest Testverfahren zum Nachprüfen einer statistischen Hypothese. Hiermit wird festgestellt, ob z. B. eine Verhaltensweise typisch für eine Spinnenart ist. Notwendig sind möglichst konstante Bedingungen und eine genügend große Zahl an Versuchstieren, um eine gültige Aussage machen zu können.

Siebtracheen s. *Tracheen*.

Sinneshaare Spezielle Haare, die als Sinnesorgane arbeiten. Beispiele bei Spinnen: *chemotaktile Haare, Becherhaare.*

Sinnesorgane s. *Punktaugen* (*Ocellen*), *Sinneshaare, Spaltsinnesorgane*, Tarsalorgane.

Sklerite s. *Kopulationsorgane Männchen*.

Sklerotin Bestandteil des Außenpanzers von Spinnen, der für die Härte verantwortlich ist.

Sklerotisierung Verhärtung von Körperteilen durch Chitin.

Skopula s. *Hafthaare*.

Solitär Die meisten Tiere sind solitär, sie leben außerhalb der Fortpflanzung allein.

Sollbruchstelle s. *Autotomie*.

sozial s. *Eusozialität*.

Soziale Spinnen Mindestens 28 Arten aus verschiedenen Familien bewohnen gemeinsame Gespinste, fangen zusammen Beute und ziehen ihre Jungen gemeinsam auf. Das Zusammenleben unterscheidet sich von Art zu Art, aber auch von Kolonie zu Kolonie. Bekannte Arten sind *Agelena consociata, Anelosimus eximius, Delena cancerides, Mallos gregalis* und *Stegodyphus consociata, S. dumicola, S. sarasinorum.*

sp. Species, Art / Arten. «sp.» schreibt man hinter einen wissenschaftlichen Gattungsnamen, wenn die Art nicht bekannt ist. »*Avicularia* sp.« ist also eine Baumvogelspinnenart der Gattung *Avicularia*. Meint man mehrere Arten, so schreibt man »**spp**.« Bei Vogelspinnen im Handel findet man manchmal Artnamen mit einer Ergänzung in Anführungszeichen, z. B. *Euathlus* sp. «fire«. Diese Art ist unbeschrieben, »fire« bedeutet »Feuer« und bezieht sich auf die roten Haare auf dem Hinterleib.

Spaltsinnesorgane Schmale Spalten mit Sinneszellen liegen überall auf dem Körper der Spinne verteilt. Ganze Gruppen sitzen auf den Beinen. Ihr Name lautet »*Lyriforme Organe*«. Sie dienen zur Wahrnehmung von Boden- und Netzschwingungen.

Speichen s. *Radnetze*.

Spermmixing Spermavermischung. Nach Paarung mit mehreren Männchen wird weder das erste noch das letzte Vater der meisten Jungen, sondern jeder befruchtet bei der Ablage einen Teil der Eier, s. a. *Spermakonkurrenz.*

Sperma Männliche Samenflüssigkeit aus Spermien und Sekreten. Es wird auf unterschiedliche Weise übertragen: *Coenospermium* bei Gliederspinnen und Vogelspinnenartigen (jeweils mehr als 20 Spermien in eine Sekretkapsel eingehüllt), *Cleistospermium* (jedes Spermium in eine Kapsel gehüllt) bei fast allen anderen Spinnen, *Synspermium* (verschmolzene Spermienzellen) bei einigen haplogynen Spinnen.

Spermakonkurrenz Die Befruchtung eines Eies erfolgt durch ein Spermium. 1) Da die winzigen Spermien gegenüber den nährstoffhaltigen Eiern, die die Vorstufe des Embryos darstellen, immer in gewaltiger Überzahl sind, ergibt sich eine Konkurrenz der Spermien eines Männchens untereinander: Dasjenige, das als erstes in die Eizelle eindringt, hat gewonnen. An diesem Prinzip ändert sich auch nichts, wenn größere Spinnenarten Hunderte von Eiern pro Kokon produzieren, die bei der Ablage befruchtet werden müssen. 2) Hinzu kommt bei Spinnen, dass von mehreren Männchen Spermien in den beiden Spermatheken der Weibchen gespeichert sein können. Dadurch entsteht eine weitere Konkurrenz: Welches Männchen wird Vater von wie vielen Kindern? Hierbei spielt neben Zahl und Qualität der Spermien besonders auch die Lage des Spermas zum Befruchtungsgang hin eine entscheidende Rolle. Bei den meisten (*entelegynen*) Spinnen mit ihren komplizierten Genitalien mit zwei Begattungsgängen, die in die beiden *Spermatheken* führen, ist das erste Männchen im Vorteil:

Sein Sperma befruchtet die meisten Eier (*first-male sperm priority*). Bei ursprünglicheren Spinnen (*Vogelspinnenartige, haplogyne Arten*), die jeweils nur einen Begattungs-= Befruchtungsgang haben, ist das letzte Männchen im Vorteil (*last-male sperm priority*). Auch können sich die Spermien mehrerer Männchen mischen (*sperm mixing*).

Spermanetz Vom Männchen hergestelltes kleines Netz, auf dem er sein Sperma aus der *Geschlechtsöffnung* abgibt. Dann saugt er die Samenflüssigkeit mit den zu Begattungsorganen umgebildeten Enden seiner Taster auf.

Spermatheken *Samentaschen, Receptacula semines*, s. *Kopulation*.

Spiderling Ein Spinnenjunges, eine *Nymphe*.

Spinndrüsen Es gibt verschiedene Arten für verschiedene Funktionen, die auf unterschiedlichen Spinnwarzen münden. Weibliche Radnetzspinnen besitzen sechs Sorten: *Glandulae* aciniformes (Beutefesseln, Spermanetze, Kokonhülle, Stabiliment), G. aggregates (Klebstoff der Fangspirale beim Radnetz), G. ampullaceae (Sicherungsfaden, Radnetzrahmenfaden), G. coronatae = G. flagelliformes (Fadenanteil vom Klebfaden), G. piriformes (Anheftungspunkte, disks), G. tubuliformes (Kokonseide).

Spinndüsen s. Spinnfelder.

Spinnennetze Von Spinnen aus Seide hergestellte Gebilde unterschiedlichster Form und Größe. Sie dienen zum Wohnen und zum Beutefang. Am bekanntesten ist das Radnetz der Gartenkreuzspinne.

Spinnentiere (*Arachnida*) Hierzu gehören die Echten Spinnen oder Webspinnen, wovon dieses Buch handelt. Weitere bekannte Ordnungen sind: Skorpione, Milben und Zecken, Weberknechte und Walzenspinnen.

spinnen Spinnen geben ihre Seide aus *Spinndüsen* auf den Spinnwarzen ab. Manche Spinnenarten haben zusätzlich in der Mitte des Hinterleibs vor den Spinnwarzen eine *Spinnplatte (Cribellum)*. Damit stellen sie feine Kräuselwolle her. Vogelspinnenmännchen besitzen zwischen dem ersten Buchlungenpaar ein spezielles *Spinnfeld*, mit dem sie ihr *Spermanetz* herstellen.

Spinnfeld s. *spinnen*.

Spinnwarzen Sie liegen bei den meisten Spinnen am Ende des Hinterleibs. Vogelspinnen haben vier, unsere heimischen Spinnen sechs Spinnwarzen. Bei den urtümlichen *Gliederspinnen (Mesothelae)* sind es acht, die weit vorne liegen.

Spitzenprädator s. *Prädator*.

Stabiliment Breites Seidenband im Radnetz, das von der Nabe aus nach beiden Seiten zum Netzrand führt. Es stabilisiert nicht, wie man früher dachte, sondern tarnt die im Zentrum sitzende Netzbewohnerin. Es ist zickzackförmig bei der

Wespenspinne *Argiope bruennichi* und ihren Verwandten und kommt auch bei Kräuselradnetzspinnen (Uloboridae) vor, die das Radnetz unabhängig von den Araneidae entwickelten, so bei *Uloborus walckenaerius.* Diese sitzt im Netzzentrum zwischen zwei Gespinstbändern.

stenophag Nur bestimmte Beutetiere werden gefangen und gefressen. Stenophage Spinnenarten haben ein schmales Beutespektrum, sie haben sich spezialisiert. Extrembeispiele sind Spinnen, die in fremde Netze eindringen und die Beute stehlen bzw. die Netzinhaberin fressen (*Argyrodes, Ero, Portia*) oder aber die Arten, die sich auf bestimmte Ameisenarten als Beute spezialisiert haben (*Cosmophasis*), die Bolaspinnen (*Mastophora*), die Nachtfalter einer bestimmten Art anlocken und erbeuten, sowie die Springspinne *Bagheera kiplingi,* die sich hps. von den protein- und zuckerhaltigen Belt'schen Körperchen ernährt, die Akazien Ameisen zur Verfügung stellen.

Sternum Hartes Bauchschild des Spinnenvorderkörpers, entstanden aus vier Sterniten.

Sternit s. *Hinterleibssegmente*.

Stielchen . *Petiolus*.

Stigmen Atemöffnungen.

Stipes s. *Kopulationsorgane Männchen*.

Stridulation Tonerzeugung durch Reiben von glatten über gerillte Oberflächen, z. B. das Zischen von Vogelspinnen zur Abwehr.

subadult Noch nicht ganz erwachsen. Die Spinne muss sich noch einmal häuten, um geschlechtsreif (*adult*) zu werden.

subsozial Arten, die sich nur eine begrenzte Zeit um Artgenossen kümmern, insbesondere hier bei den Spinnen sind es die Mütter, die ihre Kinder intensiv betreuen: sie beschützen und füttern.

Subtegulum s. *Kopulationsorgane Männchen*.

Subtropen, subtropisch Klimazone und Gebiet zwischen den gemäßigten Breiten und der tropischen Region. Beispiele: Atacama, Naher Osten, Sahara. Wenige Pflanzen- und Tierarten haben sich an das halbtrockene bis trockene Klima angepasst.

Sympatrie, sympatrisch Die geographische Verbreitung zweier Arten überlappt sich. Populationen haben dieselbe Heimat. Im Unterschied zur *Syntopie* müssen sie aber nicht im selben Biotop vorkommen. Tun sie es, so kann es zu Kreuzungen kommen.

Synanthropie, synanthrop An den Siedlungsbereich des Menschen angepasste Kulturfolger unter Tieren und Pflanzen. So haben derzeit tropische und subtropische Spinnenarten stabile Populationen in Baumärkten und Gewächshäusern. Da sie nur dort und nicht im Freiland existieren, sind sie eusynanthrop bzw. obligatorisch synanthrop.

Synspermium s. *Sperma*.

Syntopie, syntop Populationen verschiedener Arten leben im selben Biotop zusammen.

Systematik Tiere und Pflanzen werden nach ihrer natürlichen Verwandtschaft in ein System gestellt und mit wissenschaftlichen Namen versehen. Am wichtigsten ist die Art: z. B. die Gartenkreuzspinne *Araneus diadematus*. Nah verwandte Arten bilden eine Gattung (z. B. *Araneus*), eine oder mehrere Gattungen bilden eine Familie (z. B. Araneidae). Webspinnen (Araneae) sind eine Ordnung in der Klasse der Spinnentiere, die zum Stamm der Gliederfüßer gehört.

Systemische Symptome Krankheitsanzeichen, die auf die Schädigung eines oder mehrere Organsysteme hinweisen. Die Bisse einiger weniger Spinnenarten verursachen diese und sind daher für uns Menschen gefährlich.

Tarnung, sich tarnen Unsichtbar werden. Um optisch jagenden Feinden wie Vögeln zu entgehen, sind viele Spinnen nachtaktiv, verbergen sich tagsüber in Höhlen und Gespinsten oder sitzen bewegungslos mit an den Untergrund angepasster Färbung auf Blüten. Auch *Stabilimente* im Radnetz dienen der im Zentrum sitzenden Bewohnerin als Tarnung. Ameisenjäger unter den Spinnen nehmen Gestalt und Bewegungsweise ihres von Feinden gemiedenen Vorbilds an sowie den Nestgeruch, so dass sie von Ameisen für ihresgleichen gehalten werden. Andere Begriffe für Tarnung: *Camouflage, Mimese*.

Tarsalorgane Winzige runde Gruben auf der Oberseite der Spinnenfüße zur Messung von Temperatur und Feuchtigkeit, früher als Geruchsorgane angesehen.

Tarsus s. *Beingliederung*.

Taster Kürzel für Pedipalpus, s. *Pedipalpen*.

Tasterblasen s. *Hämatodochae*.

Tegulum s. *Kopulationsorgane Männchen*.

Tergit s. *Hinterleibssegmente*.

Terminale Apophyse s. *Kopulationsorgane Männchen*.

Testes s. *Hoden*.

Tibia s. *Beingliederung*.

Tibiaapophyse Fortsatz an der Tibia des erstes Beines von Vogelspinnenmännchen. Weibchen haken bei der Paarung von oben ihre Chelicerenklauen in die Apophysen beider Beine und werden anschließend von den Männchen hochgestemmt, sodass der Zugang zur *Geschlechtsöffnung* vorne auf der Unterseite des Hinterleibs für ihre *Begattungsorgane* an den *Pedipalpen* (*Bulben* mit *Emboli*) freiliegt.

Toleranz Duldsamkeit. Individuen einer Spinnenart dulden andere bei sich, zeigen keine Aggressivität ihnen gegenüber.

Toxin Organischer Giftstoff, der von Bakterien, Pflanzen oder

Tieren ausgeschieden wird. Spinnen geben beim Biss einen Giftcocktail aus verschiedenen Peptiden, Aminosäuren, Enzymen etc. ab.

Tracheen Atmungsorgane in Form von Röhren zum Lufttransport, typisch für Insekten. Die meisten Spinnen besitzen sie neben *Buchlungen*. Eine zweite Tracheensorte sind die *Siebtracheen* bei kleinen Spinnenarten .

Traumatische Befruchtung Das Männchen injiziert sein Sperma mit einem umgestalteten *Embolus* nicht in die Geschlechtsorgane des Weibchens, sondern direkt in die Leibeshöhle neben den Eierstöcken. Die Eier werden sofort befruchtet. So sichert er seine Vaterschaft. Sie legt Embryonen in den Kokon. Beispiel: Sechsaugenspinne *Harpactea sadistica*.

Tremulation Übertragung von Schwingungen des vor Erregung zitternden Hinterleibs über die Beine an den Untergrund bei der *Balz* von Spinnenmännchen.

Trichobothrien s. *Becherhaare*.

Trochanter s. *Beingliederung*.

Trockenbiss Spinnen geben manchmal zur Verteidigung beim Biss kein Gift ab. Sie heben es für den Beutefang auf. Beispiele: Vogelspinnen, Bananenspinnen.

Tropen, tropisch Gebiet zwischen dem nördlichen und südlichen Wendekreis (23,5°), ist wegen der senkrechten Sonneneinstrahlung am Äquator die heißeste Klimazone der Erde mit Regenwäldern und trockenen Gebieten.

Tying down s. *Fesseln*.

Unterschlundganglion s. *ZNS*.

Uterus externus Äußere Gebärmutter, Endbereich des Eileiters. Hier findet die Befruchtung der Eier bei der Ablage statt, s. a. *Kopulationsorgane Weibchen*.

Vasa deferentia *Samenleiter*, durch die das Sperma von denn Hoden zur Geschlechtsöffnung gelangt.

ventral Auf der Bauchseite gelegen.

Vergewaltigung Eine Weibchen wird ohne ihr Einverständnis mit Gewalt von einem / mehreren Männchen begattet. Dies wurde im Labor bei der Brautgeschenkspinne beobachtet (Männchen ohne Geschenk) und im Freiland bei sich häutenden Wespenspinnen.

Vogelspinnen Meist sehr große haarige Spinnen mit großen Cheliceren, deren Klauen von oben nach unten eingeschlagen werden. Die meisten Arten leben in den Tropen. Am bekanntesten sind die amerikanischen Arten, die sich mit *Brennhaaren* wehren. Es gibt aber auch Arten in Ostasien, Afrika, Australien, sogar in Südeuropa. Immer mehr Arten werden von Liebhabern in Terrarien gehalten und nachgezüchtet.

Vogelspinnenartige Urtümliche Spinnenfamilien mit nach vorne stehende Cheliceren, deren Klauen von oben nach unten eingeschlagen werden: Vogelspinnen (Theraphosidae), Tapezierspinnen (Atypidae), Echte Falltürspinnen (Ctenizidae), Braune Falltürspinnen (Nemesiidae), s. a. *Mygalomorphae*.

Vogelspinnen»krebs« Bezeichnung für eine glasige Blase am Hinterleib einer Vogelspinne.

Volatile Pheromone Durch die Luft übertragene Botenstoffe, hier zur Anlockung des anderen Geschlechts, s. a. *Pheromone*.

web robbery s. *Netzraub*.

Webspinnen Spinnentiere mit Spinnwarzen, mit denen sie selbst produzierte Seide verweben. Diese liegen meist am Ende des Hinterleibs. Sie besitzen am Vorderkörper acht Beine, zwei beinartige Taster und zwei Cheliceren mit Giftklauen. Ihr Körper besteht aus Vorderkörper und Hinterleib die mit einem dünnen Stiel (*Petiolus*) verbunden sind.

wechselwarm Die meisten Tierarten besitzen keine konstante Körpertemperatur. Bei ihnen hängt sie von der Umgebungstemperatur ab. Beispiele sind: Insekten, Krebse und Spinnen. Menschen, Säugetiere und Vögel besitzen eine konstante Körpertemperatur. Sie sind gleichwarm oder *homoiotherm*.

ZNS Zentralnervensystem. Es ist bei den Spinnen sehr konzentriert, besteht aus *Ober-* und *Unterschlundganglion* und liegt im Vorderkörper.

Zoophage, zoophag Fleischfresser, s. *Karnivore*.

Zwergmännchen Sie sind erheblich kleiner als ihre Weibchen und kommen bei *Argiope-*, *Gasteracantha-*, *Micrathena-* und *Nephila*-Arten vor. Heute spricht man bei *Nephila* von *Riesenweibchen*, weil diese so viel größer als ihre Vorfahren geworden sind.

Balz der Trinidad-Baumvogelspinne *Psalmopoeus cambridgei* (Männchen re oberhalb von Weibchen li).

Literatur und Filme

Spinnenbücher

In diesem Literaturverzeichnis sind hauptsächlich wissenschaftliche und populärwissenschaftliche Spinnenbücher sowie einige belletristische Buchtitel mit Spinnen aufgeführt. Hinzu kommen Internetseiten, die aktuelle Artenzahlen und Spinnennamen enthalten. Auf die Nennung von Originalveröffentlichungen (papers) wurde mit einer Ausnahme (Clerck 1757) bewusst verzichtet. Weitere Literaturangaben zu Körperbau und Biologie von Spinnen finden Sie z. B. bei Foelix 2011 sowie zu Spinnen in Sage, Märchen, Literatur und Film bei Nitzsche 2005.

Baehr, M. & H. Bellmann 2009: Welche Spinne ist das? - Franckh-Kosmos, Stuttgart.

Barth, F. G. 2001: Sinne und Verhalten: aus dem Leben einer Spinne. - Springer, Berlin Heidelberg.

Belker, N. 2010: Kosmos Buch Vogelspinnen. Pflege, Ernährung, Zucht. 160 Arten im Portrait. - Franckh-Kosmos, Stuttgart.

Bellmann, H. 2006: Kosmos-Atlas Spinnentiere Europas. 3. Auflage. - Franckh-Kosmos, Stuttgart.

Bellmann, H. 2010: Der Kosmos Spinnenführer. - Franckh-Kosmos, Stuttgart.

Bonsels, W. 1953: Die Biene Maja und ihre Abenteuer. - DVA, Stuttgart

Brednich, R. W. 1990: Die Spinne in der Yucca-Palme. - Beck

Brednich, R. W. 1993: Das Huhn mit dem Gipsbein. - Beck

Bristowe, W. S. 1939: The comity of spiders. Volume 1. - Ray Society London, 228 S. +19 Tafeln

Bristowe, W. S. 1971: The World of Spiders. - Collins, London.

Brunetta, L. & C. L. Craig 2010: Spider Silk. - Yale University Press, New Haven, London.

Clerck, C. 1757: Svenska Spindlar uti sina hufvud-slågter indelte samt under några och sextio särskildte arter beskrefne och med illuminerade figurer uplyste. - Aranei Svecici, descriptionibus et figuris æneis illustrati, ad genera subalterna redacti, speciebus ultra LX determinati. - Stockholm.

Comstock, J. H. 1920: The spider book. - Doubleday, New York

Droege, H. & E. Petz 2002: Spinnen spinnen. - Aarachne, Wien.

Foelix, R. F. 2011: Biology of Spiders. Third Edition. - Oxford University Press, New York.

Gotthelf. J. 1986 (1842): Die schwarze Spinne. Erzählung. - Reclam, Stuttgart.

Grice, G. 2002: Die rote Sanduhr. - dtv, München.

Guinness Buch der Rekorde (Guinness World Records) 2014 und 2017. - Bibliographisches Institut, Mannheim.

Heimer, S. & W. Nentwig 1991: Spinnen Mitteleuropas. Ein Bestimmungsbuch. - Parey , Berlin u. Hamburg.

Herberstein, M. E. (Ed.) 2011: Spider Behaviour. Flexibility and Versatility. - Cambridge University Press, New York.

Hillyard, P. 2006: Spiders. - HarperCollins, London.

Jocqué, R. & A. S. Dippenaar-Schoemann 2007: Spider Families of the World. - Royal Museum for Central Africa, Tervuren.

Klaas, P. 2003: Vogelspinnen. - Ulmer, Stuttgart.

Kulessa, H. (Hrsg.) 1991: Die Spinne. Schaurige und schöne Geschichten. Mit Überlegungen zur Spinnenfurcht. - Insel, Frankfurt/M., Leipzig

Lindemann, K. & R. S. Zons 1990: Lauter schwarze Spinnen. Spinnenmotive in der deutschen Literatur. Eine Sammlung. - Bouvier, Bonn.

Lindsey, T. 2005: Spiders of Australia. - New Holland, Sydney, Auckland, London, Cape Town.

Merian, M. S. 1991: Das Insektenbuch. Metamorphosis insectorum surinamensium. - Insel, Frankfurt/M., Leipzig.

Nentwig, W., T. Blick, D. Gloor, A. Hänggi & C. Kropf 2018: Spiders of Europe. www.araneae.unibe.ch,Version 09.2018, accessed on 2018-09-22. doi: 10.24436/1

Nitzsche, R. 2005: Spinnen-Spiegelungen in Menschen-Augen. 2. Auflage von »Spinne sein«. - Nitzsche, Kaiserslautern.

Nitzsche, R. 2006a: Beutefang und »Brautgeschenk« bei der Raubspinne *Pisaura mirabilis* (CL.) (Araneae: Pisauridae. - Nitzsche Kaiserslautern (Nachdruck der Diplomarbeit von 1981 mit zusätzlichen Farbfotos). - Nitzsche, Kaiserslautern.

Nitzsche, R. 2006b: »Brautgeschenk« und Reproduktion bei *Pisaura mirabilis*, einschließlich vergleichender Untersuchungen an *Dolomedes fimbriatus* und *Thaumasia uncata* (Araneida: Pisauridae). - Nitzsche Kaiserslautern (Nachdruck der Doktorarbeit von 1987 mit zusätzlichen Farbfotos). - Nitzsche, Kaiserslautern.

Nitzsche, R. 2007: Die Spinne mit dem Brautgeschenk. 2. Auflage von: Das Brautgeschenk der Spinne. - Nitzsche, Kaiserslautern.

Nitzsche, R. 2013a: Spinnen kennen lernen. 2. Auflage. - Nitzsche, Kaiserslautern.

Nitzsche, R. 2013b: Spinnen lieben lernen. 2. Auflage von: Spinnen. - Nitzsche, Kaiserslautern.

Nitzsche, R. 2015: Spinnen-Sex und mehr. - Nitzsche Kaiserslautern

Renner, F. 2018: Spinnen ungeheuer - sympathisch. 7. Auflage. - Nitzsche, Kaiserslautern.

Rieken, B. 2003: Arachne und ihre Schwestern. - Waxmann, Münster.

Roberts, M. J. 1996: Spiders of Britain and Northern Europe. - Collins, London.
Schaefer, M. 2010: Brohmer, Fauna von Deutschland. 23. Auflage. - Quelle & Meyer, Wiebelsheim.
Schmidt, G. 2000: Giftige und gefährliche Spinnentiere. - Westarp Wissenschaften, Hohenwarsleben.
Schmidt, G. 2003: Die Vogelspinnen. Eine weltweite Übersicht. - Westarp Wiss., Hohenwarsleben.
Sielmann, H. 1983: Spinnen. - Tessloff, Nürnberg.
Stern, H. & E. Kullmann 1975: Leben am seidenen Faden. - Bertelsmann, München, Gütersloh, Wien.
Tinter, A. 2001: Vogelspinnen. Gifte - Lebensweise -Verhalten. - Nikol, Hamburg.
Ubick, D., P. Paquin, P. E. Cushing & V. Roth (Hrsg.) 2005: Spiders of North America: an identification manual. - American Arachnological Society.
Urania Tierreich in sechs Bänden. Wirbellose 2 (Annelida bis Chaetognatha) 1994: Klasse Arachnida - Spinnentiere. Leipzig, Jena, Berlin.
Wickler, W. 1971: Mimikry. Nachahmung und Täuschung in der Natur. Kindler, München.
Winter, A.: Was deine Angst dir sagen will. - Mankau, Murnau am Staffelsee.
Whyte, R. & G. Anderson 2017: A field guide to spiders of Australia. - Cziro Publ., Clayton South
Wirth, V. von 2011: Vogelspinnen. 3. Auflage. - Gräfe & Unzer, München.
World Spider Catalog 2018: World Spider Catalog. Natural History Museum Bern, online at http://wsc.nmbe.ch, version 19.5, accessed on 2018-10-09. doi 10.24436/2.
Wunderlich, J. 2004: Fossile Spinnen in Bernstein und Kopal. - Wunderlich, Hirschberg-Leutershausen.

Dokumentarfilme

In den letzten Jahren nahm die Zahl von Dokus über Spinnen erheblich zu. Bahnbrechend war der Film *Bemerkungen über Spinnen* von Horst Stern 1975. Fantastische Aufnahmen gibt es im neueren Filmen *Das Netz* von 2017 und der *Doku Aus der Sicht der Spinne* von 2018. Hier werden nur einige wenige weitere Dokus aufgeführt. Zahlreiche Filme über Spinnen finden sich im Internet z. B. bei youtube.

Bemerkungen über Spinnen 1+2. Meilensteine des Dokumentarfilms (Horst Stern). - SDR 1975
Doku Aus der Sicht der Spinne. - Welt 2018

Geliebt und gefürchtet: Spinnen. - SWR3 2001

Killer Instinct. Spinnen – Killer-Klauen. - RTL2 2003

Lexi TV: Spinnen. - MDR 2003

Das Netz – Die unglaubliche Welt der Spinnen. N24 2017.

Netz Natur: Natur im Haus. - 3Sat 2004

Netz Natur: Die Schwarze Spinne. - 3Sat 2004

Netze der Angst. Expedition ins Reich der Spinne. - ZDF 1993

Planet Wissen: Geliebt und gefürchtet: Spinnen. - BR alpha, SWR3, WDR3 2002

Räuber mit Netz. Das aufregende Leben der Spinnen. Aus Forschung und Technik (Joachim Bublath). - ZDF 1987

Spiderman - der mit den Spinnen lebt. - ZDF 2002

Spinnen – acht Augen sehen dich an. - ZDF 2004

Spinnen. Was ist was TV. - Super RTL 2002

Der Tanz der kleinen Spinne. Die apulische Tarantella. - BR 1992

Tarantula - Vogelspinnen und ihre giftigen Verwandten. - ORF 1998

Tier hoch vier: Zeigt her eure Füße. - WDR 2005

Tiere des Teufels. - NDR 2003

Welt der Wunder, Spinnen, Pro 7 2003

Wenn Tiere zu Kannibalen werden. Killer in den eigenen Reihen. - SWR 3 1999

Wunder der Erde: Die Riesenspinne aus der Verlorenen Welt. - HR 1993

Wunderbare Welt. Spiderpower (Stephen Downes). - ZDF 2004

Weibchen der Wespenspinne *Argiope bruennichi* nach der Häutung.

Register Spinnentiere

Seitenzahlen, die auf Fotos verweisen, sind fett gedruckt.

A

V

Venezuela-Ornament-Vogelspinne 209
*Veränderliche Krabbenspinne **134,** 138, 201, 235, 313, **314, 344,** 356, 362, 365*
Vierfleckkreuzspinne 169, 179
Violin spider 51
*Vogelspinnen 11, 19, 23–24, 26, 29–33, 37, 41–43, 54, 59–61, 64, 71, 73, 75–76, 78, 80, 82–86, 90, 98, 101, 117–118, 120, 122, **123,** 128, 136–138, 144–145, 148–149, 156–159, 173–174, 176, 183–187, 191–192, 198–199, 201–202, 207–209, **209,** 215, 225, 268, 273–279, 297, 304, 309–310, 322–325, 330–332, 336–337, 345–360, 364, 370–371, 373–374*
Vogelspinnenartige 67–68, 78, 95, 104, 117, 128, 138, 157, 163, 189, 207, 213, 215, 220, 270, 279, 316, 351, 355, 359–360, 369–370, 373

W

Walzenspinnen 62, 135, 321, 370
Wasserspinne 28, 41, 76, 103, 121, 238, 240, 268, 311, 354
Weberknechte 62–63, 364, 370
Webspinnen 62, 64, 66, 94, 166, 349, 370, 372
Weiße Witwe 48–49
Weißknie-Vogelspinne 42, 184, 308
Weißschwanzspinnen 61
*Wespenspinne 106, 113, 157, 179, 193, 196, 217, 222, **229,** 235–237, 261, 267, 274, 280–281, 311–312, **312,** 332, 348, 367–368, 371, 373, **378***
White Tailed Spiders 61
Witwen 34, 36, 44–45, 47–48, 177–178, 193–194, 196, 201, 217, 222, 230, 240, 269, 322, 348, 355, 360
*Wolfspinnen 58–59, 76, 83, 89, 101–103, 115, 118–120, 132–133, 141, 146, 152, 156, 165, 181–183, **182,** 199, 202–203, 206, 208, **210,** 211, 216, 239, 261, 268, 274, 277, 281, 314, 332, **341,** 345, 347, 350, 368*
Wolf spiders 167
Wüstenspinnen 122

X

Xysticus 227, 354

Z

Zartspinne 317
Zebraspringspinne 175, 180, 313
Zecken 62, 337, 370
Zephyrarchaea 130
Zhizhu 68
Zimmermann 63
Zitterspinnen 17–18, 24, 41, 63, 75, 78, 82, 97, 101, 107,

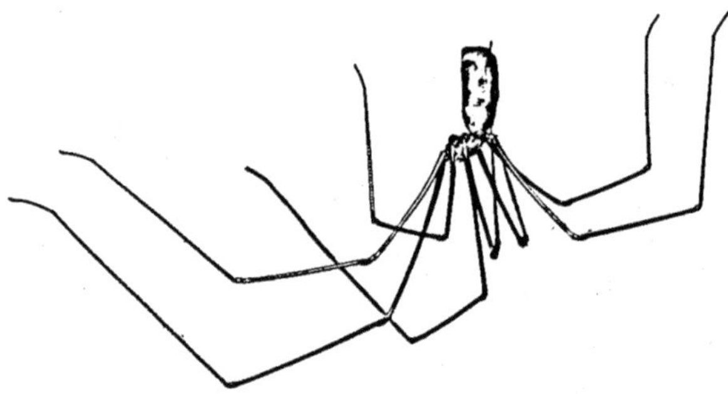

Silhouette einer Großen Zitterspinne *Pholcus phalangioi-des* an unsichtbaren Fäden hängend lauert bauchoben auf Beute.

Spinnenbücher von Rainar Nitzsche

Spinnenbiologie, Mensch und Spinne

Spinnen-Sex und mehr
Spinnensex: Verzehren alle weibliche Spinnen ihre Männer? Ist es gar für *ihn* von Vorteil, von *ihr* verspeist zu werden? Die Balz vor der Paarung: tanzende Männchen am Tag, Trommler in der Nacht, Brautgeschenke, »Liebesfesseln« aus Seide und »Vergewaltigungen«.
... und mehr: Unsere Angst und ihre Biologie: Mütter und Kinder, soziale Arten, Spinnenrekorde, die Spinne des Jahres. Bionik. Heimische und für uns giftige Arten. Neueste Forschung verständlich vom Fachmann erklärt. 216 Seiten, 161 Farbfotos auf 37 Tafeln. 33 SW-Fotos, 13 Tabellen, 22x Grafik / Kunst, 10x Action / Info, Fachwortverzeichnis mit 269 Begriffen, ISBN 9783930304196.

Spinnen-Spiegelungen in Menschen-Augen
Spinnen in der fantastischen Literatur und im Horrorfilm, Giftspinnen und Spinnenangst, Kinder und Spinnen, Spinne des Jahres, Spinnenrekorde, Spinnengötter u. v. a. m. 2. überarbeitete Auflage. 340 Seiten, 187 Abbildungen, 6 Tabellen, ISBN 9783930304653.

Für die Jugend

Eklig, giftig oder zum Kuscheln? Wie Spinnen wirklich sind. Infos über giftige Arten, Rekorde, soziale Spinnen, Spinne des Jahres, Rote Listen, Brautgeschenke. Mit ausführlichem Spinnen-ABC mit zahlreichen Fachbegriffen.

Spinnen lieben lernen
Ab 10 Jahre. 92 Seiten, 86 Farbfotos, 1 farbige und 1 SW Grafik, ISBN 9783930304837. Auch als E-Book erhältlich.

Spinnen kennen lernen.
Ab 12/13 Jahre. 136 Seiten, 142 Farbfotos, 1 Grafik, ISBN 9783930304929. Auch als E-Book erhältlich.

Spinnengeschichten

Spinnentraumgespinste
Spinnentraumgeschichten und Erlebnisse mit Spinnen und – Menschen. Kapitel nach Themen unterteilt mit einer Rahmenhandlung: ein Mann in der Stadt, die Stechmückenfrau, die Kreuzspinne … Mit verfremdeten Insekten- und Spinnenfotos und der Sage von Arachne aus Spinnensicht. 2. erweiterte Auflage, 162 Seiten, 96 Abbildungen, ISBN 9783930304707.

Spinnenfotos künstlerisch verfremdet

Spinnenkunstwelten
Brautgeschenk-, Gartenkreuz-, Haus-, Krabben-, Springspinne, Tarantel und Vogelspinne. 38 fantastisch verfremdete Spinnenfarbfotos. 36 Seiten, ISBN 9783930304714.

Spinnenkunstwelten 2
Fotos von Vogelspinnen und heimischen Arten: real sowie fantastisch verfremdet. Baldachin-, Dornfinger-, Flachstrecker-, Krabben-, Raub-, Sack-, Spring-, Trichternetz-, Wolf- sowie Vogelspinnen. 52 Seiten, 86 Farbfotos, ISBN 9783930304868.

Spinnen fantastisch verfremdet
Fotos von Spinnen, wie sie wirklich aussehen sowie fantastische Versionen: irdische Aliens, einfach wunderschön. 133 Fotos, 64 Seiten, ISBN 9783930304905. Es gibt auch eine englischsprachige Version dieses Titels: *Fantastic Spider Worlds*. ISBN 9783930304912.

Spinnenbuch von Franz Renner

SPINNEN ungeheuer - sympathisch
Spinnen, wie sie wirklich sind (Körperbau, Biologie) sowie die vielfältigen Beziehungen von Mensch und Spinne: Volksmund, Ekeltier, Teufels- und Hexenhelfer, heiliges Tier. Die Spinne in Märchen, Kinderbuch und Comic. 6. Auflage. 96 Seiten, 41 Abbildungen, ISBN 9783980210201. Auch als E-Book erhältlich.